図説
獣医衛生動物学

今井壯一
藤﨑幸藏
板垣 匡　著
森田達志

講談社

謝　辞

本書を作成するにあたり，次の書籍・印刷物を参考にさせていただいた．記して感謝の意を表する．

A. O. Baker, *Parasitic Mites*, Henry Tripp, New York, 1967

R. J. Elzinga, *Fundamentals of Entomology*, 2nd ed, Prentice-Hall Inc, New Jersey, 1978

R. J. Flynn, *Parasites of Laboratory Animals*, Iowa State University Press, Ames, 1973

D. S. Kettle, *Medical and Veterinary Entomology*, Croom Helm, London & Sydny, 1984

R. E. Williams, R. D. Hall, A. B. Broce and P. J. Scholl, *Livestock Entomology*, John Wiley & Sons, New York, 1985

江草周三　編，魚病学〔感染症・寄生虫病編〕，恒星社厚生閣，1983

江原昭三　編，日本ダニ類図鑑，全国農村教育協会，1980

石井　悌ほか　編，日本昆虫図鑑，北隆館，1950

板垣四郎・板垣　博，家畜寄生虫学，金原出版，1965

林　晃史・篠永　哲，ハエ　生態と防御，文永堂，1979

神田錬蔵ほか　編，臨床病害動物学，講談社，1984

佐々　学　編，ダニ類　その分類・生態・防除，東京大学出版会，1965

素木得一，衛生昆虫，北隆館，1958

内田清之助ほか，改訂増補日本動物図鑑，北隆館，1947

安富和男・梅谷献二，衛生害虫と衣食住の害虫，全国農村教育協会，1983

岡田彌一郎・中村守純，日本の淡水魚類，日本出版社，1948

まえがき

　平成元年(1989)年に講談社サイエンティフィクより出版された「獣医衛生動物学ノート」は，それまでほとんどまとめられていなかった，獣医学領域の外部寄生虫を中心とした有害動物について記述したもので，当時問題になりつつあったノミ被害やマダニ被害に対応するため，獣医系大学の学生や現場の獣医師を対象として編纂された．爆発的に売れることはなかったものの，他に類書がまったくないまま細々と売り上げを続け，はや20年が経過した．その間，かなりの部分，とくに薬剤を中心とした防除法の記述は古びたものになり，出版社サイドでは絶版も考慮されたようであるが，いくつかの獣医系大学では依然として教科書あるいは参考書として使用されており，獣医師国家試験にもたびたび外部寄生虫に関する問題が出題されていることから，このたび，旧版を全面的に改定した増補改訂版を世に送ることになった．出版元である講談社サイエンティフィクの英断に最大の賛辞を送りたい．

　本書は旧版と同様，獣医・畜産学領域で問題となる有害動物のうち，獣医寄生虫学で扱われる動物群（原虫，吸虫，条虫，線虫など）を除いたものを扱い，獣医学を学ぶ学生のための教科書，参考書として，また，現場の臨床獣医師が同定や鑑別を行うための手引き書としての役割を目的としている．

　動物体上に寄生または周囲環境に生息する有害動物は，通常まず飼い主によって発見され，獣医師や畜産専門家のもとへ持ち込まれることが多い．その際，獣医師らはおそらく，それらの種名や病原性，あるいはヒトに対する感染の危険性について質問を受ける．これに対して獣医師らは，持ち込まれた動物種を同定したうえで，その生態，防除法などについて飼い主に適切な説明とアドバイスを行うことが要求される．そのため，本書では，獣医寄生虫学上のみならず，獣医衛生および公衆衛生上重要な有害動物をもできるだけ多く掲載し，それらの形態，生態について簡潔にまとめ，図と写真をできるだけ多用して，理解が容易になるように心がけた．また，対策に関しては共通部分については各動物群の概説にまとめ，個々の種に対して特異的なものは適宜各論で追記した．とくに殺虫剤については，現在認可・市販されている薬剤を，商品名を含めてできるかぎり列挙した．

　とはいえ，殺虫剤は日々新しい薬剤が投入されており，記述漏れがあることは否めず，またそれ以外にも著者の気づかなかった内容の欠落や誤りもあると思われる．読者諸賢のご叱正を賜れば幸いである．

　なお，本書を作製するにあたっては，できるかぎり多数の図版を掲載することに努めた結果，著者らの手持ちの図版では十分ではなく，多くの方々のご協力を仰が

ねばならなかった．これらのご援助がなければ，本書の刊行はおぼつかないものであったと考えられる．そのご好意に対し，ご芳名を下に挙げ（五十音順；敬称略），心から御礼申し上げる．さらに，本書の執筆にあたっては，扉裏に記した多くの書物を参考にさせていただいた．併せて篤く感謝の意を表する．

板垣　博（麻布大学名誉教授）
上田泰久（ライター）
内川公人（元 信州大学医学部）
角坂照貴（愛知医科大学医学部）
(社)神奈川県ペストコントロール協会
北村雄一（サイエンスライター）
君塚芳輝（江戸川大学）
国立感染症研究所昆虫医科学部
篠永　哲（東京医科歯科大学医学部）
島野智之（宮城教育大学環境教育実践研究センター）
(独)食品総合研究所
新海栄一（東京蜘蛛談話会会長）
菅原盛幸（日本獣医生命科学大学応用生命科学部）
築地琢郎（(株)日立ICTビジネスサービス）
土屋公幸（(株)応用生物）
徳田龍弘（野生動物写真家）
中村　純（玉川大学ミツバチ科学研究センター）
野村哲一（(独)水産総合研究センターさけますセンター）
畑井喜司雄（日本獣医生命科学大学獣医学部）
早川博文（元 東北農業試験場）
嶺井久勝（元 九州大学農学部）
三保尚志（(財)日本蛇族学術研究所）

　さらに，元 新潟産業大学の北岡茂男先生には本書作製にあたり，種々有益なご助言をいただいた．ここに篤く御礼申し上げる．
　最後に，本書作製にあたって，休日を返上して編集にご尽力いただいた講談社サイエンティフィク小笠原弘高，堀　恭子の両氏に深く感謝する．

平成21（2009）年9月
著　者

獣医衛生動物学　目　次

まえがき iii

第1章　総　論 1
1.1　獣医衛生動物とは 1
  1.1.1　獣医衛生動物の定義 1
  1.1.2　獣医衛生動物を構成する動物群 2
1.2　獣医衛生動物による害 3
  1.2.1　直接的な害 3
  1.2.2　間接的な害 4
1.3　獣医衛生動物の防除 5
  1.3.1　防除法概説 5
  1.3.2　殺虫剤等概説 6

第2章　軟体動物 14
2.1　分類と一般形態 15
  2.1.1　腹足綱の分類 15
  2.1.2　腹足綱の一般形態 16
2.2　生　態 20
2.3　防除（対策） 21
  2.3.1　淡水生貝 21
  2.3.2　陸生貝 23
2.4　衛生動物として重要な軟体動物 23
  2.4.1　陸生貝 27
  　オナジマイマイ，ウスカワマイマイ，ミスジマイマイ，ヒダリマキマイマイ，アフリカマイマイ，ナメクジ，コウラナメクジ，ヤマホタルガイ
  2.4.2　淡水生貝 31
  　ヒメモノアラガイ，モノアラガイ，コシダカモノアラガイ，サカマキガイ，ヒラマキミズマイマイ，ヒラマキガイモドキ，ミヤイリガイ，カワニナ，マメタニシ，マルタニシ，スクミリンゴガイ，ホラアナミジンニナ
  2.4.3　汽水生貝 42
  　ムシヤドリカワザンショウガイ，ヘナタリ

第3章　節足動物 43
3.1　節足動物概説 44
  3.1.1　分類と一般形態 44
  　　A.　分　類 44

         B. 起源と進化 48
         C. 一般形態 49
    3.1.2 生　態 58
         A. 変態と産卵 58
         B. 食性と吸血性 59
         C. 節足動物における宿主・寄生体関係 61
         D. 寄生様式 61
3.2 ダニ類概説 63
    3.2.1 分　類 63
         A. 気門を用いる分類 63
         B. Evans らの分類 65
    3.2.2 一般形態 65
    3.2.3 生　態 67
         A. 発育(脱皮と変態) 67
         B. 食　性 68
3.3 衛生動物として重要なダニ類 69
    3.3.1 マダニ類 69
    フタトゲチマダニ，ツリガネチマダニ，キチマダニ，タカサゴキララマダニ，ヤマトマダニ，
    シュルツェマダニ，オウシマダニ，クリイロコイタマダニ，ナガヒメダニ
    3.3.2 その他のダニ類 89
         A. 中気門類 89
    ワクモ，トリサシダニ，イエダニ，ネズミトゲダニ，イヌハイダニ，ハエダニ，ミツバチヘ
    ギイタダニ
         B. 前気門類(ツツガムシ類) 101
    イヌツメダニ，ウサギツメダニ，ホソツメダニ，イヌニキビダニ，ハツカネズミケモチダニ，
    ツツガムシ類
         C. 無気門類(ヒゼンダニ類) 114
              a. コナダニ類 115
    ケナガコナダニ
              b. ヒゼンダニ類 118
    センコウヒゼンダニ，ネコショウセンコウヒゼンダニ，トリアシヒゼンダニ，ウサギキュウ
    センヒゼンダニ，ヒツジキュウセンヒゼンダニ，ショクヒヒゼンダニ，ミミヒゼンダニ，
    ニワトリウモウダニ，フエダニ，モルモットズツキダニ，ネズミスイダニ
         D. 隠気門類(ササラダニ類) 132
3.4 昆虫類概説 134
    3.4.1 分　類 134
    3.4.2 一般形態 136
    3.4.3 生　態 139

	A. 発育（脱皮と変態）	139
	B. 食　性	140
	C. 寄生様式	140
	D. 寄生の目的	141

3.5 衛生動物として重要な昆虫類 142

3.5.1 シラミ類，ハジラミ類 142

A. シラミ類 142

ブタジラミ，ウシジラミ，ケブカウシジラミ，ウシホソジラミ，イヌジラミ，ヒトジラミ，ケジラミ

B. ハジラミ類 151

ニワトリオオハジラミ，ウシハジラミ，ゾウハジラミ，イヌハジラミ

3.5.2 カメムシ類（半翅類） 160

トコジラミ，サシガメ

3.5.3 ノミ類（隠翅類） 163

ネコノミ，イヌノミ，ヒトノミ，ニワトリフトノミ，ケオプスネズミノミ，ヨーロッパネズミノミ，ヤマトネズミノミ，メクラネズミノミ，スナノミ

3.5.4 双翅類（ハエ類） 171

A. カ　類 172

シナハマダラカ，アカイエカ，ヒトスジシマカ，トウゴウヤブカ，キンイロヤブカ

B. ヌカカ類 183

ニワトリヌカカ，セマダラヌカカ，ウシヌカカ

C. ブユ類 190

ツメトゲブユ，ヒメアシマダラブユ，ウマブユ，キアシオオブユ

D. チョウバエ類 194

オオチョウバエ，サシチョウバエ

E. アブ類 197

キンメアブ，クロキンメアブ，ウシアブ，アカウシアブ，シロフアブ，キスジアブ，イヨシロオビアブ，ホルバートアブ，コウカアブ，ハナアブ

F. イエバエ類，クロバエ類，ニクバエ類 207

イエバエ，クロイエバエ，ノイエバエ，ウスイロイエバエ，オオイエバエ，ヒメイエバエ，セジロハナバエ，オオクロバエ，ケブカクロバエ，ミドリキンバエ，センチニクバエ

G. サシバエ類 224

サシバエ，ノサシバエ，ツェツェバエ

H. ショウジョウバエ類 230

マダラメマトイ

I. ウマバエ類，ウシバエ類，ヒツジバエ類 232

ウマバエ，アトアカウマバエ，ムネアカウマバエ，ゼブラウマバエ，ウシバエ，キスジウシバエ，ヒツジバエ

   J. シラミバエ類 241
  ヒツジシラミバエ
   K. ゴキブリ類 242
  チャバネゴキブリ，クロゴキブリ，ワモンゴキブリ
   L. 食品・飼料害虫 246
  コクヌストモドキ，ノコギリヒラタムシ，コナガシンクイ，ノシメマダラメイガ，ヒラタ
  チャタテ
   M. 有毒昆虫 252
  アオバアリガタハネカクシ，シバンムシアリガタバチ，ドクガ，チャドクガ

3.6 その他の節足動物 255
3.6.1 クモ類 255
  セアカゴケグモ，カバキコマチグモ
3.6.2 ムカデ類・ヤスデ類 260
  トビズムカデ，ゲジ，ヤケヤスデ，アカヤスデ
3.6.3 甲殻類 263
  オカダンゴムシ，ワラジムシ，イカリムシ，カリグス，サルミンコラ，チョウ，モクズガニ，
  サワガニ，アメリカザリガニ

第4章 その他の衛生動物 271

4.1 舌虫類 271
  主要な舌虫類 273
  イヌシタムシ，ボロケファリッド舌虫類

4.2 コウガイビル 275
  衛生動物としての意義をもつコウガイビル 276
  クロイロコウガイビル，オオミスジコウガイビル

4.3 ハリガネムシ 277
  衛生動物としての意義をもつハリガネムシ 278
  ニホンザラハリガネムシ，オカダハリガネムシ

4.4 脊椎動物 279
  衛生動物としての意義をもつ脊椎動物 281
   A. 魚類 281
  モツゴ，モロコ類，バラタナゴ，ヤリタナゴ，カムルチー，ドジョウ，シラウオ，サクラマス
   B. 爬虫類 286
  ハブ，ニホンマムシ，ヤマカガシ，シマヘビ
   C. 哺乳類 288
  クマネズミ，ドブネズミ，ハツカネズミ，アカネズミ，ヒメネズミ，ハタネズミ

付　録 291

- 付録 1　衛生動物分類表 291
- 付録 2　学名と普通名 297
- 付録 3　節足動物の処理と標本の作製 299
- 付録 4　衛生動物標本の送付方法 304
- 付録 5　参考書 306
- 付録 6　病害・宿主別主要節足動物 308

索　引　和文索引 316
　　　　欧文索引 321

# 第1章

総　論

1.1 獣医衛生動物とは

1.1.1 獣医衛生動物の定義

　獣医学において診療の対象となる各種動物は，種々の病害動物の寄生や攻撃による被害を受ける．これらの病害動物の種類，生態，病原性，それらによって起こる疾病の病因，治療，予防などを扱うのが広義の獣医寄生虫学であるが，一般に獣医寄生虫学では主として宿主の体内に寄生し，疾病を引き起こす原虫，吸虫，条虫，線虫のみが対象となることも多い．しかし，実際にはこれらのいわゆる内部寄生虫のほかにも，吸血性のダニや昆虫などのように宿主に貧血や強い痒みを与えるもの，直接的ではないが，間接的に寄生虫や細菌，ウイルスなどの病原体を媒介するものなど，さまざまな被害を動物に与えるものも多数存在する．また，ヒトに直接的・間接的被害を与えるものも少なくない．

　このように，主として宿主の体外にいて，人獣にさまざまな害を及ぼす動物群を衛生動物とよぶ．これらは，獣医寄生虫学上のみならず，獣医衛生学上あるいは公衆衛生学上も重要である．

　衛生動物に類似あるいは関連している用語に，医動物，衛生害虫，衛生昆虫，外部寄生虫などがある．医動物は衛生動物を含む広義の寄生虫とおおむね同義に用いられている．衛生害虫とは，節足動物のうち，有害動物となるダニや昆虫などをさし，衛生動物の大部分を占める．衛生昆虫は，衛生害虫のうちダニなどを除いた昆虫類のみを対象としているが，ダニを含める場合もある．英語で Entomology は昆

虫学であるが，Medical Entomology，Veterinary Entomology という場合は，通常，有害ダニ類も含まれる．外部寄生虫は人獣の体表に寄生する動物で，内部寄生虫とともに寄生虫学の術語である．

　衛生動物学は，衛生動物の分類，形態，生理，生態，病害，診断，治療および対策などを体系づけて究明する学問である．

1.1.2　獣医衛生動物を構成する動物群

　獣医学的診療の対象となる動物になんらかの害を及ぼす動物群はすべて衛生動物となりうるが，動物の体内に寄生する原虫，吸虫，条虫，線虫などは獣医寄生虫学で扱われる．寄生虫と衛生動物の境界は必ずしも明瞭ではないが，一般的には病害動物のうち，次に示すような動物群が衛生動物を構成する．

軟体動物門	Mollusca	
腹足類	Gastropoda	巻貝類．寄生虫の中間宿主として働く
節足動物門	Arthropoda	
甲殻類	Crustacea	寄生虫の中間宿主，魚類の外部寄生虫
舌虫類	Porocephalida	内部寄生虫
蛛形類	Arachnida	ダニ類，クモ類を含む．刺咬，吸血，寄生虫や伝染病の媒介など
昆虫類	Insecta	刺咬，吸血，寄生虫や伝染病の媒介，不快動物など
唇脚類	Chilopoda	ムカデの仲間．刺咬
倍脚類	Diplopoda	ヤスデの仲間．不快動物
脊椎動物門	Vertebrata	
魚　類	Pisces	魚類．寄生虫の中間宿主など
爬虫類	Reptilia	ヘビなど．咬傷，寄生虫の中間宿主など
哺乳類	Mammalia	ネズミなど．咬傷，伝染病の媒介，飼料の食害など

1.2 獣医衛生動物による害

　衛生動物は人獣に対してさまざまな害を及ぼす．これらの害は人獣に直接的な被害を与えるものと，間接的な害を及ぼすものとに区分される．直接的な害とは，ダニや昆虫が直接宿主に寄生して吸血したり皮膚を傷つけることにより貧血や皮膚炎を起こしたり，ヘビやクモが宿主を咬んで傷害を与えることである．間接的な害とは，各種病原体を媒介したり，寄生虫の中間宿主として働く例が代表的なもので，そのほか，食物や飼料を食害したり，環境汚染や畜産公害を起こす例や，ヒトが見て不快に思う例などがある．

1.2.1 直接的な害

A. 寄生または刺咬によるストレス

　ヒゼンダニやツメダニなどのダニ類，カ，アブ，ハジラミなどの昆虫の刺咬を受けると，機械的傷害や毒物の注入により強い掻痒や痛みを生じ，宿主に大きなストレスを与える．さらに，動物が患部を掻きむしることにより二次感染を惹起する．このため，動物は不眠や食欲減退を起こして，家畜では泌乳量，増体量，産卵量が減退し，生産効率が落ちる．ときには死に至ることもある．また，毒ヘビやネズミに咬まれるのもこれに該当する．

B. 吸　血

　衛生害虫のなかには，刺咬により宿主にストレスを与えると同時に吸血するものが多い．そのために宿主は貧血を起こし，衰弱や発育不良の原因となる．また，吸血性の害虫は一般に吸血の際に多量の唾液を注入するので，それに対するアレルギー反応が生じ，強い痒みとともに発赤，腫脹，丘疹，潰瘍などが発現する．吸血する害虫の発育時期は害虫によって異なり，マダニやシラミのように卵を除く全発育期で吸血活動を行うものから，カ，ヌカカ，アブ，ブユのように雌成虫だけが吸血の際のみ宿主に飛来するものまでさまざまである．

C. 皮膚障害

　衛生害虫の寄生や刺咬により，掻痒，発赤，腫脹などのみならず，皮膚に重大な障害を与えるものがある．ヒゼンダニ類は強い掻痒とともに皮膚の脱毛，痂皮形成，

糜爛などを起こし，ニキビダニは脱毛と二次感染による全身性の糜爛を生じさせる．また，ウシバエ幼虫はウシの背部皮下に寄生し，皮膚に孔を開けるため，皮革としての価値を大きく減じてしまう．ドクガなどのように，体に毒針をもち，ヒトが触れると皮膚炎を起こす昆虫も複数種存在する．

D. 内部寄生

　多くはないが，衛生動物のなかで宿主に内部寄生するものがある．たとえばウシバエ幼虫はウシの皮下に，ウマバエ幼虫はウマの胃壁に，ヒツジバエ幼虫，イヌハイダニとイヌシタムシはそれぞれヒツジ，イヌの鼻腔に寄生する．また，鳥類の気道に寄生するハナダニ類やミツバチの気管に寄生するアカリンダニなどもある．

1.2.2　間接的な害

A. 病原体・寄生虫の伝播，中間宿主（媒介者 vector）としての害

　衛生害虫が宿主に寄生する際にさまざまな病原体や寄生虫の感染を媒介する．このなかには，ハエのように，大腸菌，赤痢菌，サルモネラ菌などを粘性のある脚に付着させてほかの場所に運搬するものと，衛生害虫の体内で病原体の発育や増殖が起こり，それが感染源となるものがある．前者を機械的伝播者（mechanical vector），後者を生物学的伝播者（biological vector）という．生物学的伝播者のうち，寄生虫の無性生殖や幼虫の発育に必須の動物を中間宿主（intermediate host）という．また，直接寄生しなくても，宿主の食物となって宿主に病原体や寄生虫を伝播するものもあり，魚や貝はこれに該当する．とくに，ヒトや動物の寄生虫には特定の動物を中間宿主としてとるものが少なからずある．

B. 食料や飼料に及ぼす害

　ヒトの食料や動物の餌，飼料を食害する衛生動物も少なくない．ネズミやゴキブリはその代表であるが，そのほかにもコナダニ類などのダニ類，ガの幼虫や貯穀害虫とよばれる甲虫類などがある．

C. 環境衛生および公衆衛生学的な害

　衛生害虫による生産物汚染が生じることがある．たとえば，ニワトリに寄生するワクモやトリサシダニが鶏卵表面に付着していたり，搾乳後の牛乳に牛舎内のハエが落下して商品価値を失わせる．

また，動物舎などからハエが大量に発生して，近隣の住宅に侵入し，そこに住む人々に不快感を催させることもある．このように，ヒトに対して直接的な害というよりも，その存在が不潔感，不快感，嫌悪感を起こさせるような動物を不快動物（ニューサンス：nuisance）とよぶ．ゴキブリ，ヘビ，クモ，毛虫などは1個体でも不快動物となりうる．

1.3 獣医衛生動物の防除

1.3.1 防除法概説

　衛生動物による被害を防ぐためには，宿主動物の体上あるいは環境に生息している衛生動物を殺滅することが必要となる．これらの殺滅には一般に化学薬品（殺貝剤，殺虫剤，殺鼠剤など）が用いられるが，衛生動物のなかで生涯を宿主の体上で過ごすものは一部にすぎず，多くは一時寄生者であり，吸血の際などにのみ宿主と接触をもつ．また，寄生虫の中間宿主となるようなものでは，動物に食われる以外に接触をもたないものも多い．したがって，これらの薬剤は動物の体のみならず，周囲の環境にも散布されることが多い．このため，薬剤を無意味な場所に多量に散布するなど使用方法を誤るとヒトや動物にかえって危害を与えたり，自然環境を破壊することにもなる．また，単一の薬剤を継続的に使用すると，薬剤抵抗性をもった衛生動物の増加をも招く．これらの防除にあたっては，対象衛生動物の生理，習性，発生場所，発生条件，生活環，宿主動物への影響などを考慮したうえで，もっとも適切な方法を採用しなければならない．衛生動物の防除とは，それらをすべて撲滅（eradicate）するのではなく，人獣に悪影響を及ぼさない程度まで減少させる（control）ことにある．現実的には，薬剤を用いた化学的防除のみでなく，物理的防除，環境整備をも併せた総合的防除法を考えることが必要である．

A. 環境の整備

　衛生動物が生息しにくい環境をつくる．すなわち，動物舎内外の整理，整頓，清掃，排水，除糞，通風，換気，採光，除草などを行い，衛生害虫やネズミの発生源をなくす．また，不必要な道具や器具を動物舎内外に放置したり，飼料の食べこぼしが残らないよう心がける．このような整備は比較的限定された環境下ではかなり大きな効果が期待できるが，牧野などの広い地域では多大な経費と時間，労力を必要とする．

B. 物理的・機械的防除

　器具，施設を利用して衛生動物を防ぐ方法で，100％物理的な方法と薬剤を併用する方法とがある．ハエたたき，ハエとりリボン，ノミとり櫛，電撃殺虫器，ライトトラップ，バネ式ネズミとりなどの器具のほか，網戸の設置，密閉式堆肥舎のような衛生動物の侵入を防ぐ施設がある．手指やピンセットを用いた害虫の除去，丸めた新聞紙によるゴキブリ退治なども物理的防除といえる．これらの方法は，環境汚染を引き起こさない点で優れているが，防除効率は必ずしも高くない．

C. 化学的防除

　殺虫剤，殺貝剤，殺鼠剤，忌避剤，誘引剤，不妊剤，成長撹乱剤などの薬剤を用いて衛生動物を殺す，あるいは発育を阻害する方法である．少ない手間で大量の衛生動物を比較的容易に殺滅できることから，とくに衛生害虫に対しては人家内も含めてもっとも広く行われている．しかし，人獣に副作用を与えることもあり，また，環境中に散布された場合，環境汚染を引き起こす可能性もある．さらに，単一の薬剤を長期間使用することは，薬剤抵抗性をもつ衛生動物を生み出すことにもなる．したがって，薬剤を使用する場合には，衛生動物に対する有用性のみでなく，人獣に対する安全性，環境汚染などにも配慮し，慎重に選択薬剤および使用量を決定しなくてはならない．

D. その他

　その他の方法として，衛生動物に対する天敵を用いる方法や免疫を用いた防除法（ワクチン）が考えられている．天敵には，衛生動物を捕食する鳥類，哺乳類や昆虫類，ダニ類と，衛生動物の体内に寄生して宿主を殺すウイルス，細菌，真菌などがある．しかし，これらは必要時に十分量を供給することが困難なこと，生態系の撹乱の可能性があることから，現在のところ一部を除いてほとんど実用化されていない．免疫学的方法についても現在のところ研究段階のものが多いが，実用化されているものもわずかではあるが存在する（p.76 参照）．

1.3.2　殺虫剤等概説

A. 殺虫剤（insecticides）

　殺虫剤は節足動物を殺滅することを目的とした薬剤で，ヒトや動物とその周囲環境のみならず，作物に対しても農薬とよばれて広く用いられている．人獣およびそ

の周辺で用いられる殺虫剤として好ましい条件には，(1)殺虫効果が高い，(2)ヒトや動物に対する安全性が高い，(3)残効性（効果の持続性）が長い，(4)害虫が当該薬剤に対する抵抗性をもっていない，の4点があげられる．さらに，家畜用殺虫剤ではコストの問題も重要な条件となる．ただし，残効性に関しては，一度使用すれば長期間にわたって効果が持続する薬剤のほうが省力性，コストの面で有利であるが，このことは長期間その化学物質が環境中に残存することを示しており，環境汚染，ひいては人獣への慢性毒性の発揮にもつながりかねず，また，薬剤抵抗性害虫の出現リスクも高くなる可能性がある．したがって，殺虫剤の使用に際して，即効性を重視するのか残効性を重視するのか，あるいは人獣や環境に対する安全性を重視するのか，などについて考慮することが必要である．

殺虫を目的とした薬剤は，古くは硫黄燻蒸，タバコ粉，石油乳剤，二硫化炭素，除虫菊粉などが用いられていたが，1939年に合成有機塩素剤であるDDTの優れた殺虫効果が明らかになると，安価に大量に生産でき，残効性も長いため世界各地で大量に使用された．しかし，長期にわたる環境への残存および生物濃縮が問題となり，1968年に全面的に生産，使用が禁止された．なお，最近になってヒトへの発がん性の低さが再評価され，2006年にWHOがマラリア蔓延地域への媒介蚊防除用としてDDT使用の推奨を行っている．一方，古くから使用されていた除虫菊製剤の有効成分がピレスリンであることが明らかにされ，化学構造が解明されると類似物質が合成されるようになり，ピレスロイド剤として現在も広く使用されている．

現在はピレスロイド剤，有機リン剤，カルバメート剤のほか，主として伴侶動物用としてフェニルピラゾール系，ネオニコチノイド系，アベルメクチン系，ミルベマイシン系など，さまざまな殺虫剤が使用されている．

a. ピレスリン・ピレスロイド剤 (pyrethrin, pyrethroids)

天然のピレスリンは除虫菊の花に含まれる揮発性の殺虫成分で，日本でも明治初期から殺虫剤として用いられていた．ピレスリン，ピレスロイドは節足動物の神経軸索のNa^+チャンネルに作用し，神経系の情報伝達を阻害する．環境中で比較的すみやかに分解されるため，残効性が短い欠点をもつが，残効性を重視しない蚊とり線香や屋内用殺虫スプレーなどの成分として，また動物体に直接散布する粉剤やスポットオン剤など，低毒性の殺虫剤として広く用いられている．ピレスロイド剤には後述のようなものがあり，剤型，用法には多種多様なもの（線香，燻蒸剤，粉剤，粒剤，液剤，油剤，スプレー剤，ポアオン剤，スポットオン剤など）がある．他種の薬剤との合剤もある．残効性を延長するために，しばしば共力剤であるピペ

ロニルブトキサイドやサイネピリンとともに用いられる．ピレスロイド剤の多くは医薬部外品であり，ペットショップなどでも広く販売されている．
- アレスリン（allethrin）
- シフルトリン（cyfluthrin）
- エトフェンプロックス（ethofenprox）
- フルバリネート（fluvalinate）　ミツバチヘギイタダニの駆除．
- ペルメトリン（permethrin）
- フェノトリン（phenothrin）　スミスリン®パウダーは人体寄生のシラミ駆除に使用可能．
- フタルスリン（phtalthrin）
- プラレスリン（prallethrin）

b. 有機リン剤（organophosphorus）

有機塩素剤に代わって広く用いられるようになった殺虫剤で，残効性が比較的長く，安価であることから，単剤あるいは合剤の成分として多くの製品が開発，市販されている．神経伝達にかかわるアセチルコリンエステラーゼの活性を阻害して殺虫効果を発揮するが，ヒトや動物も同様の神経伝達機構をもっているため，毒性がやや強いこと，また，長期間使用されたため，薬剤抵抗性を獲得したものが存在することなどから，とくに小動物臨床領域では使用機会が減少している．主として家畜および環境中の害虫に対して用いられる．

- アザメチホス（azamethiphos）
  ［アルファクロン®］
  　畜・鶏舎内およびその周辺の衛生害虫の駆除．
- サイチオアート（cythioate）
  ［サイフリー®］
  　イヌのノミ，マダニ，ヒゼンダニ，ニキビダニの駆除．
- ジクロルボス（dichlorvos）
  ［DDVP®乳剤・油剤，ラビホス®など］
  　おもに畜・鶏舎周辺のハエ・カの幼虫および成虫の駆除．
  　ワクモ，イエダニ，ノミの駆除．
- ジムピラート（dimpylate）（別名：ダイアジノン（diazinone））
  ［ダーナムカラー®］
  　イヌのノミ，マダニ駆除

- フェニトロチオン（fenitrothion）

    ［スミチオン®など］

    ウシのマダニ，ブタのシラミ，ニワトリのワクモ，トリサシダニの駆除．

    畜・鶏舎内およびその周辺の衛生害虫の駆除．

- プロペタンホス（propetamphos）

    ［サンモス®］

    畜・鶏舎内およびその周辺の衛生害虫の駆除．

- プロチオホス（prothiofos）

    ［トヨダン®］

    畜・鶏舎内およびその周辺の衛生害虫の駆除．

- トリクロルホン（trichlorfon）

    ［ネグホン®］

    ウシ：マダニ，シラミ，サシバエ，ノサシバエ

    ブタ：シラミ

    ニワトリ：ワクモ，トリサシダニ，ハジラミ

    イヌ：ノミ，シラミ

    畜・鶏舎内およびその周辺の衛生害虫の駆除．

これらのほか，ピレスロイド剤との合剤（例：フェニトロチオンとペルメトリン）が市販されている．

c. カルバメート剤（carbamate）

有機リン剤と同様，アセチルコリンエステラーゼ阻害剤であるが，有機リン剤に比べて即効性に優れている．

- カルバリル（carbaryl）

    ［サンマコー®水和剤・粉剤］

    ウシ：マダニ，サシバエ，ノサシバエ，シラミ，ノイエバエ

    ニワトリ：ワクモ，トリサシダニ，ハジラミ

    畜・鶏舎内およびその周辺の衛生害虫の駆除．

    ［注意］ブタ，豚舎および種鶏，種鶏舎には使用しないこと．

- プロポクスル（propoxur）

    ［ボルホ®］

    ウシ：マダニ，ヒゼンダニ，ノサシバエ，アブ，シラミ，ハジラミ

    ブタ：ヒゼンダニ

ニワトリ：ワクモ，トリサシダニ，ハジラミ
　　　イヌ：ヒゼンダニ，ノミ
　　　畜・鶏舎内およびその周辺の衛生害虫の駆除．
- BPMC（2-secondar-butylphenyl-*N*-methyl-carbamate）
　　［バリゾン®液・散剤］
　　　マダニ，ワクモ，トリサシダニ，アブ，サシバエ，ブタジラミ，ノミ，シラミの駆除．

d. フェニルピラゾール系薬剤（phenyl-pyrazole）
　抑制性神経のGABA受容体のクロライドチャンネルに特異的に結合して神経伝達を遮断する．殺虫効果が高く，残効性が長い特徴をもつ．
- フィプロニル（fipronil）
　　［フロントラインプラス®］
　　　スポットオン剤．イヌ，ネコのノミ，マダニ，シラミ，ハジラミの駆除．
　　　［注意］8週齢未満の動物には使用しない．
　　［コンバットα1®，ブラックキャップ®，ゴキゼロ®，ワイパアワン®など］
　　　ゴキブリの駆除．
- ピリプロール（pyriprol）
　　［プラク-ティック®］
　　　スポットオン製剤．イヌのノミ，マダニの駆除．

e. ネオニコチノイド（クロロニコチニル）系薬剤（neonicotinoid, chloronicotinyl）
　シナプス後膜のニコチン性アセチルコリンレセプターに結合して，神経伝達を遮断する作用をもつ．ヒト，動物に対する安全性が高く，薬剤耐性獲得種が少ない．
- イミダクロプリド（imidacloprid）
　　［アドバンテージ®プラス，フォートレオン®］
　　　いずれもスポットオン剤．残効性が長い．イヌ，ネコのノミ駆除．
- ニテンピラム（nitenpyram）
　　［プログラムA®錠］
　　　経口投与剤．残効性は短い．イヌ，ネコのノミ駆除．

f. アベルメクチン系薬剤（avermectins）
　放線菌の*Streptomyces avermitilis*の発酵産物であるマクロライド系化学物質の総称である．膜貫通性のグルタミン酸開口型クロライドチャンネルに作用してクロルイオンの膜透過性を増加させ，神経細胞の膜電位を阻害する．外部寄生虫以外に

種々の消化管内線虫や，犬糸状虫の幼虫を殺滅する効果がある．一般に宿主に対する安全性が高いが，イヌではコリー種やコリー交雑種で感受性が高く，神経症状を起こすことが知られている．

- イベルメクチン（ivermectin）

［ポアオン剤：イベルメクチントピカル®，バイメックトピカル®，ビルバメクトピカル®，カイザード液®など；注射薬：アイボメック注®，イベルメクチン注®，タナメックス注®など；経口薬：アイボメック®プレミックス，イベルメクチン散®など］

ウシ：ショクヒヒゼンダニ，シラミ，ノサシバエの駆除．マダニ吸血の抑制．

ブタ：センコウヒゼンダニ，ブタジラミの駆除．

- ドラメクチン（doramectin）

［デクトマックス®］

注射薬．ウシのショクヒヒゼンダニ，ブタのセンコウヒゼンダニの駆除．

- セラメクチン（selamectin）

［レボリューション®］

スポットオン剤．イヌ，ネコのノミ成虫駆除，ノミ卵の孵化阻害および殺幼虫作用によるノミ寄生予防，ミミヒゼンダニの駆除．

g. ミルベマイシン系薬剤（milbemycin）

アベルメクチン系薬剤と類似した化学構造式（マクロライド）をもち，薬理作用も同様である．おもに小動物の消化管内線虫，犬糸状虫幼虫の駆除に用いられるが，外部寄生虫用製剤もある．

- モキシデクチン（moxidectin）

［サイデクチンポアオン®］

ポアオン剤．ウシのショクヒヒゼンダニ，ウシホソジラミの駆除．

h. アミジン化合物（amidines）

農業用殺ダニ剤として用いられているアミトラズを動物用に転用したものである．

- アミトラズ（amitraz）

$\alpha 2$-アドレナリン作動薬でプロスタグランジンの合成を阻害するため，動物やヒトにも作用する．

［プレベンティック®］

首輪製剤．イヌのノミ，マダニ駆除．

B. 昆虫成長撹乱剤（insect growth regulators；IGRs）

いわゆる殺虫剤とはやや異なる範疇に属し，害虫の卵や幼虫に作用し，致死させることにより次世代の発生を妨害する薬剤である．日本でも作物害虫に対する農薬として比較的古くから用いられてきたが，獣医学領域では主として動物体外で発育するノミおよびハエのウジを駆除対象としている．昆虫の外骨格形成物質であるキチンの合成阻害剤と，蛹化を妨げる幼若ホルモン様物質の2種類がある．最近は殺虫剤との合剤が多い．

- ルフェヌロン（lufenuron）

  キチン合成阻害剤．卵内での1齢幼虫の外骨格形成および脱皮の際の新しい外骨格形成を阻害する．

  ［プログラム®液・錠・注射液］

  　イヌ，ネコのノミの発育阻害．

- メトプレン（methoprene）

  幼若ホルモン様物質．昆虫の幼虫に過剰脱皮を起こさせ致死させる．

  ［フロントラインプラス®］

  　フィプロニルとの合剤として市販されているスポットオン剤．

  　8週齢未満のイヌ，ネコには使用しない．

- ピリプロキシフェン（pyriproxyfen）

  幼若ホルモン様物質．

  ［スポットオン剤：アドバンテージプラス®，ダーナムライン®，サンスポット®，デュオライン®；首輪剤：ペットカラー®，デュオカラー®；環境散布剤：サイクラーテ®，ラモス®など］

  　アドバンテージプラス®はイミダクロプリドとの合剤，ダーナムライン®，サンスポット®，デュオライン®，ペットカラー®，デュオカラー®はピレスロイド剤との合剤．いずれもイヌに寄生するノミ，マダニの駆除．アドバンテージプラス®はネコ用もある．

  　サイクラーテ®，ラモス®はピリプロキシフェンの単剤．畜・鶏舎内および周辺のハエ幼虫の駆除．

C. 忌避剤（repellent）

忌避剤は虫除けとして人体では広く使用されているが，残効性が短いこと，コストが高いことなどの理由から，動物用としてはあまり注目されていなかった．しか

し，人体用に用いられているディートは比較的長い残効性があることから，近年伴侶動物用にピレスロイド剤との合剤として市販されるようになってきている．

- ディート（deet）

    ［シャレピンドッグガード®，ドッグフリーS®，ペットアースD®など］
    いずれもピレスロイド剤（アレスリン）との合剤として市販されている．
    カ，ハエ，ノミ，ダニの駆除および忌避効果．

D. 誘引剤（attractant）

カ，ゴキブリ，屋内塵ダニなどに対して利用されている．目的とする害虫をおびき寄せて集めるもので，殺虫剤やゴキブリ捕殺用の粘着剤の補助剤として使用されることが多い．食餌誘引物質，フェロモンなどが使われている．

E. 殺鼠剤（rat poison）

ネズミを駆除するための薬剤で，家屋内や動物舎のネズミを対象とするもの，畑地のノネズミを対象とするものがある．家屋内のネズミ駆除には一般にクマリン系製剤（クマテトラリル，ワルファリン，フマリンなど）やジフェチアロールが毒餌のかたちで使用されている．畜・鶏舎内およびその周辺のネズミ駆除には，クマリン系製剤であるブロマジオロンが動物用として市販されている．近年，薬剤耐性のネズミが出現している．

F. 殺貝剤（molluscicide）

衛生動物学で問題となる貝類は，主として淡水産と陸産の巻貝類である．淡水産の貝類の駆除については，過去に日本住血吸虫の中間宿主となるミヤイリガイの殺貝剤による駆除実績があるが，薬剤を用いて淡水産巻貝を駆除するためには水系に多量の薬剤を散布しなければならず，水田などの止水を除いては環境汚染の点で困難である．それよりは，水流の改善，水草の除去，岸のコンクリート化など，貝の生息適地をなくす生態学的な方法がとられる．水田でしばしば異常増殖するスクミリンゴガイ（ジャンボタニシ）に対しては，IBP粒剤（キタジンP粒剤®など），ベンスルタップ粒剤（ルーバン粒剤®など）が用いられている．

陸産のナメクジやカタツムリに対する駆除剤としては，メタアルデヒド（ナメトックス®，ナメクジカダン®，ナメクジかじりん棒®など）のほか，天然物質を用いたスプレー剤などがある．

第2章 軟体動物

　軟体動物門（Mollusca）は，7〜8万の種が存在すると考えられ，無脊椎動物としては節足動物門，線形動物門の次に種類数が多い．体は一般に頭，足，内臓部からなり，左右相称であるが，二枚貝類のように頭がないもの，巻貝類のように内臓部がねじれて左右不相称のものもある．内臓部は表皮が変化した膜状の外套膜（mantle）で覆われ，さらにその外側は外套膜の分泌物でつくられた貝殻（shell）で覆われたものが多い．軟体動物の大部分は水生で，海水，淡水，汽水に生息するが，一部は陸生である．軟体動物門は無板綱（カセミミズ類），多板綱（ヒザラガイ類），腹足綱（巻貝類），頭足綱（イカ・タコ類），掘足綱（ツノガイ類），斧足綱（二枚貝類）などからなるが，衛生動物として重要な種は腹足綱，頭足綱，斧足綱に含まれる．腹足綱イモガイ類のアンボイナガイは，熱帯性の海産巻貝で，獲物を麻痺させる毒矢（歯舌歯）を口から放ち，ヒトが刺されると死亡することがある．そのほかにイモガイ類には刺毒をもつ種が複数知られている．斧足綱イガイ類のムラサキイガイ（ムール貝）やアサリなどは麻痺性貝毒のサキシトシンなどを含むことがあり，食中毒の原因となる．この貝毒は，本来，海洋プランクトン（渦鞭毛藻類）が保有しているが，それを捕食した貝に蓄積される．頭足綱のスルメイカなどはアニサキス幼虫を保有し，またホタルイカは旋尾線虫類のX型幼虫を保有する．腹足綱には吸虫類や線虫類の中間宿主や待機宿主となる巻貝種が多数含まれ，これらは寄生虫の伝播に不可欠な存在となっている．

2.1 分類と一般形態

　軟体動物門は，双神経亜門（無板綱，多板綱など）および貝類亜門（腹足綱，頭足綱，掘足綱，斧足綱）からなる（図2.1）．無板綱（カセミミズ類）は，海水に生息し，殻をもたない長虫状で，一見すると軟体動物とは思われない姿であるが，口内には軟体動物特有の摂餌器官である歯舌をもつ．多板綱（ヒザラガイ類）は，海水に生息し，屋根瓦状に並んだ8枚の殻で覆われた楕円形で扁平な体形である．頭足綱（イカ・タコ類）は，海水に生息し，頭部，足（腕）部，胴部からなるが，オウムガイを除き殻はなく，頭部から直接に足（腕）部が生えているのが特徴である．掘足綱（ツノガイ類）は，海水性で角笛状の殻をもつ．斧足綱（二枚貝類）は，左右の殻片に包まれ，頭がなく，外套膜が殻片を裏打ちする格好で存在する．外套膜の周辺部は肥厚して俗に「ひも」とよばれる．腹足綱（巻貝類）は，寄生虫（吸虫類，線虫類）の中間宿主として衛生動物学的な重要性が高い．本書では腹足綱について以下に記載する．

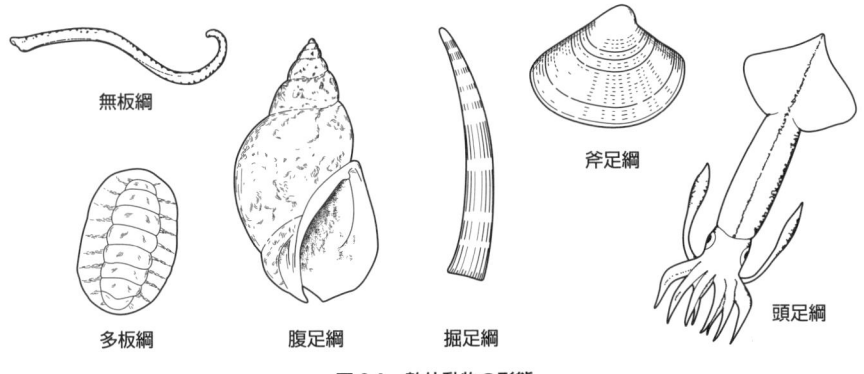

図2.1　軟体動物の形態

2.1.1 腹足綱の分類

　腹足綱の分類体系は研究者によってかなりの相違があるが，ここでは腹足綱を前鰓亜綱および異鰓亜綱（後鰓亜綱，有肺亜綱に分けることもある）に分ける．前鰓亜綱は新紐舌目（カワニナ科，タニシ科，カワザンショウガイ科など），原始紐舌目（ヤマタニシ科など），アマオブネガイ目（ヤマキサゴ科など）などの9目から

なる．異鰓亜綱は有肺上目の基眼目および柄眼目のほかに 11 目からなり，基眼目にはヒラマキガイ科，モノアラガイ科，サカマキガイ科，カワコザラガイ科などが含まれ，柄眼目にはマイマイ類（オナジマイマイ科，アフリカマイマイ科，パツラマイマイ科など），ヤマホタルガイ科，オカモノアラガイ科，キセルガイ科，ナメクジ科などが含まれる．

2.1.2 腹足綱の一般形態

巻貝類（snail）は，腹足全面が筋肉質の扁平な足となるものが多く，そのため腹足類とよばれる．カタツムリを見てもわかるように，足と頭はひと続きで（頭足部），頭には通常 1～2 対の触角と 1 対の眼がある．眼は，陸生のカタツムリ類では触角の先端にあるが（柄眼類），水生のものは多くが触角の付け根部に存在する（基眼類）．頭部前端に口があり，口内にある歯舌で餌を削りとる．歯舌には紐舌型や扇舌型などの形があり，摂餌のスタイルにより異なる．敵に襲われたりすると頭足部は殻のなかに引き込まれるが，これは足と殻をつないでいる筋肉（殻軸筋）が収縮するためである．このとき足にへたをもつ種では，頭足部が引き込まれた後にへたで殻口をふさぐ．内臓部は足部の背側中央にあり，薄い筋肉質の外套膜に覆われる．外套膜と内臓部の間の腔は外套腔とよばれ，有肺類では外套腔壁に血管（血体腔）が密に分布して肺となる．殻は外套膜の分泌物でつくられ，らせん状に巻いたものが多く，水生のものは大部分が右巻きである．また殻が変形して皿のようになったアワビ類，笠状になったヨメガカサガイやカワコザラ，さらには殻が消失したナメクジ類やウミウシ類（発生の初期にはらせん状の殻がある）などもある．

巻貝類の同定には，殻の形態，軟体部の解剖学的特徴，歯舌の形態，へたの有無，生息状況（淡水生，陸生，汽水生など）などが指標となる．殻のみが標本であることも多く，殻の形態（形，大きさ，螺塔の高さ，殻口の広さ，縫合の深さなど）は貝を同定するうえで重要な指標となる（図 2.2）．殻の巻き方も指標のひとつであり，右巻きの貝が圧倒的に多い．殻が右巻きか左巻きかは，螺塔の先端（殻のとがったほう）を上にしたときに殻口が中心より右側にあれば右巻き，左にあれば左巻きである（図 2.3）．円盤状で螺塔の尖っていない貝（ヒラマキガイ類など）では，上下の面がわかりにくいので実体顕微鏡などで確認する．軟体部では，とくに生きた貝を観察するうえでは触角の数と形，眼の位置が特徴となる．触角は 1 対（水生貝）または 2 対（陸生のカタツムリ類）あり，形は長い糸状のもの（カワニナ，サカマキガイ，ヒラマキミズマイマイなど），棒状で先端に膨らみがあるもの（カタツムリ，

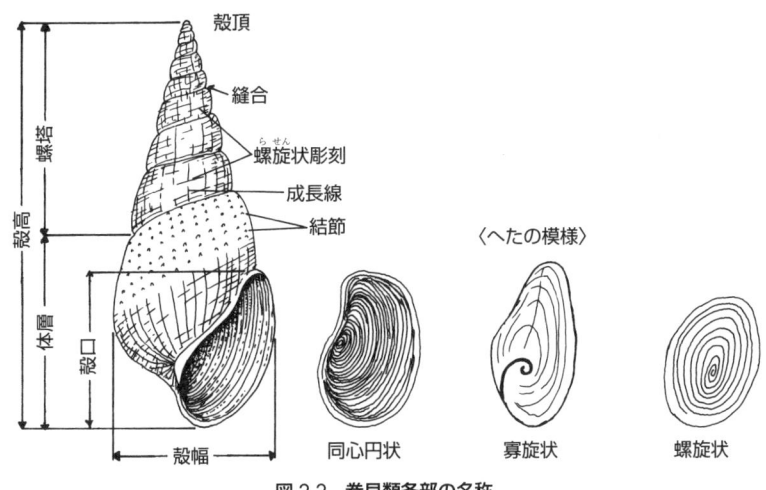

図 2.2 巻貝類各部の名称

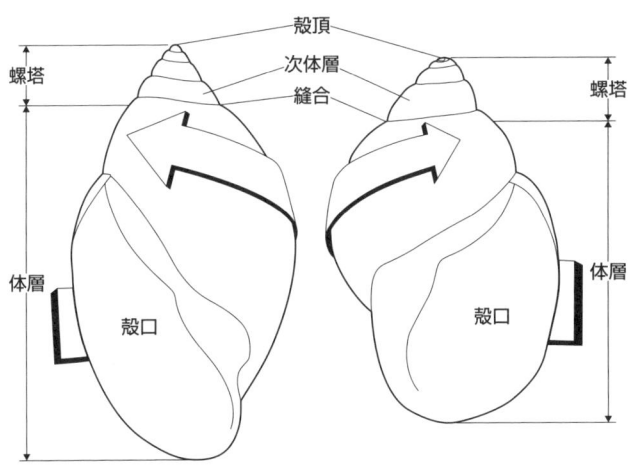

図 2.3 巻貝類の左巻き・右巻き

ナメクジなど), 三角形で扁平なもの (モノアラガイ類) などがある. また眼は, 触角の基部に位置するもの (基部内側にあるもの: モノアラガイ類, ヒラマキガイ類; 基部外側にあるもの: カワニナ, タニシなど), 触角の先端にあるもの (カタツムリ, ナメクジ, オカモノアラガイなど) がある (図 2.4). 日本住血吸虫の中間宿主であるミヤイリガイとカタツムリ類のオカチョウジガイは, 殻の形態が互いに類似するが, 触角と眼の位置で識別できる. 同様に, 水生のモノアラガイ類と陸生

のオカモノアラガイも触角と眼の位置で容易に識別できる．へたの有無も特徴のひとつであり，へたをもつもの（タニシ類，カワニナ類，カワザンショウ類など）とへたをもたないもの（カタツムリ類，モノアラガイ類，ヒラマキガイ類など）がある．そのほかに歯舌の形態，鰓の有無と位置なども同定の指標となる．

A. 前鰓亜綱（前鰓類）Prosobranchia

基本的には堅牢な殻をもち，石灰質または角質のへたをもつ．頭部の前端は吻状に突出し，触角は糸状ないし鞭状のものが多いが，カタツムリ類などとは異なり引き込むことができない．眼は触角の基部に位置する．雌雄異体である．

a. 原始腹足上目 Archaeogastropoda

もっとも原始的な腹足類で，アマオブネ科のイシマキガイ類（図2.5）など（淡水産）を除いて海産である．アワビなどのように，殻は陣笠状のものが多い．衛生動物としての重要性はほとんどない．

b. 新生腹足上目 Caenogastropoda

ⅰ）新紐舌目 Neotaenioglossa

前鰓亜綱では最大のグループである．殻は笠型，球形，紡錘形，塔形，不定形などの変化に富む．へたは角質で小旋形であり，歯舌は歯列数が多く，ひも状で紐舌

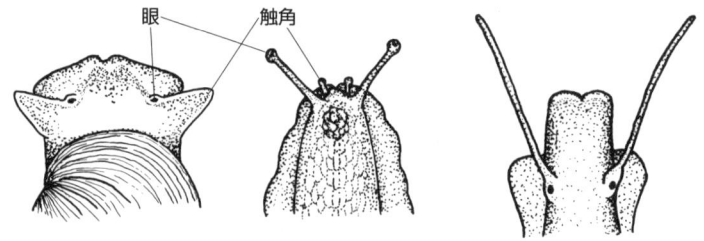

図2.4　軟体動物の触角と眼

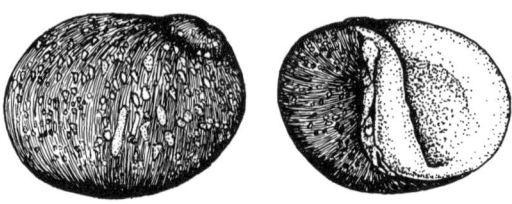

図2.5　イシマキガイ

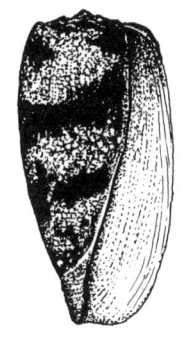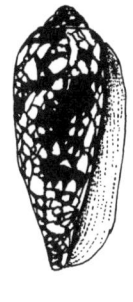

図2.6 アンボイナガイ（左），ツボイモガイ（右）

形である．海生のものが多いが，淡水生や陸生もある．衛生動物として重要なものは，海生ではウミニナ科（Potamididae；ヘナタリ），淡水生ではイツマデガイ科（Pomatiopsidae；ミヤイリガイ），ヌマツボ科（Hydrobiidae；ホラアナミジンニナ），エゾマメタニシ科（Bithyniidae；マメタニシ），カワザンショウガイ科（Assimineidae；ムシヤドリカワザンショウ，ヨシダカワザンショウ），トゲカワニナ科（Thiaridae；トウガタカワニナ），カワニナ科（Pleuroceridae；カワニナ），タニシ科（Viviparidae；マルタニシ，ヒメタニシ），リンゴガイ科（Pilidae；スクミリンゴガイ）などであり，吸虫類の中間宿主になる種を多く含んでいる．

ii）新腹足目 Neogastropoda

　殻は紡錘形または笠形であり，へたは角質であるが，欠くものもある．歯舌は狭舌，尖舌，矢舌形で1個の鰓がある．ほとんどの種は海生である．衛生動物として意義あるものは，イモガイ科（Conidae；アンボイナガイ，ツボイモガイ）である（図2.6）．

B. 有肺上目（有肺類）Pulmonata

　異鰓亜綱に属し，衛生動物としての意義が高いグループである．小形の種が多く，殻は螺塔状が多いが，笠状や消失したもの（ナメクジ）もある．触角は1対または2対（カタツムリ）で，鰓はない．外套腔は体の前方にあり，肺としての機能（空気呼吸）がある．雌雄同体である．基眼目，柄眼目など3目からなる．

a. 基眼目 Basommatophora

　触角（1対）の基部に眼がある．多くの種は淡水生であるが，海生や陸生の種もある．雌雄同体であるが，雌雄の生殖器官は別々に開口する．衛生動物として重要

なのは，ヒラマキガイ科（Planorbidae；ヒラマキミズマイマイ，ヒラマキガイモドキなど），モノアラガイ科（Lymnaeidae；モノアラガイ，ヒメモノアラガイなど），サカマキガイ科（Physidae；サカマキガイ）である．

b. 柄眼目 Stylommatophora

　触角は2対あり，後方の長い触角の先端に眼がある．触角を引き込むことができる．このグループは陸生で，いわゆるカタツムリ類とナメクジ類を含む．一般に薄い殻をもつが，殻が退化して皿状のもの（コウラナメクジ）や消失したもの（ナメクジ）もある．雌雄同体であり，雌雄の生殖器は触角の後方側面に開口する1つの生殖孔に開く．生殖孔は普段は閉じているために目立たない．へたはない．衛生動物として重要なのは，オナジマイマイ科（Bradybaenidae；オナジマイマイ，ウスカワマイマイ，ヒダリマキマイマイ（図2.7）），ヤマホタルガイ科（Cionellidae），オカモノアラガイ科（Succineidae），アフリカマイマイ科（Achatinidae）などである．

図2.7　ヒダリマキマイマイ

2.2 生　態

　雌雄異体の前鰓類，雌雄同体の有肺類は，いずれも交尾による生殖を行う体内受精である．前鰓類では，雄はペニスを雌の生殖孔に挿入する．有肺類は雌雄の生殖器官をもつが，自家受精により生殖することは少なく，2個体で交尾が行われる．春と秋に交尾のピークがある種類が多い．多くの種は卵生であるが，卵胎生（カワニナ，マルタニシなど）もある．卵生では，卵が寒天質に包まれて産み出されるも

のや石灰質の卵殻をもつものなどがあり，受精卵は発育して稚貝となって孵化する．卵胎生では，雌の体内で卵は孵化して，稚貝が産出される．稚貝は成長して成貝となる．寿命は1年未満から数年である．有肺類は冬に活動できずに冬眠するものが多く，カタツムリ類ではエピフラムとよばれる粘液を固めた物質で殻口に白色の膜をつくって乾燥を防ぎ，落ち葉の下などに見られる．食性は陸生貝（カタツムリ類など）では植物食で，落ち葉などの腐食質を食べることが多い．水生貝は水底の微小藻類や有機物質などを食べるデトリタス（detritus）食のほか，植物食や雑食性もある．

2.3 防除（対策）

軟体動物に対する防除（対策）は加害の違いによって異なる．イモガイやアンボイナガイのように海産の岩礁域に生息し，毒矢でヒトを刺すものでは，裸足で歩かない，触れないことで防げる．アンボイナガイによる加害事故は，ダイバーや漁師，貝殻コレクターで発生が多い．また，アサリやムラサキイガイなどの食中毒貝には，都道府県の水産試験場あるいは水産担当部局の安全情報を得て，指定地域のものを食べないようにすることで対応する．一方，吸虫類などの中間宿主になる巻貝やヒトに不快感を与えるナメクジ，農業作物に食害を与えるアフリカマイマイなどに対しては，その生息地域から排除する対策が必要となる．その方法には，貝の生息環境を利用した生態学的な方法，薬剤を用いた化学的方法および貝の天敵などを利用した生物学的な方法がある．

2.3.1 淡水生貝

生態学的な方法としては，貝が生息する場所の環境を変えることで生息に不適な環境をつくり出すことである．用水路や側溝などでは，流入する水を一時的に止めて貝の生息場所を乾燥させること，水草や水底の泥などを除去することなどが考えられる．しかし乾燥に比較的抵抗力のある貝では，短期間の乾燥による効果はあまり期待できず，水を入れた後に貝の密度は元の状態まで戻ってしまうことも多い．また，用水路や側溝の構造を水が速く直線的に流れるように換えることも貝の生息場所を奪うことになる．過去に甲府盆地で行われた灌漑用水路や溝壁のコンクリート化は，日本住血吸虫の中間宿主であるミヤイリガイの撲滅に大きな力を発揮した．

家畜舎や家庭の排水が流入する場所では，有機質に富んだ水を好むヒメモノアラガイが高密度で生息することがある．この流入を防ぐことで効果的に貝を排除することも可能である．殺貝剤としては，ニクロスアミド，N-トリチルモルフォリン，有機スズ，ニコチンアニリドなどが世界各地で用いられているが，広域での使用には経費や効果に問題を残し，また大量使用による環境汚染もある．殺貝剤は，散布する場所の状況，貝の種類や地理的株の違いなどによって効果が左右される．PCPナトリウムは，本来殺貝剤として開発されたが，水田除草剤として大量に使用されたため，ヒトに対する慢性毒性から使用が禁止された．また，殺貝効果を有する植物の種子や樹皮が用いられることもある．生物学的な貝の駆除法としては，貝を捕食する動物や生態的に競合する貝の利用がある．貝の捕食者として，魚類や昆虫類，巻貝類，鳥類などが知られている．ツルモドキやタニシトビなどの鳥類はタニシ類を捕食し，カモやガチョウなどは水草を食べるときに小形の貝もとり込む．ブルーギルなどのサンフィッシュ類，ティラピア類は貝を食べることが知られ，またコイなどの雑食魚の利用も考えられる．ザリガニも貝の捕食者である．昆虫では，ゲンジボタルの幼虫がカワニナを捕食することはよく知られている．また他のコウチュウの幼虫やヤチバエ類も貝を食べる．巻貝を捕食する巻貝として有名なのは，*Marisa cornuarietis* という南アメリカ産の淡水生巻貝である．世界各地に移入され，住血吸虫の中間宿主であるヒラマキガイ類（*Biomphalaria* 属）やモノアラガイ類の卵や稚貝の捕食者として利用されたが，稲苗などの農作物も食害する．生態的競合を利用した方法としては，重要な疾病の中間宿主となる巻貝（*Biomphalaria* 属など）の生息場所に，繁殖力が強く，衛生動物としての意義がない巻貝（*Helisoma* 属，*Thiara* 属，*Pomacea* 属など）を導入することで，中間宿主貝の繁殖を抑えること

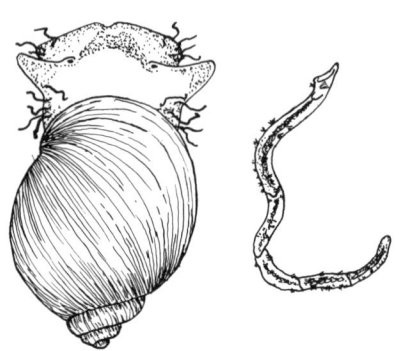

図 2.8　カイヤドリミミズ

などがある．また，モノアラガイ類の軟体部表面には環形動物のカイヤドリミミズ (*Chaetogaster limnaei*) が共生し，吸虫類のミラシジウムやセルカリアを活発に捕食する（図2.8）．これも生態的な特徴を利用した寄生虫の駆除法として意義がある．

2.3.2 陸生貝

カタツムリやナメクジの駆除には，人の手によって除去する方法が確実である．また，ナメクジの大量発生には火炎放射器などで焼き尽くすこともある．化学的には，誘引剤，殺貝剤，忌避剤を使用する．溶液や粉剤として直接散布するほか，誘引剤とともに毒餌として使用される．メタアルデヒドやメチルカルバメート剤などが広く使用されるほかに，カルシウムシアナミド，銅化合物，ニクロサミド，ヒ素化合物などが用いられる．また，家屋のナメクジ侵入防止には，石灰やタール，塩類の散布，銅線や銅板（銅イオンを忌避する性質がある）を張ることが効果的である．また，除草などで遮光部分をなくすこと，耕作でカタツムリなどの生息環境を変えることも有効である．生物学的駆除法としては天敵を利用することが考えられる．オサムシやマイマイカブリ，コウガイビル類，ヤチバエ類，シデムシ類，ホタル類，ハネカクシ類などの昆虫類や肉食性のカタツムリやナメクジなどの軟体動物が捕食者として知られているが，実際に利用されることは少ない．

2.4 衛生動物として重要な軟体動物

陸生貝は陸上に生息する貝で，水中での生活は困難である．有肺上目の柄眼目に属するカタツムリ類，前鰓亜綱のヤマタニシ科やヤマキサゴ科などの貝である（図2.9）．淡水生貝は淡水域に生息する貝であり，水中で生活するもの（カワニナ，タニシなど），通常は湿土上での生活を好むが水中でも生活できるもの（ミヤイリガイなど）がある（図2.10，図2.11）．汽水生貝は汽水域（河口部や干潟の陸地に近い部など）に生息する貝で，前鰓亜綱のカワザンショウガイ科やウミニナ科などの貝である（図2.10）．

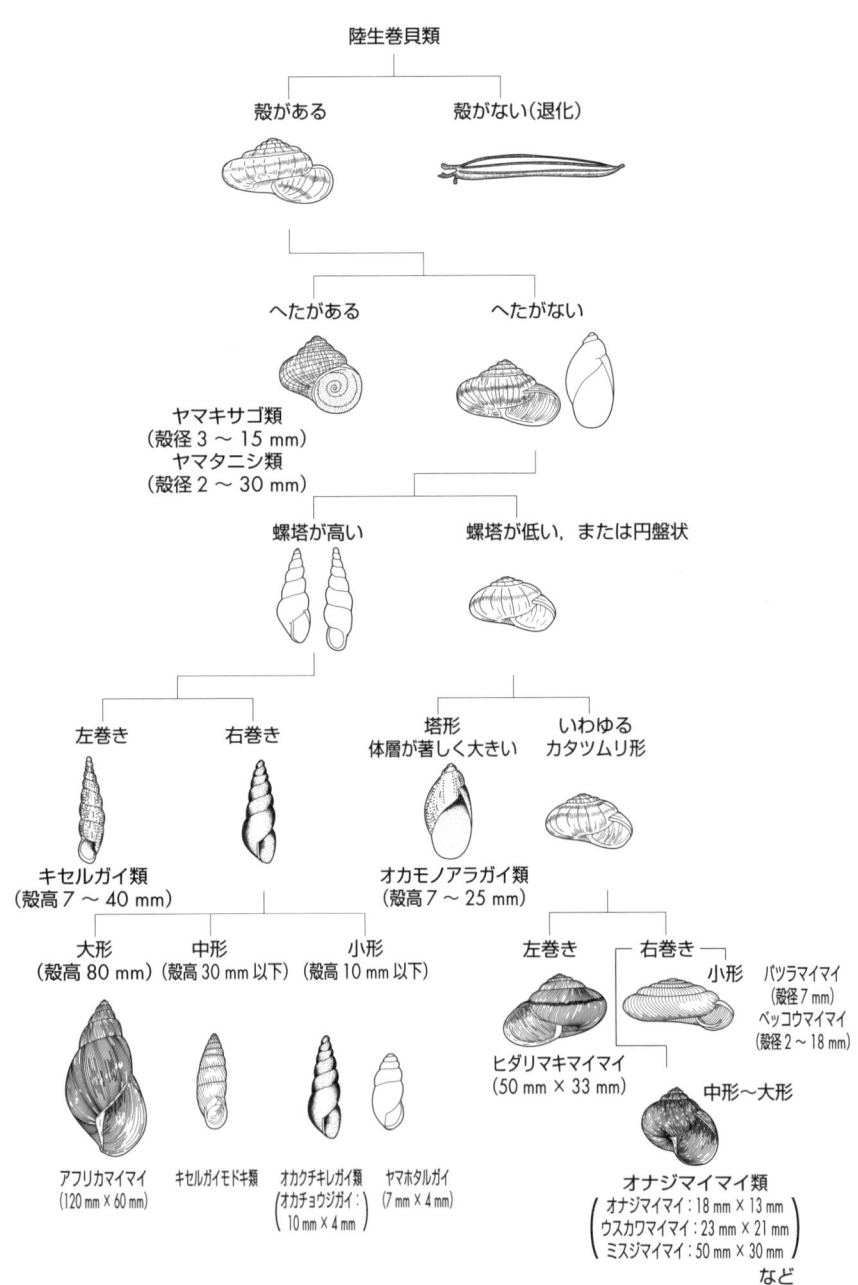

図 2.9　陸生巻貝の検索図

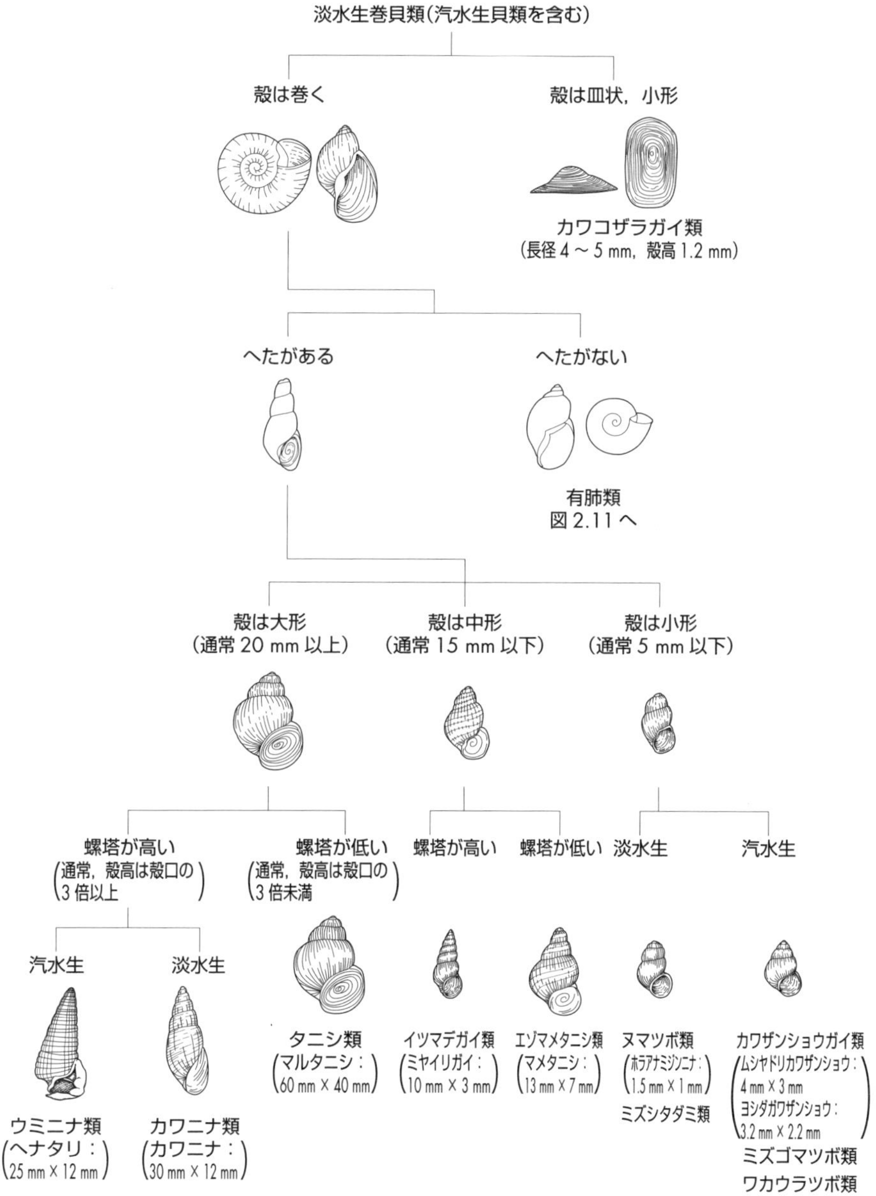

淡水生巻貝類（汽水生貝類を含む）

殻は巻く　　　　　　　殻は皿状，小形

　　　　　　　　　　　カワコザラガイ類
　　　　　　　　　　　（長径 4〜5 mm，殻高 1.2 mm）

へたがある　　　　　　へたがない

　　　　　　　　　　　有肺類
　　　　　　　　　　　図 2.11 へ

殻は大形　　　　　殻は中形　　　　　殻は小形
（通常 20 mm 以上）　（通常 15 mm 以下）　（通常 5 mm 以下）

螺塔が高い　　　螺塔が低い　　螺塔が高い　螺塔が低い　　淡水生　　　汽水生
（通常，殻高は殻口の　（通常，殻高は殻口の
3 倍以上）　　　　3 倍未満）

汽水生　　淡水生

ウミニナ類　　カワニナ類　　タニシ類　　　イツマデガイ類　エゾマメタニシ類　ヌマツボ類　　　カワザンショウガイ類
（ヘナタリ：　（カワニナ：　（マルタニシ：　（ミヤイリガイ：　（マメタニシ：　（ホラアナミジンニナ：　（ムシャドリカワザンショウ：
25 mm × 12 mm）30 mm × 12 mm）60 mm × 40 mm）10 mm × 3 mm）13 mm × 7 mm）1.5 mm × 1 mm）　4 mm × 3 mm
　　　　　　　　　　　　　　　　　　　　　　　　　　　　　　　　　　　　　　ミズシタダミ類　　ヨシダガワザンショウ：
　　3.2 mm × 2.2 mm）
　　ミズゴマツボ類
　　ワカウラツボ類

（　）内は塔形見では殻高×殻幅を示す．

図 2.10　淡水生貝類の検索図

2.4　衛生動物として重要な軟体動物

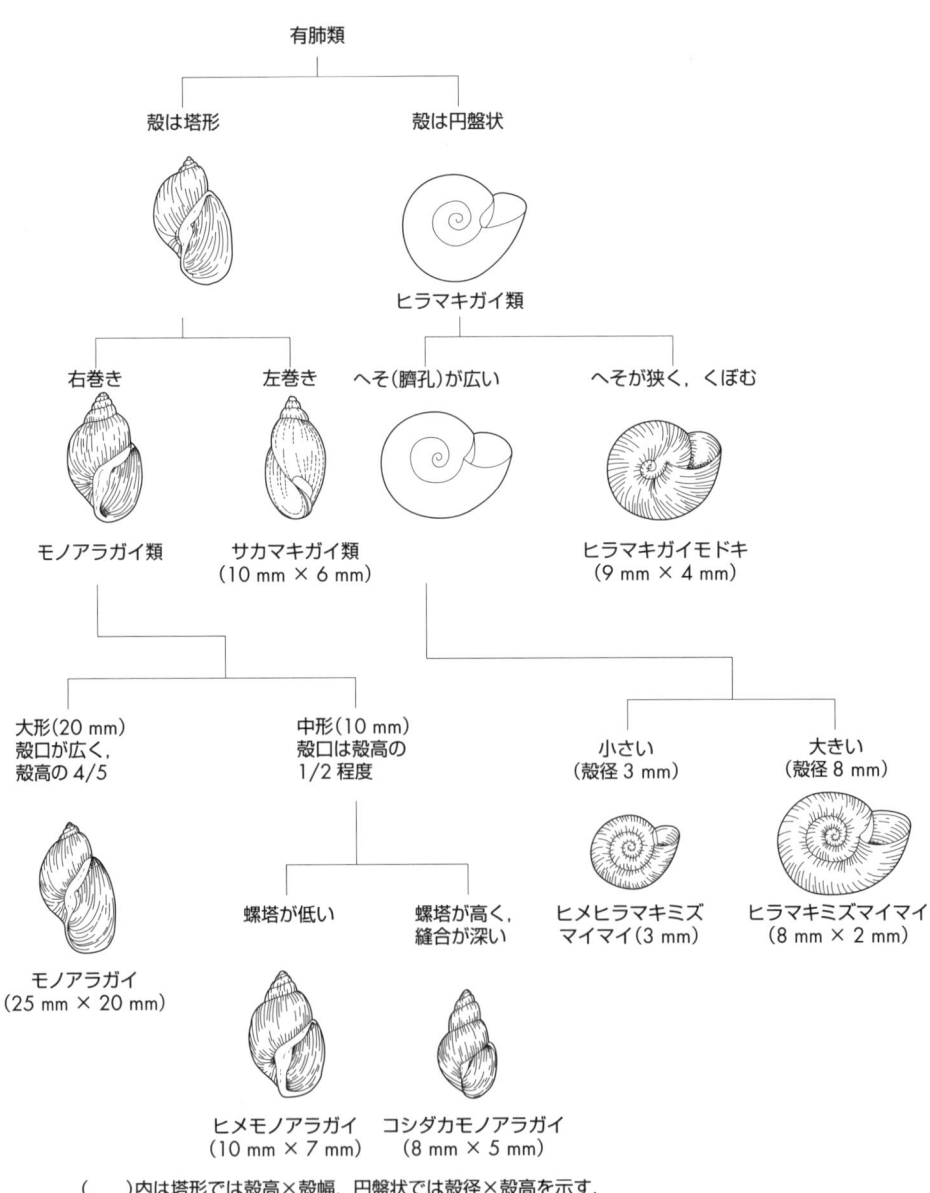

```
                              有肺類
                    ┌───────────┴───────────┐
                殻は塔形                殻は円盤状
                                        ヒラマキガイ類
        ┌───────┴───────┐          ┌──────┴──────┐
      右巻き           左巻き    へそ(臍孔)が広い   へそが狭く,くぼむ
    モノアラガイ類    サカマキガイ類                    ヒラマキガイモドキ
                   (10 mm × 6 mm)                   (9 mm × 4 mm)
    ┌──────┴──────┐                        ┌──────┴──────┐
 大形(20 mm)     中形(10 mm)              小さい          大きい
 殻口が広く,    殻口は殻高の            (殻径 3 mm)    (殻径 8 mm)
 殻高の 4/5     1/2 程度
                                      ヒメヒラマキミズ   ヒラマキミズマイマイ
                                       マイマイ(3 mm)    (8 mm × 2 mm)
  モノアラガイ    ┌──┴──┐
 (25 mm × 20 mm) 螺塔が低い  螺塔が高く,
                            縫合が深い
              ヒメモノアラガイ  コシダカモノアラガイ
              (10 mm × 7 mm)   (8 mm × 5 mm)
```

( )内は塔形では殻高×殻幅,円盤状では殻径×殻高を示す.

図 2.11　有肺類の検索図

[図 2.9 ～ 図 2.11:板垣　博,家畜寄生虫学　実習・実験（石井俊雄ほか編）, p.103 図 4.10-A, p.104 図 4.10-B, p.105 図 4.11, 文永堂, 1981]

2.4.1 陸生貝

オナジマイマイ	学　名：*Bradybaena similaris*
ウスカワマイマイ	学　名：*Acusta despecta sieboldiana*

●分類・形態●

オナジマイマイ　　　　　ウスカワマイマイ

　有肺上目，柄眼目，オナジマイマイ科に属する．両種ともに中形のカタツムリで，殻の直径はオナジマイマイが 18 mm 以下，ウスカワマイマイが 23 mm 以下であり，殻高はオナジマイマイが 13 mm，ウスカワマイマイが 21 mm であり，殻はウスカワマイマイがやや大きく，丸く，薄い．殻の色は両種ともに半透明黄褐色であるが，オナジマイマイは個体によって赤褐色のすじ（色帯）がある．ウスカワマイマイは，殻口が薄くて反り返らず，へそ穴がほとんど閉じている．殻は右巻きである．

●分布●　オナジマイマイは東南アジア原産で，熱帯，温帯に広く分布する．日本には江戸時代にサツマイモとともに中国，琉球，薩摩を経由して持ち込まれたと考えられており，現在は北海道を除く日本各地に分布する．ウスカワマイマイは東アジアに分布し，日本では北海道を除く日本各地に広く分布する．

●生態●　両種ともに庭園や田畑，草地では普通に見られ，とくにウスカワマイマイは草原性で乾燥には比較的強く，東海，近畿，関東の都市近郊ではもっとも多いカタツムリである．作物を食害する．寿命は 1 年程度と考えられ，気温が 10℃ 近くになると冬眠から覚めて活動し，春と秋に交尾・産卵のピークがある．

●病害●　両種ともに膵蛭（*Eurytrema pancreaticum*）および小形膵蛭（*E. coelomaticum*）（ともに反芻動物の膵管に寄生する吸虫）の第 1 中間宿主として，これらの伝播に重要な役割を果たす．広東住血線虫（*Angyostrongylus cantonensis*）の中間宿主でもある．また中国では槍形吸虫（*Dicrocoelium chinensis*）の第 1 中間宿主である．

ミスジマイマイ	学　名：*Euhadra peliomphala*
ヒダリマキマイマイ	学　名：*Euhadra quaesita*

●分類・形態●

ミスジマイマイ

ヒダリマキマイマイ

　有肺上目，柄眼目，オナジマイマイ科に属する．両種ともに大形のカタツムリで，殻径はミスジマイマイが 35 mm，ヒダリマキマイマイが 50 mm，殻高はミスジマイマイが 20 mm，ヒダリマキマイマイが 33 mm である．色は黄褐色から赤褐色で，すじ（色帯）がある個体が多い．ミスジマイマイはすじが 3 本の個体が多いが，2 本，1 本，あるいはすじのない個体もある．一見すると形態は類似するが，ミスジマイマイが右巻きであるのに対してヒダリマキマイマイは左巻きである．

●分布●　ミスジマイマイは関東地方と静岡，長野に分布し，ヒダリマキマイマイは関東地方と伊豆諸島，中部，北陸，東北地方に分布する．また，両種の亜種や近似種は日本各地に分布する．

●生態●　ミスジマイマイは基本的には樹上生活であり，ヒダリマキマイマイは落葉上や地上に多い．

●病害●　両種ともに寄生虫の中間宿主としては知られていないが，広東住血線虫の中間宿主になる可能性がある．

アフリカマイマイ

学　名：*Achatina fulica*

●分類・形態●

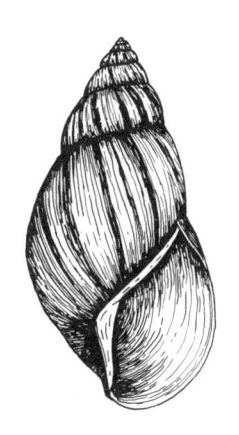

　有肺上目，柄眼目，アフリカマイマイ科に属する．世界最大級のカタツムリで，殻高 120 mm，殻径 60 mm に達する．殻は強固で光沢があり，暗赤褐色と黄褐色の縦縞模様が不規則に交互に配列し，あたかも海産貝のようである．殻は右巻きであるが，左巻きの個体も見られる．

●分布●　東アフリカが原産と考えられ，農作物とともに，また食用として人為的に移入されて熱帯・亜熱帯地方に広まった．日本では沖縄諸島，奄美諸島，小笠原諸島に分布するが，最近（2007 年），鹿児島県でも確認された．

●生態●　雑食性で広範な食性があり，植物（芽，葉，茎，果実，種子）や動物の死骸，菌類などなんでも食べる．殻成分のカルシウムを補給するために砂や石も食べる．旺盛な繁殖力を示し，成貝は約 10 日の間隔で 100〜1,000 個の卵を産出する．アフリカ原産であるため乾燥にも強く，殻口に膜を張った仮眠状態でおよそ半年間生存する．

●病害●　農作物や森林の食害とともに生態系への影響も大きい．広東住血線虫の重要な中間宿主である．

ナメクジ	学　名：*Incilaria bilineata*
コウラナメクジ	学　名：*Limax flavus*

●分類・形態●

ナメクジ　　　　　　　　コウラナメクジ

　有肺上目，柄眼目に属する．ナメクジは体長5cmで灰褐色，背面に数本の縦線がある．殻はない．コウラナメクジは体長10cmで黄色ないしは暗褐色，背部前方に楯（皿状の殻を包んだ外套膜）がある．
●分布・生態●　ナメクジは中国原産，コウラナメクジはヨーロッパ原産であり，日本全国に分布する．両種ともに庭園や屋内の湿った場所に生息する．
●病害●　不快動物である．広東住血線虫の中間宿主であり，とくにアフリカマイマイが分布していない地域ではナメクジやその近縁種（チャコウラナメクジ，アシヒダナメクジ，ノナメクジなど）が重要と考えられている．また，野菜や果実などの農作物を食害する．

ヤマホタルガイ	学　名：*Cochlicopa lubrica*

●分類・形態●　有肺上目，柄眼目，ヤマホタルガイ科に属する．1属1種．小形の紡錘形で，殻高は約7mm，殻に光沢がある．
●分布●　中部地方以北から北海道，伊豆諸島に分布する．
●生態●　枯葉と腐葉土の間や植物茎の根元など湿った場所に生息する．
●病害●　ヨーロッパ（フランスなど）では槍形吸虫（*Dicrocoelium dendriticum*）の第1中間宿主であり，日本でも *D. chinensis* の中間宿主と考えられている．

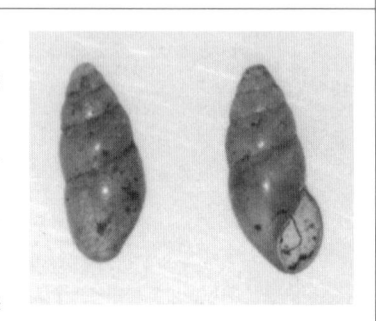

2.4.2 淡水生貝

ヒメモノアラガイ

学　名：*Lymnaea ollula*
シノニム：*Austropeplea ollula*, *Lymnaea viridis* など

●分類・形態●

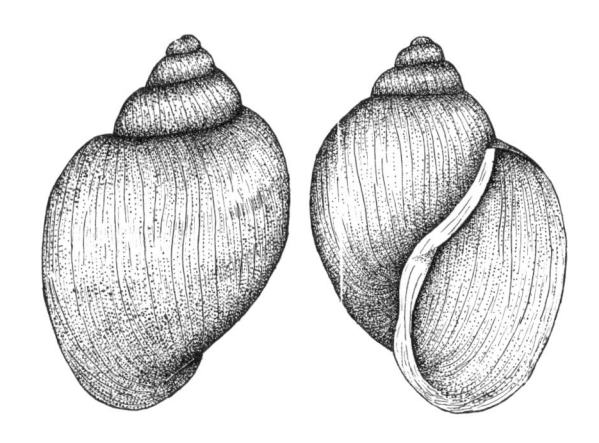

　有肺上目，基眼目，モノアラガイ科に属する．殻高 10 mm，殻径 7 mm で，体層は大きく，殻高の約 4/5 を占める．殻口は卵円形で殻高の 2/3 を占め，内唇（殻口の内側縁）のねじれはない．殻は薄く黄褐色で光沢があるが，灰褐色の個体も多い．軟体部は灰色で，頭部の触角は三角形で扁平あり，触角基部に眼がある．体の背右側に呼吸孔が開口する．近縁種との鑑別では，モノアラガイは殻が大きく（殻高 20 mm，殻径 15 mm），体層と殻口も大きい．また，殻口内唇がねじれ，軟体部が黄褐色であることなども鑑別点である．コシダカモノアラガイは，ヒメモノアラガイに比べてやや小形で体層が狭く，螺塔が高くて縫合が深い．しかし両種の稚貝はきわめて類似し，鑑別は困難である．サカマキガイは，殻高 10 mm，殻径 6 mm で一見するとヒメモノアラガイに似るが，殻が左巻きで鑑別は容易である．また，軟体部も暗灰色から暗褐色の個体が多く，頭部の触角は糸状である．
●分布●　日本，中国，フィリピン，ミャンマー，太平洋諸島などに分布し，日本では沖縄から北海道の南西部まで分布する．
●生態●　有機物に富んだ浅い水域（水田，家庭排水や畜舎排水の流入するところ）の水底や水辺の泥の上などに多いが，緩い流れなどの水の出入りは生息条件として必須である．雌雄同体であるが，通常は他個体と交尾をして産卵する．卵は寒天質の卵

塊（長さ約1cm）として，水中や水辺の落ち葉や石などの表面に産みつけられる．卵塊はゼリー状でやわらかく，かたいモノアラガイの卵塊と区別できる．コシダカモノアラガイの卵塊もやわらかいが，ヒメモノアラガイのものに比べて小さい．卵は2〜3週間で孵化する．貝の成長は気温に左右されるが，寿命はおよそ半年から1年間である．発生回数は年に1〜2回で，地域により異なる．晩秋になると，殻高3〜4mmに成長した貝は泥土中や地面の割れ目，稲株や落ち葉の下などで越冬し，春に水温が10℃前後になると活動を開始して交尾・産卵する．食性は雑食性で，分解された植物質や動物質，小さな藻類などを歯舌で削りとって食べる．実験室内飼育では，煮てやわらかくしたキャベツやレタス，マウス用配合飼料の粉末，魚粉などを餌として与える．水中の貝は，空気呼吸をするためにときどき水面近くに移動する．

●**病害**● 吸虫類，とくに肝蛭（*Fasciola* 属）の中間宿主としての意義が大きい．すなわち，日本産肝蛭（*Fasciola* sp.）の主要な中間宿主であると同時に，アフリカ産（ナイジェリア，ザンビア），中国産およびベトナム産の巨大肝蛭（*Fasciola gigantica*），さらにはオーストラリア産やウルグアイ産の肝蛭（*F. hepatica*）の実験的な中間宿主でもある．そのほか，浅田棘口吸虫（*Echinostoma hortense*）やネズミ斜睾吸虫（*Plagiorchis muris*）などの中間宿主である．

<参考>

オカモノアラガイ（*Succinea lauta*）：有肺上目，柄眼目に属する，いわゆる陸生カタツムリの仲間であるが，殻の形態がヒメモノアラガイに類似することから同貝と間違われることがある．しかし，触角は2対あり，後方の長い触角（1対）の先端に眼があるので軟体部での区別は容易である．殻だけでは両者を区別しにくいこともあるが，オカモノアラガイは殻が著しく薄いことや殻口が細長い卵円形であることで区別できる．

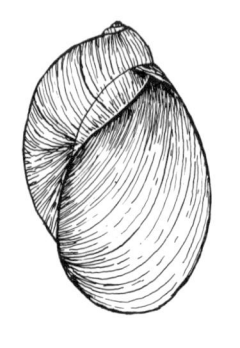

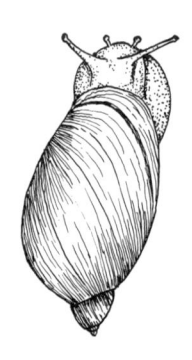

モノアラガイ	学　名：*Lymnaea japonica* シノニム：*Radix japonica, Radix auricularia japonica*
コシダカ モノアラガイ	学　名：*Lymnaea truncatula* シノニム：*Fossaria truncatula*
サカマキガイ	学　名：*Physa acuta* シノニム：*Physa fontinalis*

●分類・形態●

モノアラガイ

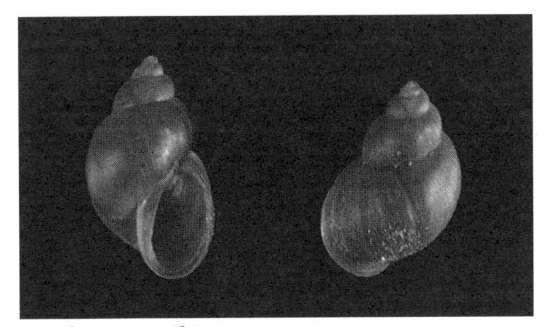

コシダカモノアラガイ　　　　　　　　　サカマキガイ

これら3種は有肺上目，基眼目に属し，モノアラガイとコシダカモノアラガイはモノアラガイ科の*Lymnaea*属，サカマキガイはサカマキガイ科の*Physa*属に分類される．モノアラガイは，殻高20 mm，殻径15 mmで螺塔が低く，体層が発達して，殻口が大きくて殻高の4/5を占める．コシダカモノアラガイは殻高8 mm，殻径6 mmで，ヒメモノアラガイに比べて螺塔がやや高くて縫合は深く，殻口が殻高の約1/2である．この2種の殻は右巻きである．サカマキガイは殻高10 mm，殻径6 mmで，殻が左巻き，触角は糸状である．

●**分布**●　コシダカモノアラガイとサカマキガイはヨーロッパ原産の移入種で，日本各地に広く分布する．とくにコシダカモノアラガイはヒメモノアラガイが生息しない北海道の東部や北部の寒冷地にも分布する．モノアラガイも北海道から九州まで日本各地に広く分布する．

●**生態**●

モノアラガイ：比較的水深がある水のきれいな池や沼，灌漑用水路などの水中に水草や水底などで見られ，都市部の生活排水などで汚染された水域には生息しない．吸着する力が強く，付着している壁面から回収するときには抵抗力を感じる．

コシダカモノアラガイ：ヒメモノアラガイと生息場所が類似するが，水中に入ることは少なく，水辺の湿土上で見つかることが多い．

サカマキガイ：ヒメモノアラガイと生息場所が類似するため両者は混在することもあるが，汚れた水にも生息し，環境省の水質階級Ⅳ（大変汚い水の生物指標）に属する．水底などを活発に移動し，また水面を逆さまになって移動する．乾燥や寒さにも比較的強く，モノアラガイ類に比べて繁殖速度も速いので，これらと競合すると優勢種になりやすい．サカマキガイはヘイケボタル幼虫の餌として，その保護対策に重要な役割を果たしている．

　3種ともに雌雄同体であるが，他個体と交接して産卵する．卵生で卵塊とよばれるゼラチン質の膜に包まれた10〜40個程度からなる卵を，水中の落ち葉や石水草などの表面に産みつける．コシダカモノアラガイの卵塊は小さく，またモノアラガイの卵塊はかたい．

●**病害**●　モノアラガイは，浅田棘口吸虫やネズミ斜睾吸虫の中間宿主であるほかに，鳥類の住血吸虫（*Trichobilharzia physellae*や*T. ocellata*）の中間宿主である．日本産肝蛭の中間宿主とはならない．コシダカモノアラガイは，ヨーロッパやアフリカの高地で肝蛭（*F. hepatica*）の主要な中間宿主であるほか，日本産肝蛭の中間宿主でもあり，とくに北海道の東部や北部（ヒメモノアラガイが分布しない地域）では重要である．サカマキガイは吸虫類の中間宿主としての意義はほとんどない．

ヒラマキミズマイマイ	学　名：*Gyraulus chinensis* シノニム：*Gyraulus hiemantium*
ヒラマキガイモドキ	学　名：*Polypylis hemisphaerula*

●分類・形態●

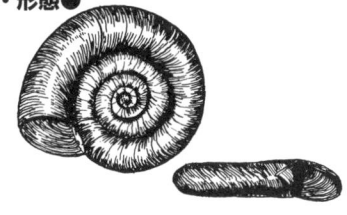

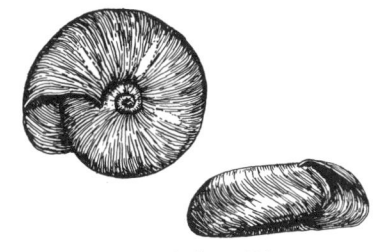

|ヒラマキミズマイマイ|ヒラマキガイモドキ|

　両種ともに有肺上目，基眼目，ヒラマキガイ科に属し，殻は円盤状で右巻き，触角は細く糸状で基部に眼がある．殻径は7〜9mmで，殻高（円盤の厚み）はヒラマキミズマイマイが2mm，ヒラマキガイモドキが約4mmであり，両者の鑑別点である．また，ヒラマキガイモドキはそれぞれの殻層の一部が前の殻層に重なるのに対し，ヒラマキミズマイマイではそれが重ならない．さらにヒラマキガイモドキでは，殻を下面（殻口が見える面）から見ると，へそ（臍孔）が狭く顕著にくぼんでいること，体層に数本の放射状の線（体層の内壁面に線状の突出部があるため）があることも両種の鑑別点である．ヒラマキミズマイマイの近似種にヒメヒラマキミズマイマイ（*Gyraulus pulcher*）があり，殻径が3mmと小形である．

●分布●　ヒラマキミズマイマイは北海道から沖縄まで，ヒラマキガイモドキは東北から沖縄まで分布する．そのほか，朝鮮半島，台湾，中国にも分布する．

●生態●　両種ともに水が比較的きれいで，水草が多く茂り，水深が浅い水域（水田，細流，沼など）に多く生息する．水中で水草の表面や水底の泥の上を這い回る．小形で発見しにくいため，採取には網目の細かい金網で水草ごとすくいとってから丹念に探す．

●病害●　両種ともに双口吸虫類の中間宿主であり，ヒラマキミズマイマイは *Orthocoelium streptocoelium*, *Paramphistomum gotoi*, *Fischoederius elongatus*, ヒラマキガイモドキは *Paramphistomum ichikawai*, *Homalogaster paloniae*, 近似種のヒメヒラマキミズマイマイは *Calicophoron calicophorum* のそれぞれ中間宿主である．そのほかに，ヒラマキガイモドキは壺形吸虫（*Pharyngostomum cordatum*）およびムクドリ住血吸虫（*Gigantobilharzia sturniae*）の中間宿主である．

ミヤイリガイ

学　名：*Oncomelania hupensis nosophora*
別　名：カタヤマガイ

●分類・形態●

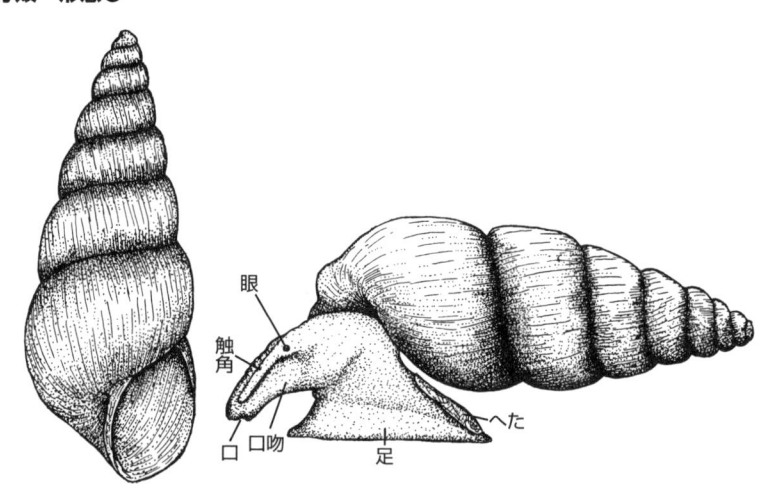

前鰓亜綱，新紐舌目，イツマデガイ科に属する．小形で細く，塔形で，殻高10mm 以内，殻径3mm 以内，殻は厚く，かたく，濃褐色である．軟体部は黒色で，頭部前端には突出した口吻があり，触角は細い棒状で，その基部に眼がある．足の後背面にへたがある．殻の形態がミヤイリガイに類似するオカチョウジガイとの識別には注意が必要である．両種ともに湿地の地上に生息するが，オカチョウジガイは有肺上目，柄眼目に属する，いわゆるカタツムリの仲間であるので，殻は薄く，体は黄色で，2対の触角と後触角の先端に眼があり，へたがない．

●分布● ミヤイリガイはタケヒダニナ（*Oncomelania hupensis*）の1亜種であり，日本では限られた地域だけに分布する．生息地として知られるのは，本州では広島県福山市，山梨県甲府市，利根川流域の一部，静岡県沼津市，千葉県小櫃川，九州では久留米市付近（筑後川流域）などである．また中国には本亜種のほかに *O. h. hupensis*，フィリピンには *O. h. quadrasi*，台湾には *O. h. formosana* が分布する．

●生態● 水中で活動することはあまりなく，水辺周辺の湿土上や湿地の地上に生息し，草の茎などに登る．乾燥にはきわめて強く，紙封筒に入れたままでも長い間生存する．餌は湿地上に生息する微小藻類などである．湿潤でやわらかい泥土のところで産卵し，卵は1個ずつ寒天質に包まれ，その表面に泥の微粒子が付着する．ミヤイリ

ガイの分布地が限局されているのは，この泥の微粒子の大きさに関係があると考えられている．

●**病害**● 日本住血吸虫（*Schistosoma japonicum*）の中間宿主として有名である．日本住血吸虫は，1904年に桂田富士郎博士によって山梨県甲府盆地のネコの門脈から発見され，1913年に宮入慶之助博士によってミヤイリガイが中間宿主であることが発見されて，その生活環が解明された．日本住血吸虫症は山梨県甲府盆地や広島県片山地方，筑後川流域などの流行地が限局した地方病であるが，これはミヤイリガイの生息場所と密接に関係する．本症の対策と撲滅には，患者に駆虫薬（プラジクァンテルなど）を投与して感染源を排除するとともに，中間宿主であるミヤイリガイを撲滅して新たな感染を防止することが考えられる．日本の流行地ではミヤイリガイの撲滅対策を徹底したことで，山梨県は1996年，福岡県は2000年にそれぞれ日本住血吸虫症の終息を宣言した．すなわち，筑後川流域では，筑後大堰の建設を機に河川を管理する建設省（現 国土交通省），堰を管理する水資源開発公団（水資源機構），流域自治体の三者が共同して1980年より湿地帯の埋立て等の河川整備を堰建設と同時に行い，徹底的なミヤイリガイ駆除を図っている．同地域では，ミヤイリガイの最終発見地となった久留米市に「宮入貝供養碑」が建立され，人為的に撲滅されたミヤイリガイの霊を弔っている．

●**対策**● 生息場所の灌漑用水路を土壁からコンクリート壁とすることで，水の流れを変化させ，撲滅に成功した．さらに石灰窒素やPCPナトリウムなどの殺貝剤の散布，火炎放射による駆除，天敵による生物的駆除なども防除法として行われる．

カワニナ

学　名：*Semisulcospira libertina*

●分類・形態●

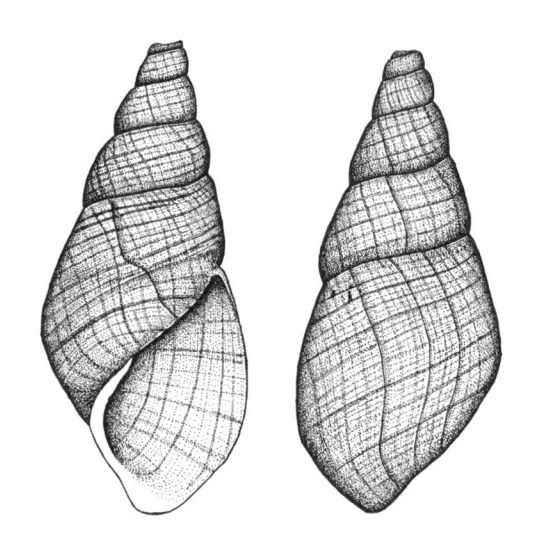

　前鰓亜綱，新紐舌目，カワニナ科に属する．殻高 30 mm，殻径 12 mm の塔形の巻貝で，殻は黒褐色で厚くて右巻き，螺塔は 10 層前後で先端（殻頂）の欠けた個体が多い．軟体部は黒褐色，口吻は長く突出し，長く糸状の触角（1 対）とその基部に眼がある．足にはへたがある．生息場所や地域により殻の形状や大きさに変異が見られ，多くの（亜）種に分けられている．同じ河川に生息する個体でも，流速のある上流域に生息するものは体層が発達して太丸形であるが，下流域のものは細長い．また水温の低い生息域の個体は，体層や螺塔に黒いすじが見られることが多い．

●分布●　北海道南部以南の日本各地，台湾，中国，朝鮮半島南部に分布する．

●生態●　おもに山間部の水がきれいな川や冷たい水が常に流れ込む細流や用水路，湧き水のある池などの砂礫底に生息する．都市部の河川などの汚染が進んだ水域には見られない．雌雄異体で，雌は春から秋にかけて卵胎生により数百匹の稚貝を産む．水底や石表面に付着する微細藻類，落ち葉などをおもに食べるが，死んだ魚なども食べる．ゲンジボタルの幼虫の餌として知られる．

●病害●　ウェステルマン肺吸虫（*Paragonimus westermani*），横川吸虫（*Metagonimus yokogawai*）などの第 1 中間宿主として重要である．そのほか，さまざまな吸虫類の幼虫（セルカリア）がカワニナから検出されている．

マメタニシ

学　名：*Parafossarulus manchouricus*

●分類・形態●

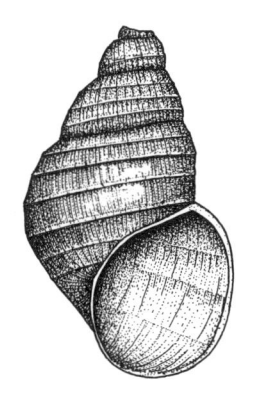

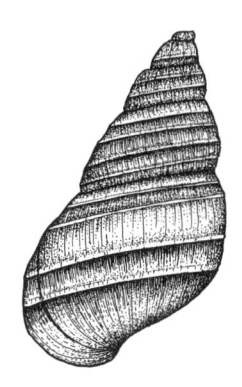

　前鰓亜綱，新紐舌目，エゾマメタニシ科に属する．殻高 13 mm，殻径 7 mm の淡黄褐色の巻貝で，水田や池などで見かけるマルタニシ（殻高 60 mm，殻径 40 mm）に比べて，はるかに小さい．殻の表面にはらせん状のすじが見られるが，平滑な個体もある．軟体部は黄褐色で，口吻は長く，1 対の触角は糸状でその基部に眼がある．へたをもつ．

●分布●　日本では本州，四国，九州に分布し，アジア（中国，朝鮮半島など）にも見られる．

●生態●　流れが緩やかで水草が多く，水のきれいな河川や湧き水のある沼などに生息し，水草の茎や葉の上，小石の上に見られる．マルタニシなど大形なタニシ類の幼貝と間違われるが，殻が黄褐色で，体層に比べて螺塔が高いことで識別できる．雌雄異体で，卵は 2 列に並んだ卵塊として水草に産みつけられる．微細な藻類を食べる．

●病害●　肝吸虫（*Clonorchis sinensis*）の第 1 中間宿主である．そのほかに，棘口吸虫類（*Echinochasmus* 属）や *Notocotylus* 属などの中間宿主となる．

マルタニシ	学　名：*Cipangopaludina chinensis malleata*
スクミリンゴガイ	学　名：*Pomacea canaliculata* 別　名：ジャンボタニシ

●分類・形態●

　　　　マルタニシ 　　　　　　スクミリンゴガイ

　マルタニシは前鰓亜綱，新紐舌目，タニシ科に属する．殻高60 mm，殻径40 mm，丸みを帯びた塔形の巻貝である．殻は比較的薄く，右巻き，体層や各螺層は丸く膨らみ，縫合も深い．軟体部は口吻が長く，1対の糸状の触角とその基部に眼がある．雌雄異体で，雄貝の右触角はぜんまい状に曲がり，まっすぐな雌貝と区別できる．スクミリンゴガイは前鰓亜綱，新紐舌目，リンゴガイ科（タニシモドキ科）に属する．殻高60 mm，殻径50 mm，丸みを帯びた塔形の右巻き貝で，殻には光沢がある．雌雄異体で，軟体部にはへたがある．

●分布●　マルタニシは北海道南部以南の日本各地，朝鮮半島，中国，台湾などに分布し，近年はアメリカに移入され広まっている．スクミリンゴガイは南アメリカ原産であるが，食用貝として養殖目的で日本に導入された．近年では野生化し，関東以西で大繁殖している．

●生態●　マルタニシは平野部の水田や池沼，潟などに生息し，卵胎生で，雌貝は受精卵を発育させる育児嚢をもち，6～7月に稚貝を産出する．スクミリンゴガイは水陸両生で，幼貝では鰓呼吸であるが，成貝になると鰓呼吸のほかに頭部後方にある呼吸管を水面に伸ばして空気呼吸を行う．雌貝はピンク色から紅色で直径2～3 mmの卵を100個程度，卵塊として岩やコンクリート壁面，水面から出た植物の茎などに産

みつける.

●**病害**● スクミリンゴガイは，水稲やレンコンなどの農作物に著しい食害を与えるほかに，広東住血線虫の中間宿主となる．マルタニシは棘口吸虫類（*Echinochasmus* 属）などの中間宿主となる．

スクミリンゴガイの卵塊　　スクミリンゴガイ

ホラアナミジンニナ

学　名：*Bythinella nipponica*

●**分類・形態**●

　前鰓亜綱，新紐舌目，ヌマツボ科に属する．殻高 1.5 mm，殻径 1 mm の卵円筒形の微小な右巻き貝である．

●**分布**●　四国地方の鍾乳洞，山口県秋芳洞，九州などに分布する．

●**生態**●　鍾乳洞の洞口近くの水中の礫下，山間部の渓流の水中で枯葉や石，苔の表面に生息する．

●**病害**●　宮崎肺吸虫（*Paragonimus miyazakii*）の第 1 中間宿主である．

2.4.3 汽水生貝

ムシヤドリカワザンショウガイ	学　名：*Angustassiminea parasitologica*
ヘナタリ	学　名：*Cerithideopsilla cingulata*

●分類・形態●

ムシヤドリカワザンショウガイ　　　ヘナタリ

　両種ともに前鰓亜綱，新紐舌目に属し，前種はカワザンショウガイ科，後種はウミニナ科に属する．ムシヤドリカワザンショウガイは殻高4 mm，殻径3 mmの小形の塔形，右巻き貝で，殻は表面が平滑で黄褐色である．へたがある．近似種として，さらに小形のヨシダカワザンショウ（*Angustassiminea yoshidayukioi*：殻高3 mm，殻径2 mm）がある．ヘナタリは，殻高25 mm，殻径12 mmの塔形，右巻き貝である．殻は厚く強固で，横縞模様が見られることが多く，表面には3～4本の螺肋（巻きに沿って走る溝）が走り，それが縦肋で区切られてタイル状となる．成貝では殻口がラッパ状に外反する．

●分布●　両種ともに日本では房総半島以南の暖流海域の汽水域に生息する．ヘナタリはインド太平洋の熱帯，亜熱帯地方に広く分布する．

●生態●　ムシヤドリカワザンショウガイは，河口近くの湿った草地や干潟の高潮帯にある転石地の礫の間などに生息する．ヘナタリは，河口などの汽水域で，淡水が流入する潮間帯の砂泥地に生息する．

●病害●　ムシヤドリカワザンショウガイとヨシダカワザンショウは大平肺吸虫（*Paragonimus ohirai*）の第1中間宿主であり，ヘナタリは有害異形吸虫（*Heterophyes heterophyes nocens*）や前腸異形吸虫（*Pygidiopsis summa*）の第1中間宿主である．

第3章
節足動物

　節足動物「arthropods」とは，arthro（ἄρθρον すなわち arthron，英語で joint の意味）と pod（πόδος podos，foot）からなる造語である．文字どおり「節のある歩脚（jointed feet）」をもった動物のことで，これが節足動物の形態的特徴として第1に重要である．また，節足動物のなかで最大のグループである昆虫の英語名の insect（語源のラテン語 insectum は「切り刻む」の意味）の原義が，「体が分節されている」ということに明らかなように，節足動物は原則として関節構造の体制（体節性：segmentation）をとる．これが第2に重要な節足動物の形態的特徴である．

　昆虫の「昆」の字義が「数が多い」ということであることに明らかなように，節足動物は地球上の全生物で最大のグループであり，全動物種の80％を占めている．現在，種名が記載されている地球上の節足動物は100万種あまりであるが，毎年数千種が新種として追加されていることや，生物多様性の宝庫である熱帯降雨林の急激な減少のなかで，人間に発見されることなく絶滅していく生物の数に関するおおよその推測に基づけば，節足動物の実種数は少なく見積もっても500万種以上（全生物の95％以上）になると考えられている．地球はまさに「虫の惑星」（Life on a Little Known Planet, H. E. Evans, 1968）である．

　このように生物として繁栄をきわめている節足動物のなかには，獣医衛生ならびに公衆衛生の観点から見て有害な獣医衛生動物も数多く含まれている．とりわけ，昆虫とダニは獣医衛生害虫（veterinary insects and acari）と総称され，量と質の両面でもっともヒトと動物とのかかわりが深い重要な節足動物と位置づけられている．

3.1 節足動物概説

3.1.1 分類と一般形態

A. 分 類

　空気と水の存在する場所であれば，地球のほとんどすべての場所から見出すことができる膨大な生物群である節足動物の系統発生や分類には，諸説が存在し，内容も複雑をきわめるが，ここでは衛生動物としての意義をもつ節足動物を概観するため，以下の分類表を挙げておく．

おもな節足動物の分類表（科のレベルまで）

節足動物門　Phylum Arthropoda
　鋏角亜門　Subphylum Chelicerata
　　蛛形綱　Class Arachnida
　　　ダニ亜綱　Subclass Acari（カニムシ，ザトウムシ類も含む）
　　　　アシナガダニ上目　Superoder Opilioacariformes
　　　　　背気門目　Order Notostigmata
　　　　ヤドリダニ上目　Superorder Parasitoformes
　　　　　中気門目　Order Mesostigmata
　　　　　　ワクモ科　　　　　Family Dermanyssidae
　　　　　　ハイダニ科　　　　Family Halarachnidae
　　　　　　トゲダニ科　　　　Family Laelaptidae
　　　　　　ハナダニ科　　　　Family Rhinonyssidae
　　　　　　ハエダニ科　　　　Family Macrochelidae
　　　　　　ヘギイタダニ科　　Family Varroidae
　　　　　後気門目（マダニ目）Order Metastigmata（Ixodida）
　　　　　　ヒメダニ科　　　　Family Argasidae
　　　　　　マダニ科　　　　　Family Ixodidae
　　　　　　ニセヒメダニ科　　Family Nuttalliella
　　　　ダニ上目　Superorder Acariformes
　　　　　無気門目　Order Astigmata

　　　　　ウモウダニ科　　　Family Analgidae
　　　　　ヒョウヒダニ科　　Family Epidermoptidae
　　　　　ヒカダニ科　　　　Family Hypoderatidae
　　　　　トリヒゼンダニ科　Family Knemidokoptidae
　　　　　キュウセンヒゼンダニ科　Family Psoroptidae
　　　　　ヒゼンダニ科　　　Family Sarcoptidae
　　　前気門目　Order Prostigmata
　　　　　ツメダニ科　　　Family Cheyletidae
　　　　　ニキビダニ科　　Family Demodicidae
　　　　　ヒナイダニ科　　Family Harpyrhynchidae
　　　　　ケモチダニ科　　Family Myobiidae
　　　　　シラミダニ科　　Family Pyemotidae
　　　　　ウジクダニ科　　Family Syringophilidae
　　　　　ホコリダニ科　　Family Tarsonemidae
　　　　　ツツガムシ科　　Family Trombiculidae
　　　隠気門目（ササラダニ目）Order Cryptostigmata（Oribatida）
　クモ亜綱　Subclass Pulmonata
　　　　サソリ上目　Superorder Scorpiomorphae（サソリ類）
　　　　　サソリ目　Order Scorpiones
　　　　クモ上目　Superorder Tetrapulmonata（クモ，サソリモドキ類）
多足亜門　Subphylum Myriapoda
　唇脚綱　Class Chilopoda（ゲジ，ムカデ類）
　倍脚綱　Class Diplopoda（ヤスデ類）
甲殻亜門　Subphylum Crustacea
　顎脚綱　Class Maxillopoda（ケンミジンコ，フジツボ類も含む）
　　　舌形亜綱　Subclass Pentastomida
　　　　　ポロケファルス目　Order Porocephalida
　　　　　　ポロケファルス科　Family Porochephalidae
　軟甲綱　Class Malacostraca
　　　エビ上目　Superorder Eucarida
　　　　オキアミ目　Order Euphausiacea
　　　　エビ目（十脚目）　Order Decapoda（ザリガニ，エビ，カニ類）

六脚亜門　Subphylum Hexapoda
　昆虫綱　Class Insecta（外顎綱　Ectognatha）
　　有翅昆虫亜綱　Subclass Pterygota
　　　外翅上目　Superorder Exopterygota（半変態上目　Hemimetabola）
　　　　ゴキブリ目（網翅目）　Order Blattodea
　　　　カメムシ目（半翅目）　Order Hemiptera
　　　　　トコジラミ科　Family Cimicidae
　　　　　サシガメ科　Family Reduviidae
　　　　チャタテムシ目（噛虫目）　Order Psocoptera
　　　　シラミ目　Order Phthiraptera
　　　　　シラミ亜目　Suborder Anoplura
　　　　　　カイジュウジラミ科　Family Echinophthiriidae
　　　　　　ケモノジラミ科　　　Family Haematopinidae
　　　　　　ケモノホソジラミ科　Family Linognathidae
　　　　　　ケジラミ科　　　　　Family Phthiriidae
　　　　　　ヒトジラミ科　　　　Family Pediculidae
　　　　　短角ハジラミ亜目　Suborder Amblydera
　　　　　　ナガケモノハジラミ科　Family Gyropidae
　　　　　　オオハジラミ科　　　　Family Laemobothriidae
　　　　　　タンカクハジラミ科　　Family Menoponidae
　　　　　　タネハジラミ科　　　　Family Ricinidae
　　　　　長角ハジラミ亜目　Suborder Ischnocera
　　　　　　チョウカクハジラミ科　Family Philopteridae
　　　　　　ケモノハジラミ科　　　Family Trichodectidae
　　　　　長吻ハジラミ亜目　Suborder Rynchophthirina
　　　　　　ゾウハジラミ科　　　　Family Haematomyzidae
　　　内翅上目　Superorder Endopterygota（完全変態上目　Homometabola）
　　　　コウチュウ目（鞘翅目）　Order Coleoptera
　　　　　ゴミムシダマシ科　Family Tenebrionidae
　　　　　コクヌスト科　　　Family Trogositidae
　　　　　ハネカクシ科　　　Family Staphylinidae
　　　　　ツチハンミョウ科　Family Meloidae

ノミ目（隠翅目）　**Order Siphonaptera**
　　ヒトノミ上科　Superfamily Pulicoidea
　　　スナノミ科　　Family Tungidae
　　　ヒトノミ科　　Family Pulicidae
　　トリノミ上科　Superfamily Ceratophylloidea
　　　ナガノミ科　　Family Ceratophyllidae
　　　ホソノミ科　　Family Leptopsyllidae
ハエ目（双翅目）　**Order Diptera**
　　長角亜目（カ亜目）　Suborder Nematocera
　　　ヌカカ科　　　Family Ceratopogonidae
　　　カ科　　　　　Family Culicidae
　　　ユスリカ科　　Family Chironomidae
　　　チョウバエ科　Family Psychodidae
　　　ブユ科　　　　Family Simuliidae
　　短角亜目（ハエ亜目）　Suborder Brachycera
　　直縫群　Group Orthorrhapha
　　　　アブ科　Family Tabanidae
　　環縫群　Group Cyclorrhapha
　　　　イエバエ上科　Superfamily Muscoidea
　　　　　イエバエ科　　Family Muscidae
　　　　　ツェツェバエ科　Family Glossinidae
　　　　シラミバエ上科　Superfamily Hippoboscidea
　　　　　シラミバエ科　　Family Hippoboscidae
　　　　ヒツジバエ上科　Superfamily Oestridea
　　　　　クロバエ科　　Family Calliphoridae
　　　　　ヒツジバエ科　Family Oestridae
　　　　　ニクバエ科　　Family Sarcophagidae
　　　　ミギワバエ上科　Superfamily Ephydroidea
　　　　　ショウジョウバエ科　Family Drosophilidae
チョウ目（鱗翅目）　**Order Lepidoptera**
　　ドクガ科　Family Lymantriidae
　　カレハガ科　Family Lasiocampidae

これらの節足動物のなかで，ダニ亜綱（Acari）（ダニ上目とする説もある）と昆虫綱に属する種には，吸血，刺咬ばかりでなく，重篤な感染症の媒介者（vector）となるものがきわめて多く，獣医衛生害虫の主体はこの2グループであるといえる．

B. 起源と進化

図3.1には節足動物の祖先型から昆虫類と蛛形類への体節の変化を示した．

昆虫の起源については古くからさまざまな議論があり，かつては形態に基づいてヤスデやムカデなどの多脚類（polypod）に起源を求める考え方が一般的であった．しかし，分子系統学の情報からこの考えは否定され，昆虫は甲殻類（Crustacea；ミジンコ，ホウネンエビなど）に近いとする考えが支配的で，両者を汎甲殻類（Pancrustacea）とよぶこともある．

これまで発見された昆虫のもっとも古い化石は，スコットランドの古生代デボン紀中期（約4億2000万年前：420 MYA（MYA；million years ago））のトビムシのものであり，これより以前のシルル紀に昆虫は甲殻類から分岐したようである．翅をもった昆虫（ゴキブリやセミなどの外翅類）はデボン紀後期に出現したとされ，ハエ，ノミ，チョウ，カなどの昆虫（内翅類）はさらに数千万年が経過した石炭紀初期（350 MYA）に原始型が現れたと考えられている．

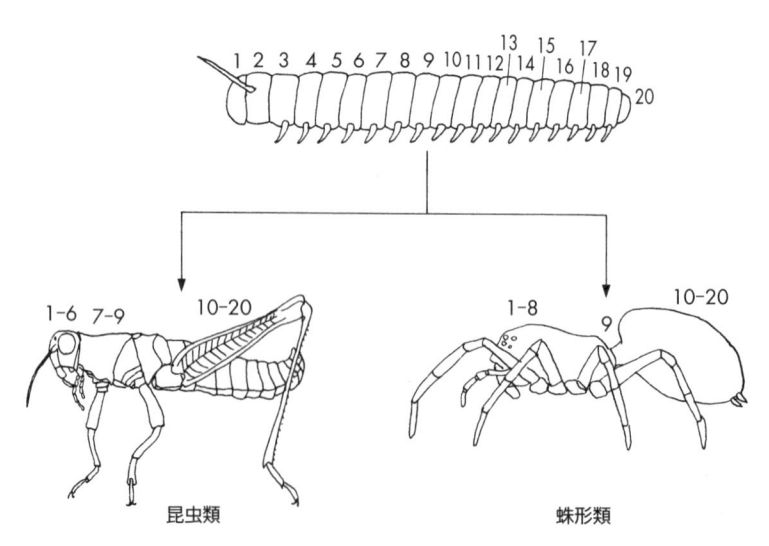

図3.1 節足動物祖先型より体節の分化
[Elzingaから参考作図]

ダニ類の起源については，昆虫ほど明確ではないが，ダニのもっとも古い化石としては，スコットランドのデボン紀の最後期（360 MYA）の砂岩から発見されたハシリダニ類が知られている（図3.2）．

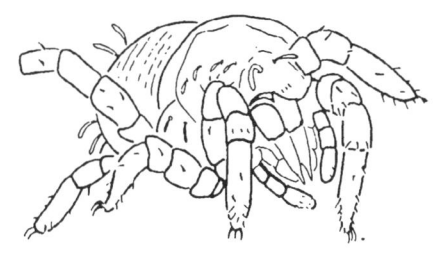

図 3.2　ダニの最古の化石
スコットランドのデボン紀の砂岩中に発見されたハシリダニに似たダニ

C. 一般形態

　節足動物が，地球上でもっとも成功・繁栄した生物群になることができた理由のひとつとして，キチン質の表皮からなるかたい外骨格（exoskeleton）を進化させ，外敵や微生物の攻撃・侵入から身を守ったことが考えられている．しかし，体表がかたい骨格で覆われるため，節足動物は可動部分に「節（joint）」を設ける必要があった．体が大きくなるためには外骨格を更新する必要が生じ，このために節足動物は脱皮（moulting）を行う必要も生じた．分化の進んだ節足動物では，脱皮に伴って形態や機能がまったく異なった状態に変化するものがあり，これを変態（metamorphosis）とよぶ．成虫（成体：adult）とは大きさや形態が異なる若い発育期は，幼虫（幼体，幼生：larva），若虫（nymph），蛹（pupa）などとよばれる（図3.3）．

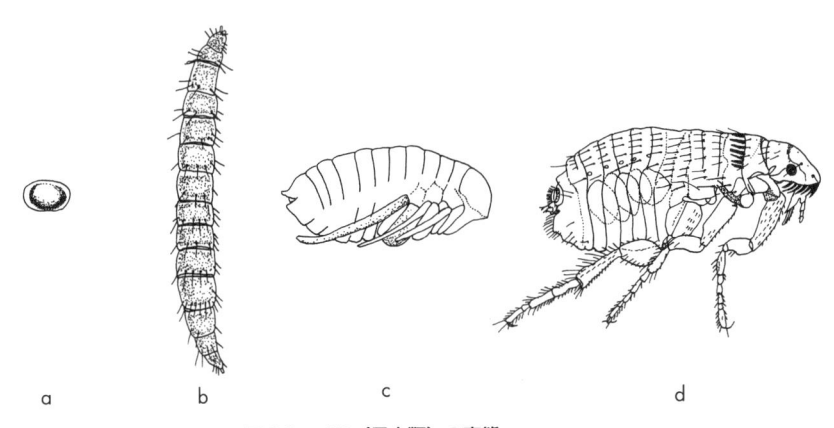

図 3.3　ノミ（昆虫類）の変態
a：卵　　b：幼虫　　c：蛹　　d：成虫
[Dannet および Tiraboschi から参考作図]

節足動物の変態は，第1には，幼虫はミカンなどの葉を食べ，成虫になると葉ではなく蜜を吸うアゲハチョウのように，幼虫と成虫で生息場所や餌資源を違えることによって，親と子がいっしょに絶滅することを防ぐ「リスク分散」型の生存戦略として，また第2には，幼虫は成長・発育のために，成虫は生殖のために，それぞれの発育期が最適の形態的・生理的条件を備える「効率追求」型の生存戦略として，節足動物の繁栄を支える重要な要因となっている．

　節足動物は，形態がほかの動物に比べて小形であることも大きな特徴である．小形化した体は，生活に必要な資源や空間が脊椎動物などに比べて著しく少量ですみ，地球生態系に与える負荷も低く，種の持続的な存続に役立つ．また，小形化は世代交代を早めることにつながることから，突然変異の発生率が高くなり，環境の激変に対する適応や，他の生物が対応できないような多様な環境でも生息を可能にすることに結びつく．

a. 外部形態

　節足動物はきわめて変化に富んだ外形を示すが，いずれも原則として節のある体と歩脚をもつ．原始的な節足動物では1体節から1対の脚が出るが，発達に応じて体節は分化・癒合し，頭部，胸部，腹部などが形成される．これに伴って附属脚にも退化・変形が起こり，口器，歩脚，生殖器などへの分化が見られる．獣医衛生動物としてもっとも重要なダニ類と昆虫類の外部一般形態を図3.4，図3.5に示した．

i）ダニ類

　ダニ類は節足動物のなかで体節の数がもっとも少ないグループであり，各体節は癒合して一体化し胴体部（idiosoma）を形成する．胴体部の前方には顎体部（gnathosoma）があり，一般に胴体部と明瞭に区別される．顎体部は頭部と混同されやすいが，口器構造であり，鋏角（chelicera），触肢（palp），口下片（hypostome）などからなる．鋏角，口下片は宿主体表の切開と膠着のために，また触肢は感覚器として用いられる（図3.4）．胴体部は卵形のものが多く，触角，翅はない．成虫，若虫が4対の歩脚をもつため，ダニ類はクモ類とともに八脚類ともいわれるが，幼虫は3対の歩脚をもつ．歩脚（leg）は5～7節よりなり，それぞれ基節（coxa），転節（trochanter），腿節（femur），膝節（genu），脛節（tibia），跗節（tarsus），端体（apotele）（端体は爪（claw），爪間体（empodium），肉盤（pulvillus）などの歩行器（ambulacrum）に分化している場合が多い）とよばれる．また，胴体には各種の毛（剛毛：seta），肥厚板（plate），気門（stigma），外部生殖器（genitalia），肛門（anus）などがあり，眼（単眼：ocelli）をもつものもある．

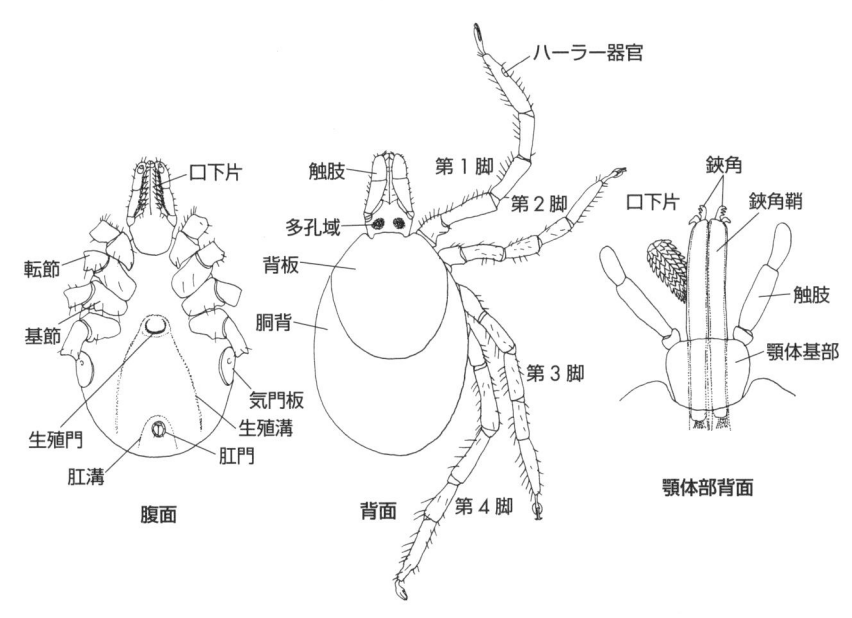

図 3.4 ダニ類の外部一般形態（ヤマトマダニ）
[406MGL および Soulsby から参考作図]

ⅱ）昆虫類

　多くの昆虫は完全変態（complete metamorphosis）を行い，卵（egg），幼虫，蛹，成虫の４つの発育期があり，それぞれの形態は通常まったく異なる（図3.3参照）．しかし，不完全変態（incomplete metamorphosis）を行う昆虫（シラミ類，ハジラミ類など）では幼虫期と成虫で形態があまり変わらない．成虫の体は原則として，頭部（head），胸部（thorax），腹部（abdomen）の３部に分かれる．胸部は前胸（prothorax），中胸（mesothorax），後胸（metathorax）の３節からなり，各節に１対の歩脚が備わるため，昆虫は六

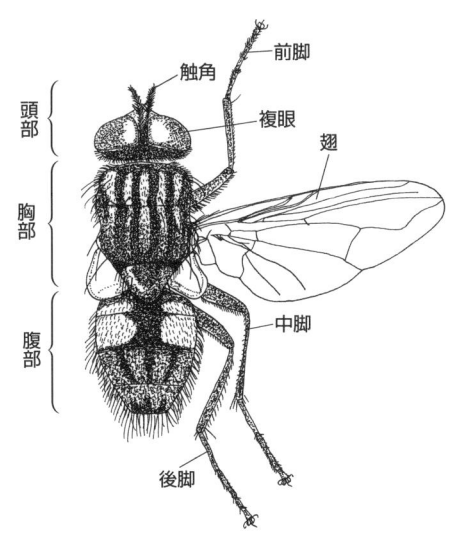

図 3.5 昆虫類の外部一般形態（イエバエ成虫）
[林・篠永から参考作図]

3.1 節足動物概説　　51

脚類といわれる．昆虫の歩脚は，基節，転節，腿節，脛節，跗節よりなり，跗節はさらに数節に分かれる．頭部に口器（大あご，小あごや上唇，下唇があり，食性によって構造が異なる）や感覚器官（触角や眼があり感覚中枢として機能），胸部に運動器官（翅と歩脚があり運動中枢として機能），腹部に内臓（消化管があり栄養中枢として機能するとともに，卵巣や精巣が備わり生殖中枢としても機能）を集中させ，感覚，運動，代謝，生殖という重要な生活機能を3つの体節に分けた体制は，昆虫の成虫がシンプルで無駄の少ない効率的ライフスタイルをとることを可能にし，今日の昆虫の繁栄の要因になったと考えられている．

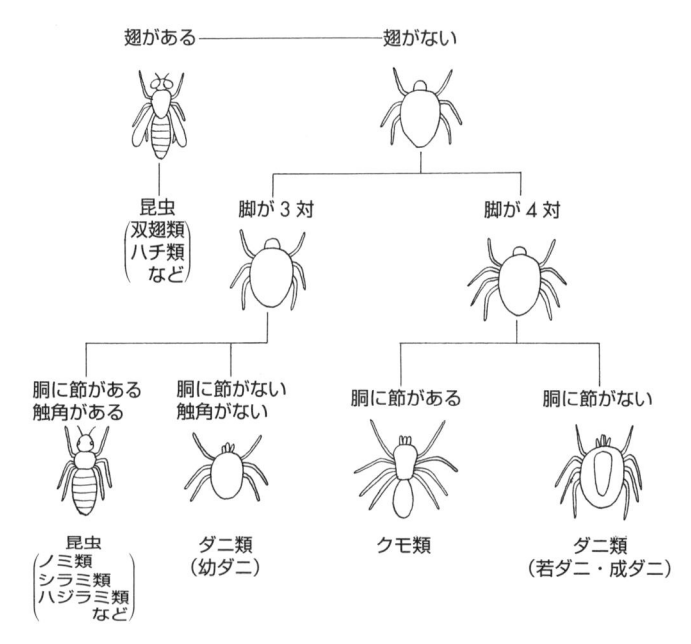

昆虫，ダニ，クモの区別点

	昆虫	ダニ	クモ
体の区別	頭・胸・腹の3部よりなる	ほとんどない（胴体部と顎体部）	頭胸・腹の2部よりなる
翅	原則として胸部に2対（1対のもの，ないものがある）	ない	ない
脚	胸部に3対	4対（幼ダニでは3対）	4対
触角	1対	ない（触肢がある）	ない（触肢がある）
眼	複眼と単眼	単眼（ないものがある）	単眼

図 3.6 昆虫，ダニ，クモの形態的区別点

昆虫は生物史上初めて空中進出を果たしたグループであり，翅（wing）をもつことで昆虫の生活圏は飛躍的に拡大した．昆虫の翅は体表の組織由来であり，翅をもたない昆虫を無翅昆虫亜綱（無翅類：Apterygota），翅を有する昆虫を有翅昆虫亜綱（有翅類：Pterygota）に分類する．有翅類は一般に中胸と後胸に各1対の翅をもつが，翅には変異が多く，前翅がかたくなったもの（コウチュウ目），後翅が退化したもの（ハエ目），2対とも退化したもの（シラミ目，ノミ目）などの相違が見られる．

　昆虫とダニ類はともに重要な衛生害虫を多く含むが，同じ宿主に寄生することも多く，これらの形態的な相違を十分に把握する必要がある（図3.6）．とくに，栄養や環境条件で変化しにくい口器や歩脚の構造，翅の有無と翅脈の分布状態（脈相：venation），翅の紋様や構造（図3.63（p.184）参照），交尾器の形態などは，昆虫とダニ類における種の同定や分類のための重要な指標となっている．

b. 内部形態
ⅰ）消化器系

　昆虫やダニ類では，消化管は前腸（foregut），中腸（midgut），後腸（hindgut）の3部位に区別される（図3.7，図3.8）．前腸は口に続く部分で，キチン質の外表（integument）をもち，原則として咽頭（pharynx），食道（oesophagus），嗉嚢（crop），前胃（proventiculus）などから構成される．口腔（buccal cavity）には，しばしば唾液腺（salivary gland）からの唾液腺管（salivary duct）が開口する．咀嚼型昆虫（chewing insect）は前腸に嗉嚢をもつが，吸

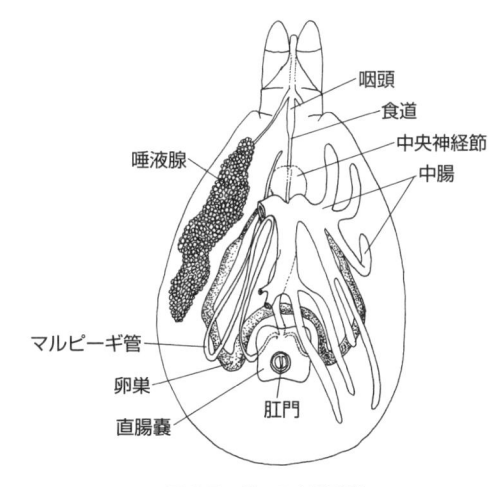

図3.7　ダニの内部形態
[Douglasから参考作図]

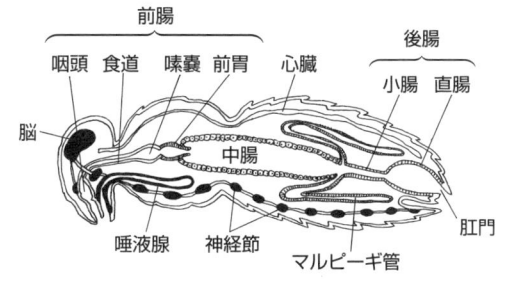

図3.8　昆虫の内部形態
[Kettleから参考作図]

血性などの吸汁性昆虫（sucking insect）では嗉嚢の代わりに弁（valve）を備えることも多い．中腸の細胞は微絨毛（microvilli）を有し，消化・吸収に適しているが，消化管の他の部位の細胞はクチクラ（cuticle）で覆われている．

後腸は小腸（small intestine）と直腸（rectum）で構成され，老廃物の蓄積・排泄を行うことによって，体のイオンや水分の調節にかかわっている．マダニ類には大きな直腸嚢（rectal sac）があり，多量の糞と尿からなる白色の排泄物を蓄積する．

昆虫では，消化酵素が消化管の内腔に分泌され，摂取した餌は酵素の働きによって小分子まで分解された後に，これを中腸細胞が吸収・利用する細胞外消化（extra-cellular digestion）が行われる．しかし，ダニ類を含む蛛形類はこれと異なり，消化管内の物質は腸細胞の貪食（phagocytosis）によってとり込まれ，細胞質にあるリソソーム（lysosome）内で分解するという細胞内消化（intracellular digestion）が主体である．このためダニ類の消化管には，貪食されなかった不消化物が充満しやすい．

ⅱ）循環系

節足動物は開放血管系（open vessel system）である．このため，頭・胸・腹部などの体幹では，無色の血液成分（血リンパ：haemolymph）が体腔を満たしており（節足動物の体腔は血体腔（haemocoele）とよばれる），血リンパの栄養分は内臓の表面から直接補給される．多くの昆虫で，体背部には縦長の心臓（heart）と大動脈（aorta）が存在し，心臓には各体節ごとに弁を備えた孔（心門：ostia）が開口している．心門から心臓に入った血リンパは，大動脈を経て体前方に送り出される（図3.9）．ダニ類も同様に心臓や大動脈が存在し，心臓の拍動によって大動脈に送られた血リンパは，中央神経球（後述）の周囲を流れてから血体腔に出る．

血リンパには白血球に相当するヘモサイト（hemocyte）があり，自

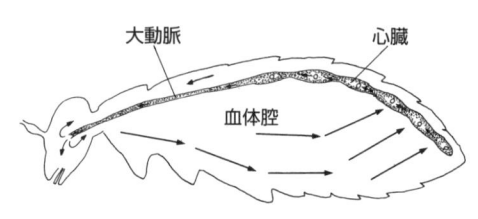

図3.9　昆虫の循環器系
[Elzingaから参考作図]

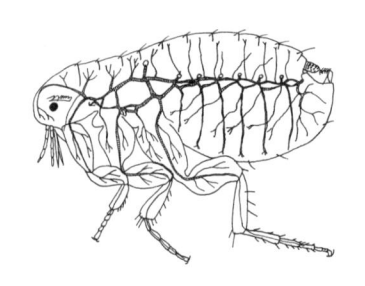

図3.10　ノミの気管系
[Wigglesworthから参考作図]

然免疫や血液凝固などの重要な機能を担っている．血リンパの血漿成分には，各種のタンパク質やペプチド，アミノ酸，糖，脂肪，塩類などとともに，これらの輸送物質，フェノールオキシダーゼ，ホルモンなどの重要な生理活性物質が多量に含まれている．吸血性節足動物の血漿には，宿主由来の免疫グロブリンも多量に含まれている．

ⅲ）呼吸器系

昆虫と多くのダニ類では，体表に気門（stigma）が開口し，ここから体内へ気管（trachea）が枝状に伸びている．気管の末端は，直径が 1 μm 以下の小気管支（tracheole）となり，体内の細胞と直接ガス交換を行っている（図 3.10）．

ダニ類では，無気門類は気門を欠き，やわらかい体表のクチクラを通じて呼吸を行う．中気門類の気門は脚域（第 2 脚基節から第 4 脚基節の間）に開口し，そこから前方に走る硬化した長い管状構造の周気管（peritreme（機能は不明））が付属する．前気門類の気門は，通常，顎体部にある周気管の上に開き，周気管の形態がしばしば分類に利用される．また，発育期の進行に伴ってマダニの呼吸量は増大するが，飢餓時には呼吸を断続的に行うことによって呼気による体水分の消失を抑制することが知られている．

ⅳ）筋肉系

昆虫の体内の筋肉は，消化器系や生殖器系の管を外側からとりまき，収縮弛緩を起こす内臓筋（visceral muscle），移動や運動時に体節を収縮させて血圧を生じる環節筋（segmental muscle），歩脚の内部にあり，脚の運動や移動にかかわる付属肢筋（appendicular）の 3 種類に区別される．また，有翅昆虫ではさらに飛翔筋（flight muscle）が加わる．これらの筋肉は，血リンパに浮游・浸漬され，また豊富な気管分布（tracheation）を受けることによって，短時間に多量の栄養と酸素の供給を受けることが可能になっている．昆虫の筋肉はすべて横紋筋であり，ゆっくり動く内臓筋と激しく収縮する飛翔筋（双翅類昆虫では 1 秒間に 1,000 回の収縮が可能）では，アクチンとミオシンの含量が著しく異なっている．

ⅴ）排泄器系

昆虫およびダニ類は，ともに中腸と後腸の結合部付近に開口するマルピーギ管（Malpighian tube）が存在し，体内から集めた老廃物を後腸に送っているが，昆虫のマルピーギ管が外胚葉性であるのに対して，ダニ類のものは内胚葉起源であること，また昆虫の尿の主成分は尿酸であるが，ダニは蛛形綱に共通する尿として白色のグアニン（guanine）を排泄するなどの相違が存在する．また，前気門類のダニ

にはマルピーギ管がなく，後腸が代替して排出作用を行い，無気門類やササラダニ類ではマルピーギ管は存在するが排泄機能を失っている．

ヒメダニや原始的なダニ類では，別の排泄系として，ミミズなどの腎管（nephridium）と相同の器官である基節腺（coxal gland）が存在している．ヒメダニの基節腺は，左右の第1脚基節と第2脚基節の間に開口し，飽血直後の余剰水分やイオンを基節腺液（coxal fluid）として大量排泄する浸透圧調節器官として働いている．なお，マダニでは唾液腺が基節腺と同じような機能を果たすことが知られている．

vi）神経系

昆虫では，通常，各体節に1対の神経球（ganglion）が連結して存在し，これが前後の体節の神経球と相互連絡することによって，はしご状の神経系が形成されている．各神経球には感覚神経の「入」と運動神経の「出」が認められる．頭部の最初の3体節の神経球（3対）は融合し，食道上神経球（supraesophageal ganglion）（脳）を形成する．光受容器や触角からきた神経の情報はここで処理される．これに続く3つの体節の神経球（3対）も融合して，食道下神経球（subesophageal ganglion）を形成し，大あごや小あごひげなどの口器からの神経情報を処理する．胸部と腹部の腹面近くをはしご状に体後部に向かって走行する2本の神経索は腹面神経索（ventral nerve cord）とよばれる．

マダニでは，昆虫に見られる神経節はひとつに融合して球状の塊となり，中央神経球（central nervous mass）とよばれ，胴体部の口器近くに存在する．口器から中腸に走行する食道が中央神経球の中央部を貫通しており，その保定に役立っている（図3.11）．なお，ダニ類は眼をもたない種類（eyeless species）が多いが，眼をもつ場合はすべて単眼である．

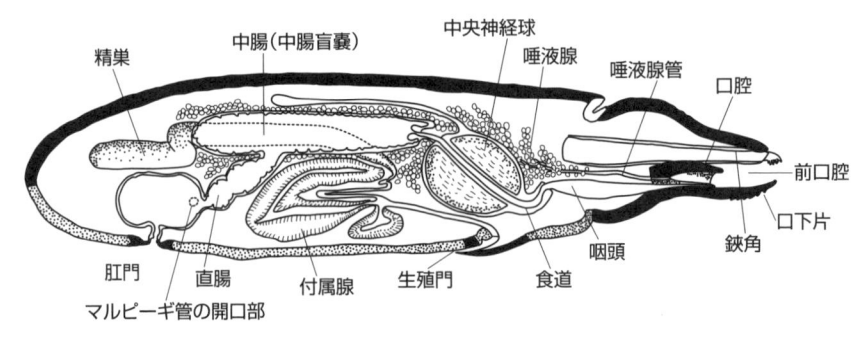

図3.11 マダニ（雄）の矢状断面の模式図

vii）内分泌系

　節足動物でも他の多細胞生物と同様に，内分泌系で産生されたホルモンは，標的器官まで血リンパによって運ばれる．ホルモンは成長と変態を支配しており，昆虫では，脳の神経分泌細胞が産生する脳ホルモン（前胸腺刺激ホルモン：brain hormone）が前胸腺（prothoracic gland）を活性化することによって産生される前胸腺ホルモン（エクダイソン：ecdysone）は脱皮を誘導する．また，脳の近くに位置するアラタ体（corpora allata）が産生する幼若ホルモン（juvenile hormone；JH）は，これが存在する状態でエクダイソン分泌があると脱皮後も幼虫期が維持される一方，濃度低下状態でのエクダイソン分泌では脱皮後に蛹ないし成虫に変態する．

　なお，ダニ類では，アラタ体や幼若ホルモンが存在せず，エクダイソンとこれに対する2種類の受容体（EcRとRXR）の働きだけで，変態と脱皮がコントロールされている．

viii）フェロモン系

　昆虫やダニでは，性フェロモン（sex pheromone），集合フェロモン（assembly pheromone），凝集・付着フェロモン（aggregation-attachment pheromone），警報ホルモン（alarm pheromone）などが，体外に分泌・放出され，同一種の他個体の行動に大きな影響を与えている．性フェロモン産生はホルモン依存性に左右され，昆虫ではJHが，マダニではエクダイソンが調節することが知られている．

ix）生殖器系

　節足動物は一般に雌雄異体（gonochorite）であり，有性生殖（両性生殖：bisexual reproduction）を行うが，一部の種類では単為生殖（parthenogenesis）が認められる．単為生殖には無交尾で雌を産む産雌性単為生殖（thelytoky）と，無交尾で雄を産む産雄性単為生殖（arrhenotoky）の2種類があり，ダニ類では前者がフタトゲチマダニで，後者がイエダニで見られる．

　雌の生殖器は，卵巣（ovary），付属腺（accessory gland），貯精嚢（spermatheca），腟（vagina）などからなり，雄の生殖器は精子をつくる精巣（testis）と精液をつくる付属腺（昆虫の一部やマダニでは，精子を収納する精包（spermatophore）がつくられ，交尾はこの精包の移入によるpodospermyで行われる），輸精管（vas deferens）などからなる．一般に交尾回数は1回で，精子は受精嚢に貯えられる．外部生殖器（genitalia）は昆虫類では腹部末端に存在するものが多く，ダニ類では胴体部腹面中央にあるものが多い．ヌカカやハエなどでは，雄の外部生殖器の形態は重要な分類指標である．

大半の昆虫や哺乳類の交尾は後背位（mounting）で行われるが，ダニ類は対面式（face-to-face）が多い．交尾の所要時間は10分〜数時間であり，マダニの雄ダニは，唾液で雌ダニの生殖門付近を潤してから精包を腟に挿入する．

3.1.2 生　態

A. 変態と産卵
a. 変　態

　節足動物が外骨格を更新するために行う脱皮の前後の幼虫を，齢期（齢：instar）によって区別する．たとえば，卵の孵化から最初の脱皮までの期間における幼虫は第1齢（first instar），また最初の脱皮から2回目の脱皮までの期間における幼虫は第2齢（second instar）とよばれる．節足動物は，それぞれの齢期の食性や生息場所などに対応した形態と機能をとり，脱皮の際にはそれらを一新し，より有利な生活を営むものが多い．このような脱皮に伴う形態と機能の変化が変態（metamorphosis）である．変態には形態の変化がわずかなものから，まったく異なった形態のものに変化するものまで，さまざまな段階が見られるが，ダニや昆虫類の変態は，蛹が出現する完全変態と蛹期が欠落した不完全変態に区別される．完全変態を行う外翅類の蛹から成虫が脱皮することを羽化（emergence）とよぶ．不完全変態には種々のレベルがあり，無変態発育（ametabolous development）のほか，幼虫と成虫の形態が類似している小変態（漸変態）発育（paurometabolous development；シラミ，ハジラミ），幼虫と成虫の形態が異なる半変態発育（hemimetabolous development；トンボ，セミなど）などがある．不完全変態を行う節足動物の幼虫は若虫とよばれることもある．

　昆虫の一般的な変態過程においては，まず，古いクチクラ（外表皮，原表皮）が真皮から離れる溶解分離（apolysis）が起きる．生じた隙間に，脱皮液（moulting liquid）が分泌され，脱皮液は，古いクチクラは消化するが，強く硬化したクチクラ層のみは残存する．この残層の下に，未硬化の新しいクチクラ（新生表皮：procuticle）が蓄積されると，昆虫は呼吸と筋収縮の増大によって血圧を著しく上昇させる．その結果，古いクチクラ残層の強度の弱い部分が破断して，いわゆる脱皮縫合線（ecdysial sutures）が形成される．縫合線を通って外界に出た昆虫では，高血圧よって新しいクチクラが伸張するとともに，硬化が開始されて外表皮（exocuticle）になる（図3.12）．古いクチクラ残層は脱皮殻として捨てられる．なお，クチクラ伸張とともに，脱皮前にはクチクラ表面上に横臥状態だった剛毛や棘などのさまざ

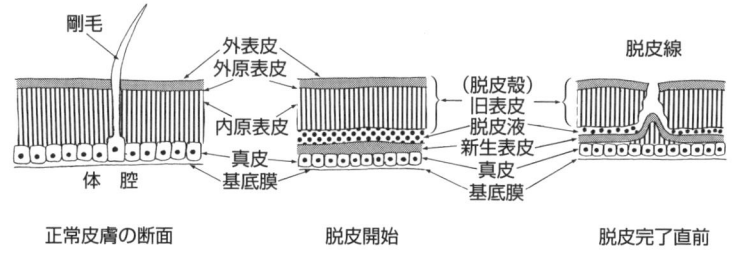

図3.12　脱皮の模式図

まな体表の構造物も本来の形状と機能を回復し，変態が完了する．

b. 産　卵

　昆虫の産卵（oviposition）には，卵を産む卵生（oviparity；多くの昆虫やダニ），母体の卵管や腟で卵が孵化（脱卵：eclosion）して幼虫が産まれる卵胎生（ovoviviparity；ヒツジバエ，多くのニクバエ類，ウモウダニやイトダニなどの一部のダニ類），母体で孵化した幼虫が，乳腺（milk gland）から栄養補給を受けてある程度発育してから産下される胎生（viviparity；これには産下後すぐに蛹化する終齢幼虫を産下するツェツェバエやシラミバエなどの蛹生（pupiparity）も含まれる）などの別がある．ノミバエ類（Phoridae）には成虫が産下されるものがある．

B. 食性と吸血性
a. 食　性

　ヒトや動物と節足動物の間における宿主・寄生体関係（host-parasite relationship）を理解し，また獣医衛生害虫の加害性を把握するために，節足動物の食性（feeding patternまたはfood habit）を知ることはきわめて重要である．食性は一般に，摂取対象となる食物の種類と範囲によって1種類の食物だけを摂取する単食性（monophagy），関連する数目，数属，あるいは数種の食物だけを摂取する寡食性（oligophagy），寡食性よりは食物の範囲が広いが，それでも食物の範囲が限定されている狭食性（stenophagy），雑食を意味する広食性（polyphagy）の4種類に区分される．また，食性を，植物質を摂取する食植性（食草性：phytophagy）と肉類を摂取する食肉性（肉食性：sarcophagy）に大別し，両者をさらに生体を摂取する生食性（biontophagy）と腐敗物を摂取する腐食性（necrophagy, saprophagy）に区分することもできる．なお，獣医衛生害虫の食性は，同一種であっても齢期や性によって相違し，生息場所などによっても変化することが多いことに注意する必要がある．

b. 吸血性

ヒトや動物の血液を摂取する吸血性（hematophagy）を有する吸血性節足動物（blood-sucking arthropod）は，宿主に対する刺咬・吸血による直接的加害に加えて，各種病原体の媒介者（vector）としての加害が問題になることから，獣医衛生害虫のなかでもっとも重要なグループである．これまでに約500属15,000種あまりの吸血性節足動物が知られているが，これらの吸血様式は血管内吸血型（vessel-feeding, solenophage）と血管外吸血型（pool-feeding, telmophage）に区分される（図3.13）．血管内吸血型は，節足動物が口器を血管内に挿入して，血流から直接吸血するもので，末梢血管吸血型ともよばれる．血管外吸血型は，節足動物が口器を血管付近まで挿入後，口器による切開や分泌唾液の消化酵素によって血管を破綻性に出血させ，生じた血液プール（blood pool）の内容物を摂取するもので，鬱血吸血型ともよばれる．カは前者の，またマダニは後者の吸血を行う代表的な節足動物である．

血管内吸血では，節足動物が毛細血管に口器を挿入し続けることが困難であり，秒や分単位で吸血を完了する短期吸血型（short-term blood-feeder）となる．一方，血管外吸血は，血液プールの作成には時日が必要であり，長期吸血型（long-term blood-feeder）となる．

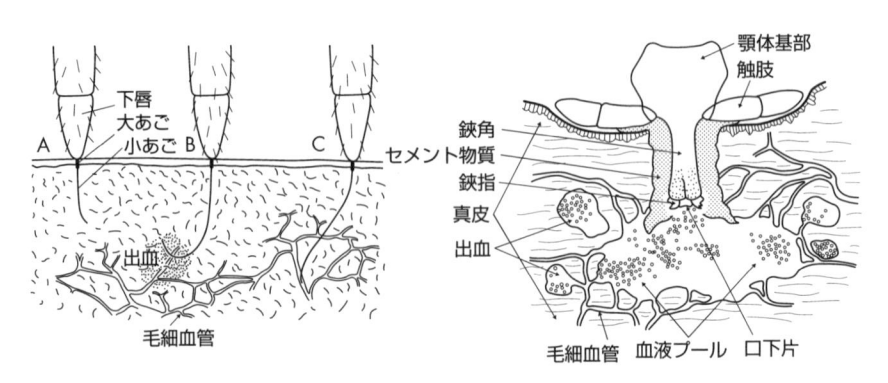

図3.13 節足動物の血管内吸血と血管外吸血
左：サシガメ成虫の血管内吸血　　　右：マダニ成虫の血管外吸血
サシガメはA，B，Cの順に吸血行動を行う．A段階ではprobing，B段階ではprobingを止めて出血巣から吸血，Cでようやく血管内吸血を開始．マダニは数日かけて図のような吸血部位を形成する

C. 節足動物における宿主・寄生体関係

　節足動物における宿主・寄生体関係は，同一種であっても齢期によって異なることが多い．この好例は多くの吸血性の双翅類昆虫であり，幼虫は宿主動物に頼ることなく自由生活を送るが，雌成虫は宿主動物に寄生し，その繁殖をひたすら血液養分に頼る．このような節足動物の寄生性を，固有宿主（感受性宿主：susceptible host）と非固有宿主（undefinitive host（非感受性宿主：non-susceptible host）），一宿主性（homoxenous）と多宿主性（heteroxenous），偏性（obligatory）と条件的（facultative），狭宿主性（stenoxenous）と広宿主性（eurixenous），あるいは偶発的宿主（incidental host），実験的固有宿主（experimental definitive host）などの，寄生虫学上の基本的概念から把握することは，種の同定，生態の把握，あるいは効率的な防除のために重要なことである．

D. 寄生様式

　寄生性節足動物の寄生様式は，終生寄生（永久寄生）と一時寄生に区分される．

a. 終生寄生（永久寄生：permanent parasitism）

　原則的に宿主の体表に全生涯留まり，接触感染によって寄生を拡大する節足動物であり，動物の体表に寄生した状態で海外から持ち込まれる危険性が高い．シラミ，ハジラミなどの昆虫類や，ヒゼンダニ，ニキビダニなどのダニ類がこれに相当する．一生を宿主に依存することから，終生寄生虫は進化の過程で特定の宿主（固有宿主）との共存を獲得したものが多く，宿主特異性（host specificity）がきわめて高いことが普通である．また，一般に宿主に対する加害は致命的ではない．

b. 一時寄生（temporary parasitism）

　ある齢期のみが寄生生活を営み，他の齢期は自由生活を行うもので，カ，アブ，ノミ，マダニなどの多くの吸血性節足動物がこれに該当する．寄生時期は，成虫期の雌雄（サシバエ，ノミなど），成虫期の雌のみ（カ，ブユ，ヌカカ，アブなど），幼虫期のみ（ツツガムシなど）など，さまざまなものが見られる（表3.1）．これらの相違は，一時寄生虫には，発育の過程で宿主の血液栄養源として必要なものと，卵巣の発育のために必要なものとの2種類があることに起因する．前者では幼虫，雄虫，雌虫ともに吸血するが，後者では雌成虫だけが吸血することになる．

　一時寄生虫は，発達した感覚器を用いて宿主が放散する他感作物質（allelochemics）を感知し，積極的に宿主に寄生するが，動物に寄生している期間（時間）が短い短期吸血型の節足動物であることが多い．また，一般に一時寄生虫の宿主特異

性は低く，自然宿主（natural host；自然界で寄生虫の種の保存に不可欠な宿主）のほかに，自然宿主と類似した吸血行動誘発刺激を放散する非自然宿主（代参宿主：accidental host）で急場しのぎする傾向が強い．このため，感染動物やそれらの排泄物との往復によって，病原体の機械的な媒介者(vector)となる場合が少なくない．

一時寄生のなかには，本来は寄生性でないものが，飼料や飲水などとともに宿主体内に入り込み，糞便検査などの際に検出されることがあり，これは迷入（aberrationまたは偽寄生（pseudoparasitism））とよばれ，真性の寄生体（true parasite）との鑑別が必要である．迷入を真性の寄生と誤解した事例としては，人体内ダニ症（human acariasis）が有名である．

表3.1 一時寄生虫の寄生時期

種類	成虫 雄	成虫 雌	蛹	幼虫	若ダニ	幼ダニ	卵
ワクモ	+	+			+	−	−
トリサシダニ	+	+			+	+	+
マダニ	+	+			+	+	+
ニキビダニ	+	+			+	+	+
ヒゼンダニ	+	+			+	+	+
シラミ	+	+		+			+
ハジラミ	+	+		+			+
カ	−	+	−	−			−
ヌカカ	−	+	−	−			−
ブユ	−	+	−	−			−
アブ	−	+	−	−			−
ノサシバエ	+	+	−	−			−
サシバエ	+	+	−	−			−
ウシバエ	−	−	−	+			+
ウマバエ	−	−	−	+			+
ヒツジバエ	−	−	−	+			+
ノミ	+	+	−	−			−

3.2 ダニ類概説

ダニ類は，日本では一括して「ダニ」として扱われることが多いが，諸外国では mite（中国名は蟎）と tick（中国名は蜱）に区分される．mite は一般に体長が 1 mm 以下と小形であり，一般の人々が抱く「ダニ」のイメージはこちらであるが，tick は成ダニが 2 mm を超える大形のダニで，マダニ類がこれに該当する．

3.2.1 分 類

A. 気門を用いる分類

ダニ類は 1,700 属約 3 万種で構成され，しばらく前まで昆虫に比べてはるかに小さい生物群であるとみなされていた．しかし，研究の乏しかった土壌動物や昆虫寄生体の分野で，毎年多くの新種のダニが発見されていることや，昆虫に劣らない多種多様な生活圏をもつことが明らかになり，現在は実数が 60 万種を超える大群であると考えられている．

医・獣医学の寄生虫学分野で広く用いられているダニ類の分類は，気門（stigma）に注目し，その有無，数，歩脚との相対的な位置関係などによって，7 目に分類するものであり（図 3.14），本書も基本的にこれに準拠した構成と記述を行っている．しかし，分類の基準を気門（呼吸器系）の特性に大きく依拠することには，とりわけ系統発生的な面で多くの問題や矛盾のあることが早くから指摘されている．このため，本書では気門を用いる標準的分類に加えて，これに代わる分類として Evans らの分類も紹介する．

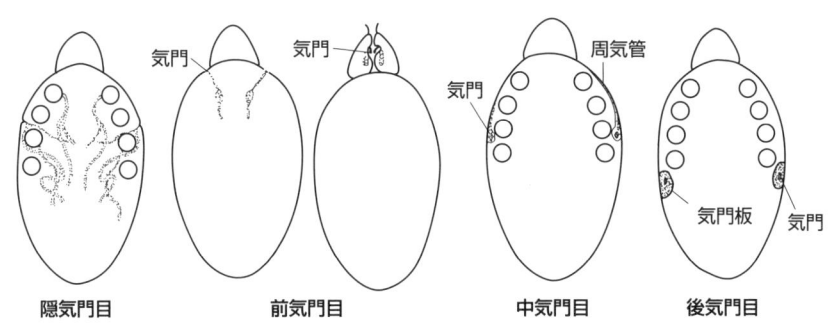

図 3.14 ダニ亜綱の各目の気門の位置
4 対の丸印は腹面にある脚を示す

標準的分類では，ダニ類をダニ上目（Superorder Acarina）として位置づけ，さらに次の7目に区別する．

(1) 無気門目（Astigmata）：気門のないダニ類のことで，体内に気管系の発達が見られず，無気門式呼吸（apneustic respiration）を営む．この目の形態的特徴は，非常に小形で，外皮がやわらかく，脚の末節に肉盤があることである．ヒゼンダニ，ウモウダニ，コナダニなどが含まれる．

(2) 隠気門目（Cryptostigmata（ササラダニ目：Oribatida））：無気門類と同様に気門を欠くが，気管系がよく発達し，胴体部側方第2，3基節間，その他の部分で開口するグループのことである．この目の形態的特徴は，体表のクチクラがかたく，さまざまな紋様をもち，前胴体部と後胴体部を分ける溝があり，前胴体部には篠状の感覚器（sensillum）が1対存在することである．主として土壌表層で自由生活を営み，土壌動物として地球生態系の維持に大きな役割を果たしている．ウマや反芻動物の条虫の中間宿主になるものがある．

(3) 前気門目（Prostigmata）：気門が認められ，それが第1脚よりも前に位置するグループである．気門は非常に観察しにくいが，顕著な鎖状の周気管（peritreme）をたどることによって位置を確認できる．一般にこの目の外皮はやわらかく，血リンパに色素が含まれ深紅〜淡黄色に見えるものがあり，強く着色するものほど地表を這い回る傾向があるといわれる．ツメダニ，ニキビダニ，ツツガムシなどがこれに属する．

(4) 中気門目（Mesostigmata）：気門は明瞭で脚域に位置し，よく発達した周気管板（peritremal plate (shield)）に囲まれた周気管が連結して前方に伸びる．この目の胴体部には，背腹両面に体板が発達し，ときに褐色に見えることがある．剛毛もよく発達して数が多いため，トゲダニ類ともよばれる．成虫の体長は0.7〜1.0 mmに達し，注意すれば肉眼で認めることができるグループである．ワクモ，トリサシダニ，ミツバチヘギイタダニなど，捕食性，吸血性のものも多く，衛生害虫として重要である．

(5) 後気門目（Metastigmata（マダニ目：Ixodida））：気門は，脚域を離れた第4基節の後方に位置する類円形の気門板（stigmal plate）の中央に位置する．ダニ類のなかでは例外的に大形で，肉眼で歩脚を明瞭に確認できる．マダニとヒメダニが属し，すべての種が吸血性であり，病原体の媒介者（vector）として重要なものがきわめて多い．

(6) その他：このほかに胴体部の背面に4対の気門をもつ背気門目（Notostigmata）

と，胴体部腹面の脚基節の外側に4個の気門と周気管を有する四気門目（Tetrastigmata）があるが，これらは自由生活を営み，日本に分布せず，医・獣医学上の意義も低い．

B. Evansらの分類

ダニ類が，体表の剛毛が光学的に複屈折するアクチノキチン（actinochitin）を含む複毛類（Actinotrichida；無気門類，前気門類，隠気門類）と，これを含まない単毛類（Anactinotrichida；中気門類，後気門類，背気門類，四気門類）に区分されることは古くから知られていた．Evansら（1992, 2005）は，この剛毛や気門の特性，その他の重要な形態や機能に加えて，系統発生に関する分子情報を総合することによって，ダニ上目を蛛形綱のダニ亜綱（Subclass Acari）に格上げし，Opilioacariformes, Parasitiformes, Acariformesという3つの上目（Superorder）を設ける次のような新たな高次分類を提唱した．

(1) アシナガダニ上目（Opilioacariformes）：背気門類が含まれる．
(2) ヤドリダニ上目（Parasitiformes）：このなかには後気門（マダニ）類，カタダニ類（四気門類），中気門類が3つの目として含まれる．
(3) ダニ上目（Acariformes）：このなかにはツツガムシ類（Trombidiformes）とヒゼンダニ類（Sarcoptiformes）の2つの目が設けられ，前者に前気門類が包含される．また後者には無気門類とササラダニ類が含まれる．

この分類では，tickがmiteから独立した存在ではなく，miteの一員であることが明確に示されていることに注意したい．

3.2.2 一般形態

ダニ類が属する鋏角亜門（Subphylum Chelicerata）の節足動物は，昆虫と異なり，触角や翅を欠く．鋏角類は体が前後の2部に分かれ，前体部に鋏角（chelicera）と触肢（palp, palpus）をもち（図3.15），胸部に相当する部位に幼虫期では3対，その他の発育期では4対の歩脚を有する．サソリ類とクモ類では，前体部は頭部と胸部が融合して前胸部（cephalothorax）となり，後体部が腹部（abdo-

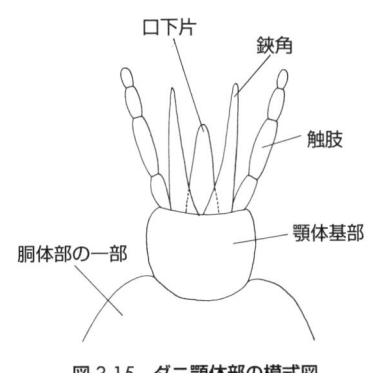

図3.15 ダニ顎体部の模式図

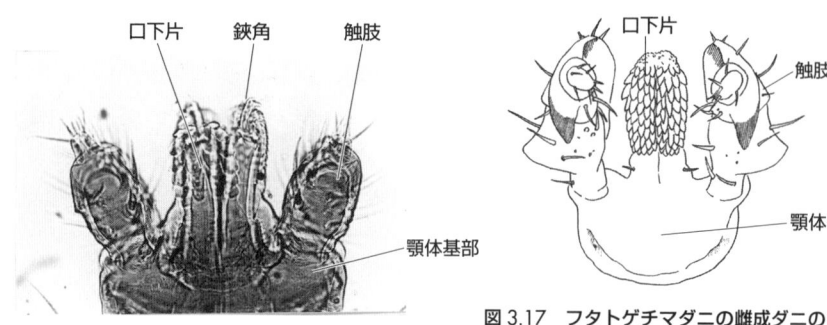

図3.16 フタトゲチマダニ若ダニの顎体部

図3.17 フタトゲチマダニの雌成ダニの顎体部腹面
口下片の歯式は5/5である

men）となる．これらに対してダニ類では体節制が退化しており，頭部相当の顎体部（gnathosoma）と，胸腹部が癒合したと考えられる胴体部（idiosoma）の2部の構成となっている．

ダニ類の顎体部には，1対の鋏角，1対の触肢，および腹面に口下片（hypostome）があり，口器を形成する（図3.16，図3.17）．ダニの体長はこの顎体部前端より計測する．

ダニ類の鋏角の構造は，基本的には3節からなり，第2節の先端部は突起（固定指：immovable digit）となって，小さな第3節（可動指：movable digit）と対をなし，両者を合わせて鋏指（鋏子，指状部：cheliceral digit）とよぶ．ダニ類の摂食は鋏角を動かすことによって開始され，食性の相違によって鋏指の形態は多様である（図3.18）．また，雄があまり摂食しないグループでは，鋏角は交尾の際に精包（spermatophore）を雌に渡す担精指として機能する．

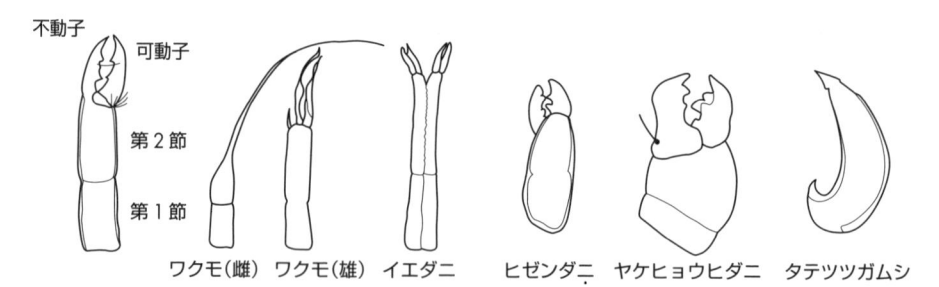

図3.18 ダニ類の鋏角の構造

[内川公人，1997年度 東部支部企画前実績研修講習会「皮膚疾患を起こす節足動物―その分類と生態」（日本皮膚科学会研修委員会），p.4，図1，（社）日本皮膚科学会，1997を改変]

触肢は1対，最大で5節からなり，鋏角よりも後方または外方に位置し，顎体部の側腹部を形成している．基本機能は，寄生や吸血の際に感覚器官として働くことであるが，種によっては捕食性昆虫の大あごに似た摂食器官になっていることもある．

口下片は，マダニとそれ以外のダニ類では起源が異なり，マダニでは特有の逆向きの歯状の突起を有し，歯列の数を示す歯式（dental formula（左右に4列の場合，4/4と表現する））（図3.17）は種の同定に重要である．マダニ以外のダニ類の口下片には特有の毛の配列が見られる．

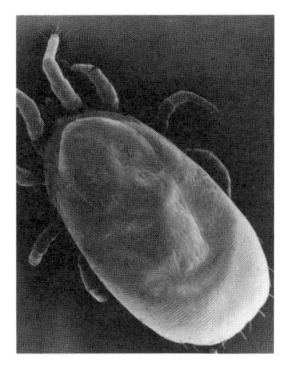

図3.19　ワクモの背板
背板は弱小化して急速な飽血の妨げにならない

胴体部には歩脚，気門，眼，生殖門，肛門などとともに，体を保護する各種の肥厚板（plate, shield）があり，肥厚板はその局在によって背板（dorsal plate），胸板（sternal plate），生殖板（genital plate），腹板（ventral plate），肛板（anal plate）などという（図3.19，図3.31 (p.89)）．

ダニ類の第1脚は，昆虫の触角と同様の機能を果たすと考えられている．マダニでは跗節背面に重要な感覚器であるハーラー器官（Haller's organ）が存在し，ツツガムシでの幼虫でも，類似の機能を有するソレニジオン（solenision）が存在する．

顎体部，胴体部，歩脚に存在する剛毛は，機能の違いによって通常毛（ordinary seta（触覚毛：tactile seta））と感覚毛（sensory seta）に区分され，また形状から単条毛（無枝）と有枝毛，あるいは鞭状，球状，棘状などに分類する．なお，規則的に配列する剛毛は剛毛式（chaetotaxy）として表現され，ダニ類の分類に重要な指標となる．

3.2.3　生　態

A. 発育（脱皮と変態）

ダニ類は不完全変態によって発育し，定期的に脱皮を行うことによって，体の大きさを倍増するとともに新たな外部構造物を付加する．ダニの発育環(developmental cycle)は各齢期の有無によって次の5型に区分される．

(1) 成ダニだけの発育環：シラミダニのように成虫が成虫を産むもの
(2) 卵，幼ダニ，成ダニの3齢期からなる発育環：ホコリダニ
(3) 卵，幼ダニ，若ダニ，成ダニの4齢期からなる発育環：ツツガムシやマダニ

(4) 卵，幼ダニ，第1若ダニ，第2若ダニ，成ダニの5齢期からなる発育環：ハダニ，コナダニの一部，ニキビダニ，トゲダニ，ワクモ，トリサシダニ，大部分のヒメダニ
(5) 卵，幼ダニ，第1若ダニ，第2若ダニ，第3若ダニ，成ダニの6齢期からなる発育環：コナダニの一部，ウモウダニ，一部のササラダニ

　成ダニでは，雄と雌は同形で，大きさが1mm前後のダニ類が多く，生殖門（genital aperture, genital pore）は体の腹面に開口する．若ダニは成ダニと同様に4対の歩脚を有するが，体は小さく，生殖門をもたない．幼ダニは歩脚が3対で，若ダニよりもさらに小さい．

B. 食 性

　ダニ類の食性は，吸汁型（sucking type）と咀嚼型（biting type）に区分される．獣医衛生害虫として問題になる寄生性のダニ類の多くは，液状成分を餌として摂取する吸汁性である．この場合，宿主動物の血液やリンパ液はそのまま，また皮膚成分などはダニの分泌唾液で口外消化（extra-oral digestion）された後に，ダニのもつ筋肉質の咽頭ポンプ（pharyngeal pump）によって食道内に吸い込まれる．
　中気門類には吸血性の種類も多く，これらは多くが皮膚を穿通するために特殊化した鋏角をもつ．
　体がきわめて微小な（体長100〜300μm前後）ツツガムシの幼虫の鋏角は，体表から皮膚の毛細血管に到達することはできないが，鋏角で皮膚に吸着後，表皮融解性の唾液を分泌し，透明な円柱状の柱口（stylostome）とよばれる摂食管を形成する（図3.20）．消化された皮膚成分やリンパはこれを通って摂取される．柱口形成に時日を要することから，ツツガムシの幼虫はマダニと同様のlong-term feederとなる．真皮まで到達した柱口は，幼虫が離脱後も宿主皮膚にとり残されるため，強い痒みや皮疹の原因になる．

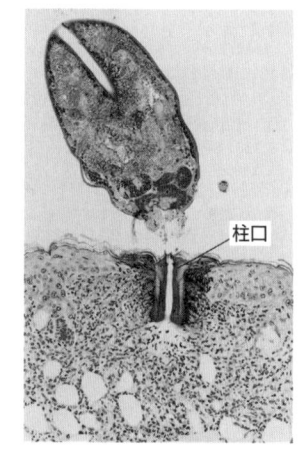

図3.20　フトゲツツガムシ幼虫の柱口
寄生開始後48時間目
[角坂照貴博士提供]

3.3 衛生動物として重要なダニ類

3.3.1 マダニ類 tick

●分類●

　マダニは鋏角亜門，ダニ亜綱（Subphylim Acari）あるいはダニ上目（Superorder Acari），後気門目（Metastigmata（マダニ目：Ixodides））に属し，成ダニの体長が未吸血時でも2mm以上の大形のダニ類で，英名はtickである．原則として卵以外のすべての発育期が吸血性を有する偏性外部寄生虫（obligate hematophagous ectoparasite）である（カズキダニ属には幼ダニが吸血しない種があるほか，トゲミミヒメダニ（*Otobius lagophilus*）の成ダニは口器が退化しており吸血しないなどの例外もある）．哺乳類，鳥類，爬虫類など，魚類以外のすべての脊椎動物が寄生・吸血の対象であり，またこれらの動物に多種多様な疾病を媒介する．これまでマダニ科（Ixodidae）13属720種，ヒメダニ科（Argasidae）5属186種，ニセヒメダニ科（Nuttalliedae）1属1種の合計907種（2008年）が知られている．これらのうちの約10%は宿主特異性が乏しく，動物とヒトの双方に好んで寄生することから，人獣共通感染症（zoonosis）の重要な媒介者（vector）となっている．

　獣医衛生害虫としては，マダニ科では，キララマダニ（*Amblyomma*）属，カクマダニ（*Dermacentor*）属，チマダニ（*Haemaphysalis*）属，マダニ（*Ixodes*）属，コイタマダニ（*Rhipicephalus*）属の5属のマダニがとくに重要であり，ヒメダニ科では，ヒメダニ（*Argas*）属，カズキダニ（*Ornithodoros*）属の2属が重要である（図3.21）．なお，長年，独立属とされてきたウシマダニ（*Boophilus*）属は，現在，コイタマダニ属の1亜属に降格されている．

●形態●

　マダニ科のマダニは，体背面にかたい背甲（scutum（背板：dorsal plateとよぶことも多いが，マダニ特有の背板という意味では背甲のほうがよい））を有するため，hard tickまたはscutate tickとよばれ，背面から顎体部を観察することができる．宿主に長期間寄生するため，動物に寄生しているところも発見されやすい．

　ヒメダニ科のマダニは，外皮がやわらかく，soft tickとよばれる．背甲と多孔域をもたず，顎体部は胴体部の腹面から生じるため背面から観察できない．若ダニや成ダニの吸血時間は短く，最短2分，最長で2時間（平均15〜60分）であること

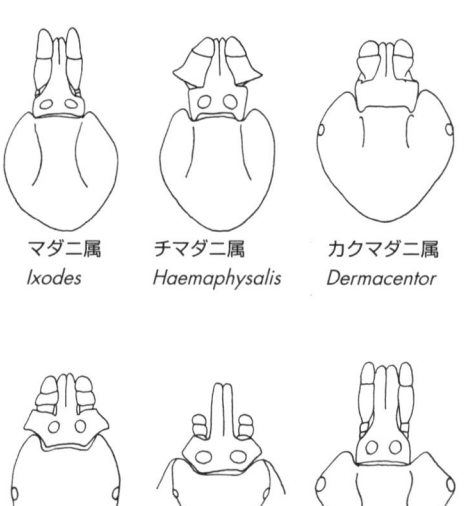

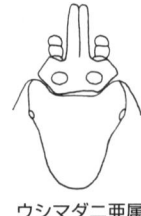

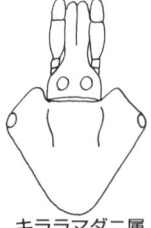

属または亜属		肛溝	眼	花彩	エナメル斑	顎体部側方突出
マダニ属	Ixodes	前	−	−	−	−
チマダニ属	Haemaphysalis	後	−	+	−	−
カクマダニ属	Dermacentor	後	+	+	+	−
コイタマダニ属	Rhipicephalus	後	+	+	−	+
ウシマダニ亜属	R. (Boophilus)	後	+	−	−	+
キララマダニ属	Amblyomma	後	+	+	+	−

図3.21 日本で見られるマダニ科主要5属1亜属の顎体部，背板部の形態と鑑別点

から，動物に吸着しているところは発見されにくい．

　マダニ科とヒメダニ科に共通する形態的特徴は，(1)逆向性の歯状突起を有する口下片をもつこと，(2)第1脚跗節の背面に化学的刺激（とくにCO_2）や温度に反応して感覚器の役目をするハーラー器官をもつこと，(3)気門は第3脚基節(幼ダニ)または第4脚基節（若ダニ，成ダニ）の後方に位置する気門板（spiracular plate）に開口することである．

　マダニ科に特有の形態的特徴は，(1)顎体部の背面が属に特徴的な形態を有し，種同定の手がかりとなること，(2)雌ダニの顎体基部（basis capituli）には，産卵の際に卵に抗酸化物質を付加する多孔域をもつこと，(3)背甲が存在し，雄ダニで

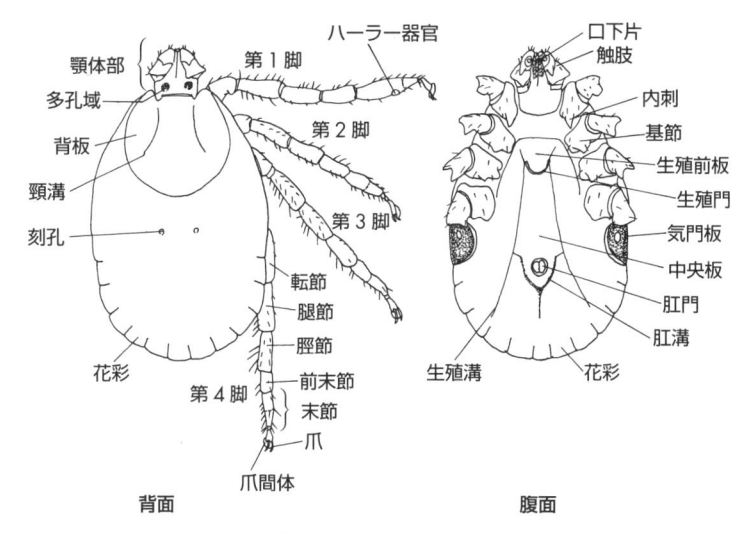

図 3.22 マダニ類の一般形態（フタトゲチマダニ（雌））

は背面全体を覆い，雌ダニでは背面前半部のみを覆うという性的二態（sexual dimorphism）が明瞭であり，雌雄鑑別に利用できること．ただし，幼ダニ・若ダニでは，背甲は背面の前半部のみを覆う．(4)眼をもつ種類では，眼は背甲の側縁上に位置すること，(5)胴体部の後端にホタテ貝様の花彩（festoon）をもつ種類があること，(6)歩脚には1対の爪と褥盤（肉盤：pulvillus）を有すること，などである（図 3.22）．

図 3.23 マダニ腹面の SEM 像（フタトゲチマダニ（雌））

なお，マダニ科を構成する全13属は，肛門と肛溝（anal groove）の位置関係によって，肛溝が肛門の前を走行する前条紋群（prostriata）と，肛溝が肛門の後を走る後条紋群（metastriata）に分類される（図 3.23）．前条紋群には *Ixodes* 属のみが含まれ，他の12属はすべて後条紋群に含まれる．さまざまな生理や生態の特性が両群の間では相違し，前条紋群には原始的なマダニの特徴が残されている．

ヒメダニ科に特有の形態的特徴は，(1)背甲を欠き，雌雄鑑別は生殖門の形態で行うこと，(2)全体が革状のクチクラで覆われ，瘤状突起をもつものもあること，

(3)眼と花彩を欠くこと，(4)歩脚に肉盤を欠くため，垂直なガラス壁は登れないこと，(5)幼ダニは背方から口器を観察可能であり，背面中央には卵形の背板 (dorsal plate) を有すること，などである．

● 吸血生理 ●

マダニは，真皮に血液プール (blood pool) をつくり，この内容物である血液 (blood meal) を摂取する血管外吸血型であるため，吸血期間は一般に数日から数週間に及ぶ (図3.24)．この長期間の吸血を成功させるために，マダニは，鋏角と口下片を皮膚に挿入するのとほぼ同時に唾液としてセメント物質 (cement substance) を分泌する (図3.25)．セメント物質はタンパク性であり，皮膚と口器の隙間を埋めるとともに，すぐに硬化してダニの体を宿主の皮膚に固着させる (図3.26)．また，吸血期間中の宿主動物による免疫防御をコントロールするために，マダニの唾液中には，(1)宿主の止血応答を阻害し，吸血を円滑に持続させる働きをする抗血小板凝固物質，(2)さまざまな抗凝固物質 (anticoagulants)，(3)脈管拡張物質，(4)抗炎症物質などのほか，(5)宿主の全身性・局所性の免疫応答を吸血に即した形に調節するペプチドが含まれている．

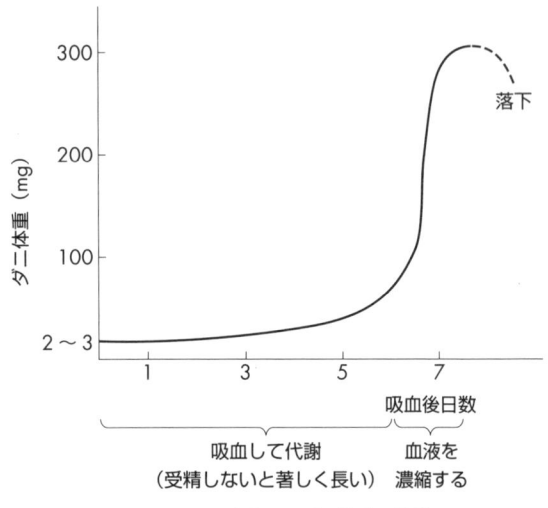

図 3.24 吸血後のマダニ体重の推移

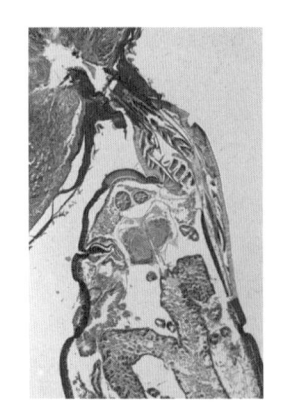

図 3.25 吸血中のフタトゲチマダニ (雌) の切片像

また，大量に血液を摂取するマダニの吸血においては，余剰の水分と塩類の排除が重要であり，マダニ科では唾液腺を介して，またヒメダニ科では基節腺を介してこれらの排泄が行われている．マダニ科のマダニでは，摂取血液中の液体成分は中腸上皮を通過して血体腔に移動し，唾液腺で再吸収されて唾液として宿主に還元される．水分と同時に血液中の余剰イオンも唾液として宿主に戻されるが，Clイオン，

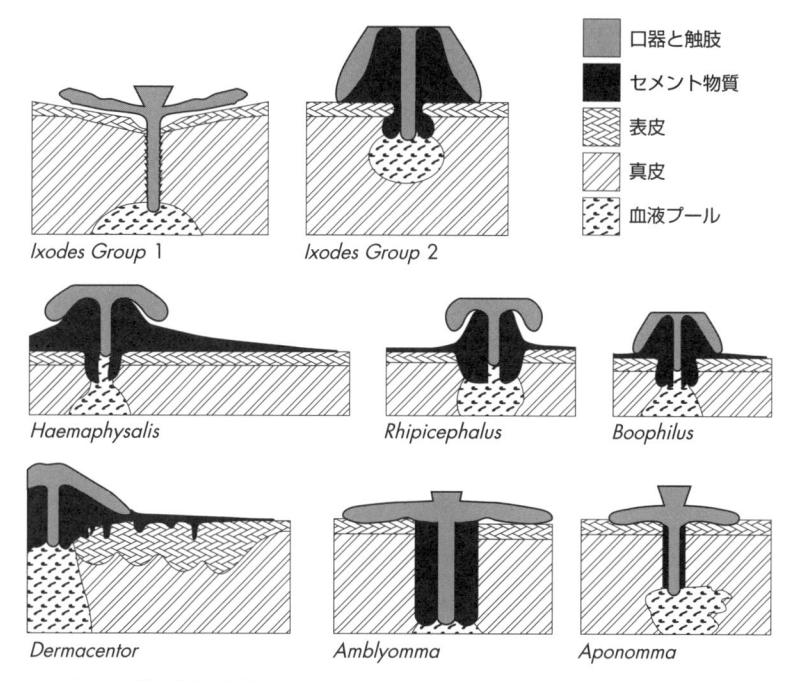

図 3.26 マダニの吸血部位
Ixodes 属にはセメント物質を分泌するものとしないものがある.
Amblyomma 属と *Aponomma* 属は口器（触肢と口下片）を真皮深く挿入するが,
Haemaphysalis 属と *Rhipicephalus* 属（*Boophilus* 亜属を含む）はそうでないことに注意

Na イオンの能動輸送は唾液分泌の際の排出力になるとされる．摂取血液の固型養分もかなりの部分が糞尿として吸血期間中に活発に体外に排泄される．このため，飽血時のマダニでは摂取血液は体重の3～10倍にも濃縮されていることになる．一方，ヒメダニ科のマダニでは，基節腺が摂取血液中の余剰水分と塩類を基節腺液として体外に排泄する．この基節腺液の排出は飽血後15分以内に起きる．

● 生活環 ●

マダニの生活環（life cycle）は，1世代中に寄生する宿主の数によって，(1)幼ダニ，若ダニ，成ダニのすべての発育期（齢期）が同一宿主上に継続的にとどまって吸血し，脱皮も宿主上で行う1宿主性（one-host tick），(2)幼ダニ・若ダニで1個体，成ダニで別の1個体の宿主をとる2宿主性（two-host tick），(3)幼ダニ，若ダニ，成ダニのすべての発育期が宿主への寄生・離脱を行う3宿主性（three-host tick）の3型に分けられる（図 3.27）．大半のマダニ科のマダニは3宿主性の生活史を営

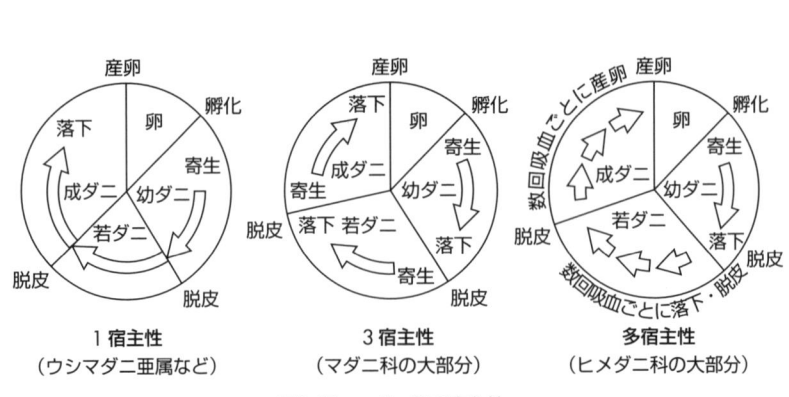

```
    産卵                      産卵                      数回吸血ごとに産卵 産卵
  落下  卵 孵化              落下  卵 孵化                        卵 孵化
 成ダニ    寄生          成ダニ      寄生              成ダニ          寄生
       幼ダニ            寄生   幼ダニ                           幼ダニ
  若ダニ                    落下 若ダニ 落下           脱皮 若ダニ 落下
 脱皮    脱皮                   寄生                  数回吸血ごとに落下・脱皮
       脱皮                     脱皮                         脱皮
    1宿主性                    3宿主性                      多宿主性
 （ウシマダニ亜属など）        （マダニ科の大部分）          （ヒメダニ科の大部分）
```

図 3.27 マダニ類の宿主性

むものであり（マダニ科720種のうち670種が3宿主性），日本に分布するマダニも，オウシマダニを除く全種が3宿主性である．一方，ヒメダニ科のほとんどの種は複数の齢期をもつ若ダニが各齢期ごとに異なる個体で寄生・離脱をくり返し，また成ダニも複数回の吸血をくり返す多宿主性（multihost tick）である．病原体の媒介はこのマダニの生活環と密接な関係があり，3宿主性のマダニが媒介する疾病には，経発育期伝播（transstadial transmission）と介卵伝播（transovarial transmission）の2型が存在するが，1宿主性のマダニの場合には介卵伝播しか起こりえない．

マダニ科の後条紋群のマダニは，宿主の体表上で吸血を開始後はじめて交尾が可能であるが，前条紋群の *Ixodes* 属のマダニは，宿主の体表・体外の両方で交尾できる．ヒメダニ科の成ダニは，宿主体外（off host）でのみ交尾する．なお，いずれも雄ダニは数回〜30回の交尾が可能である．

マダニ科の雌ダニは交尾によって飽血が可能となり，飽血後は宿主体外に落下し，高湿度で光のない場所を選んで数千〜数万個の卵を産下して死亡する（図3.28）．ヒメダニ科の雌ダニは吸血と産卵を数回くり返し，1回に最大数十〜数百個の卵を産下する．また，カズキダニ属の *Ornithodoros moubata* では成ダニが吸血のたびに交尾することから，感染雄ダニの精包を介した雌ダニへのアフリカ豚コレラウイルスの交尾伝播が起きる．

図 3.28 産卵中のマダニ

●生態●

ヒメダニ科のマダニは，ほとんどの種が宿主となる動物の巣穴のなかに生息し，幼ダニが数日間吸血するものの，若ダニと成ダニの吸血は数時間以内で完了する．このため，飽血個体は再び宿主の巣穴に落下することとなり，いわゆる留巣性（nidicolous）の宿主・寄生体関係が営まれることになる．渡り鳥などのように長期にわたって巣から離れる習性をもった動物を宿主とする留巣性のヒメダニでは，宿主が巣を離れている1年～数年間の飢餓に耐える必要があり，オートファジー（autophagy）などの飢餓耐性機構が発達している（カズキダニの成ダニが14年間の飢餓に耐えたという報告がある）．

一方，マダニ科のマダニは，いずれの発育期も数日から1か月以上の長時日をかけて飽血するため，宿主動物の巣外活動や移動の途中で飽血・落下する確率が高くなることから，離巣性（non-nidicolous）の宿主・寄生体関係が営まれることになる．離巣性のマダニでは分布域が拡大するとともに，けものみち（獣道）などの宿主動物の移動経路の周辺の地表や草むらで卵から孵化あるいは次の発育期に脱皮することになるため，遭遇した宿主の発見（host-finding）がきわめて重要になる．このため，宿主が放散する他感作物質を感知するハーラー器官などの宿主認識機構や，積極的に宿主に寄生するためのさまざまな待ち伏せ行動（ambushing behavior）が，留巣性のヒメダニに比べて発達している（図3.29，図3.30）．

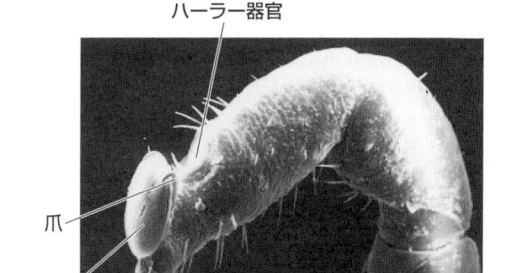

図3.29　マダニの第1脚先端部

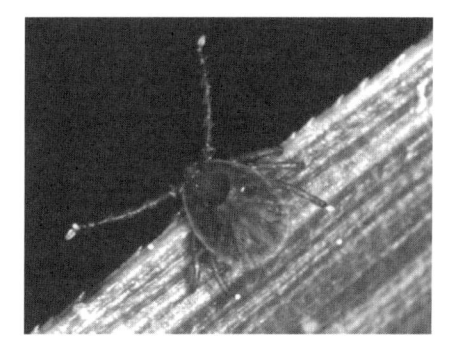

図3.30　第1脚を上げ，宿主を探索中のマダニ

●対策と防除●

マダニに対する防除法は，他の衛生害虫と同様に，化学的防除法，生物学的防除法，機械的・物理的防除法，免疫学的防除法，生態学的防除法などに区分される．

ここでは，生物学的防除法，免疫学的防除法について，とくに記述する．
(1) 生物学的防除法（biological control）：ハダニ類では，1990年代に難防除農業害虫のナミハダニ（*Tetranychus urticae*）の捕食性天敵であるチリカブリダニ（*Phytoseiulus persimilis*）が生物農薬（商品名 SPIDEX）として，日本を含む世界各地で承認され，これを用いた生物的防除（biocontrol）がすでに一般化している．マダニ類でも，100種類以上の病原体，7種類の寄生蜂（parasitic wasp），約150種類の捕食者（predator）について，生物農薬としての可能性が検討されている．これらのなかでとくに有望とされているのは，*Metarhizium*属の黒きょう病虫カビ，*Beauveria*属の白きょう病虫カビなどの昆虫病原糸状菌（entomopathogenic fungi）であり，オウシマダニのすべての発育期に対して100%近い致死率を示すものも発見され，ブラジルではすでに野外実用化が図られている．
(2) 免疫学的防除法（immunological control）：オウシマダニでは，雌成ダニの中腸細胞表面に発現する糖タンパク質のBm86の組換え体が1994年に世界で最初の節足動物に対するワクチンとしてオーストラリアで市販（商品名 TickGARD）された．1回のワクチン投与でウシやヒツジに寄生したオウシマダニと近縁種の寄生を70〜80%減少させ，*Babesia*や*Anaplasma*の媒介も著しく軽減できるが，他属のマダニに対して効果の低いことが欠点である．マダニ以外にも，キュウセンヒゼンダニ（*Psoroptes*）などのヒゼンダニ類に対する組換え体ワクチンの開発が行われている．また，マダニが伝播する疾病の媒介阻止ワクチン（transmission blocking vaccine）の研究もはじめられている．

フタトゲチマダニ

学　名：*Haemaphysalis longicornis*
英　名：bush tick, New Zealand cattle tick

●分類・形態●

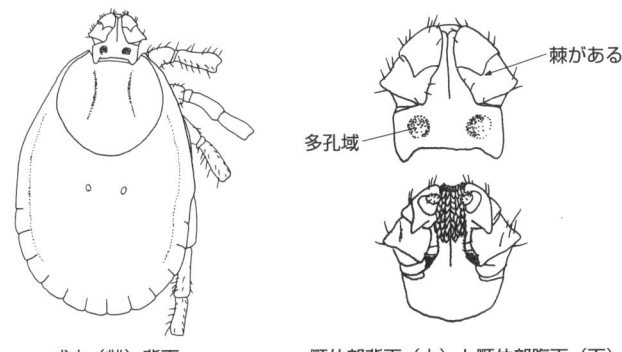

成虫（雌）背面

顎体部背面（上）と顎体部腹面（下） 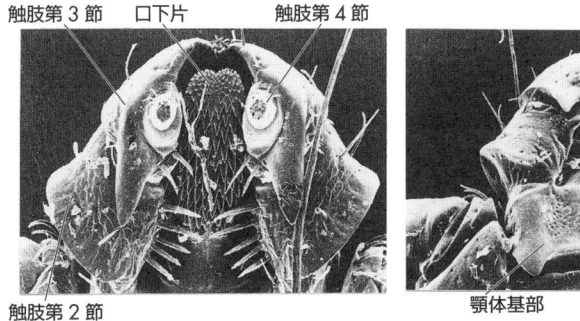
　棘がある
　多孔域

触肢第3節　口下片　触肢第4節
触肢第2節
顎体部腹面

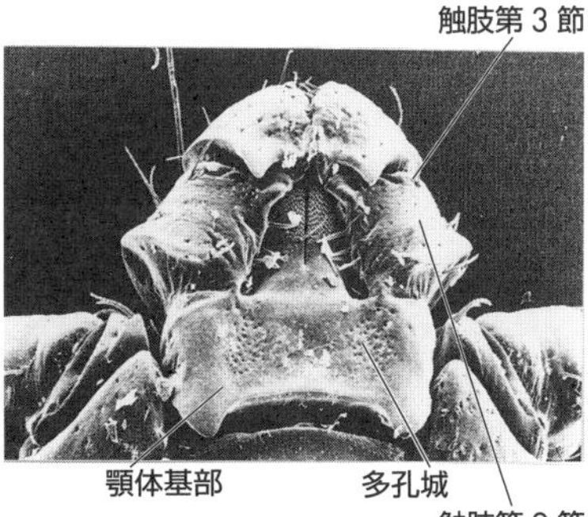

触肢第3節
顎体基部　多孔域
触肢第2節
顎体部背面

　チマダニ属のマダニは，すべて3宿主性で，眼を欠き，顎体基部の背面はほぼ四角形，触肢は特殊な種を除き第2節の外側縁が外方に角張る．

　本種は Kaiseriana 亜属に分類され，未吸血の雌成ダニは体長約3 mm．雌の背甲は側縁がやや角張った円形である．顎体部の触肢第3節の後縁に背腹ともに棘があり，とくに触肢第3節の背面の後縁中央部の棘は顕著である．成ダニの口下片の歯式は 5/5（まれに 4/4）である．第1脚基節の棘はやや長いが，第2脚以下は中等度である．

　和名の「フタトゲ」は，1960年代まで本種に誤って用いられていた南方系のマダニの *H. bispinosa* の種名の意訳であり，*H. longicornis* に学名訂正後も古い和名が継続使用されているものである．

●**分布**● 元来は北方系のマダニであるが，北海道から沖縄県の八重山地方まで日本全土に広く分布し，国外ではロシア，中国北部，韓国，西太平洋の島嶼部，オーストラリア，ニュージーランドに分布する．オーストラリアには日本から輸入された敷きわらに付着して19世紀に偶発的に移入・土着化したとされるが真偽は不明である．

●**生態**● 放牧形態と生態がよく一致することから，全国の放牧牛で寄生が普通に認められ，被害が問題となる．宿主域が広く，ウシ，ウマ，ヒツジ，ヤギ，イヌ，ネコ，中・小形の野生動物，鳥類，ヒトに寄生し，現在，日本でもっとも繁栄しているマダニである．マダニとしては例外的な産雌性単為生殖による処女生殖系統があり，全国に分布している．両性生殖系統はかつては茨城県以西で普通に見られたが，現在は九州の一部の地域に散在して分布するのみである．単為生殖系の雌は両性系の雌よりもやや大きい．

●**病害**● 多数寄生時における吸血による貧血とともに，ウシの *Theileria orientalis* による小型ピロプラズマ病（経発育期伝播），*Babesia ovata* による大型ピロプラズマ病（介卵伝播），イヌの *Babesia gibsoni* によるピロプラズマ病（介卵伝播）の生物学的媒介者として，処女生殖系統，両性生殖系統ともに重要である．ヒト疾病の関連では，ロシア春夏脳炎，Q熱などの媒介に加えて，*Rickettsia japonica* による日本紅斑熱とその類似疾患が，イヌ→フタトゲチマダニ→ヒトのサイクルで媒介されている可能性が示唆されている．

●**近縁種**●

マゲシマチマダニ（*Haemaphysalis mageshimaensis*）：シカやウシに寄生し，鹿児島県の馬毛島で発見されたことからこの名がある．九州・南西諸島や台湾・中国に分布している．気門板の形状がフタトゲチマダニよりも背腹に長い．本種も *Kaiseriana* 亜属に分類され，実験的にウシの小型ピロプラズマ病の病原体 *T. orientalis* を経発育期的に媒介可能である．

イエンチマダニ（*Haemaphysalis yeni*）：イヌやシカに寄生し，屋久島や対馬で記録され，中国から東南アジアにも分布する．他の2種と比較するとやや小形である．

ツリガネチマダニ

学　名：*Haemaphysalis campanulata*

●分類・形態●

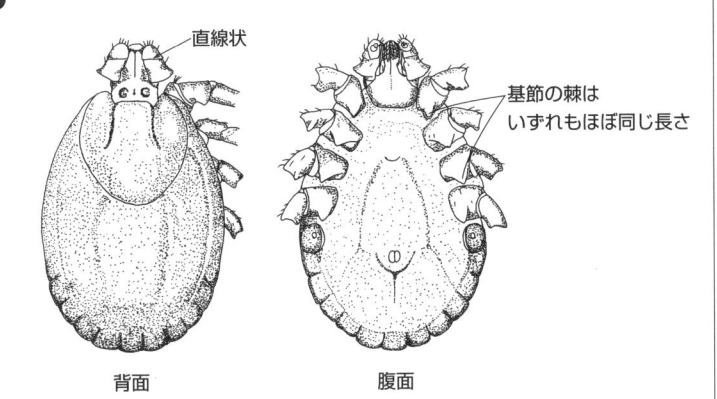

直線状

基節の棘はいずれもほぼ同じ長さ

背面　　　腹面

　未吸血雌成ダニの体長は 2.8 mm，雄は 2.0 mm．顎体部の触肢第 3 節の背面には後方に向かう突起を欠く．他のチマダニとのもっとも大きな形態上の区別点は，成ダニの顎体部の触肢第 2 節の後外角が側方に強く突出し，後端ではフレアスカート状となるため，顎体部が全体として梵鐘状（bell-shaped）を呈する点である．学名（ラテン語の campana，bell）も和名の「つりがね」も，ともにこの顎体部の特徴的な形状に由来している．成ダニの口下片の歯式は 4/4 で，各歩脚の基節の棘はいずれもほぼ同程度の長さである．

●分布●　沖縄を除く日本全土，朝鮮半島，中国東北部，モンゴルに分布する．

●生態●　イヌがもっとも一般的な宿主であるが，ウシ，ウマ，ネズミ，ヒトからも寄生例がある．ウサギを用いて継代飼育することも可能である．都市部のイヌでの寄生例が多く，幼ダニ・若ダニの吸血期間は 4～8 日，成ダニはやや長く 8～15 日間である．どの発育期も犬舎や周辺の地表で発見される．

●病害●　ダニは脚の趾間に好んで寄生するため，飽血の進行に伴ってイヌは強い痛覚を訴え，神経症状を呈したイヌが飼い主に襲いかかることも報告されている．イヌの *Babasia gibsoni* によるピロプラズマ病を媒介するとされる．

●近縁種●

クロウサギチマダニ（*Haemaphysalis pentalagi*）：本種はツリガネチマダニに似た形状の顎体部を有するが，より小形．全発育期の寄生がアマミノクロウサギに特異的で，分布も奄美大島に限定される．

キチマダニ

学　名：*Haemaphysalis flava*

●分類・形態●

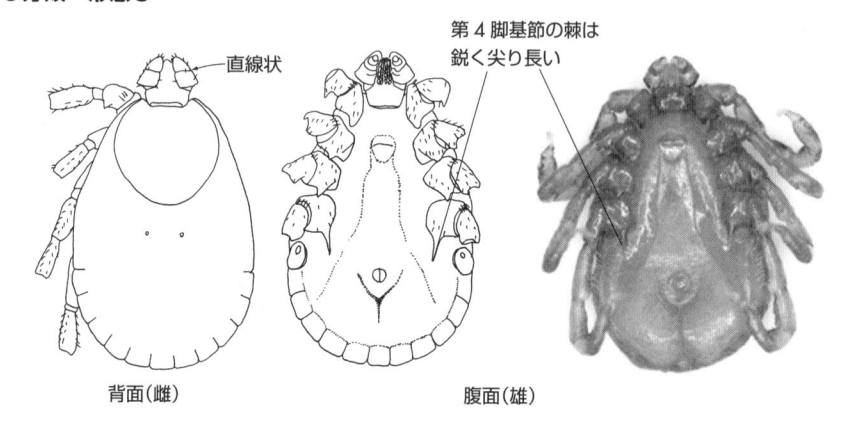

直線状　　　第4脚基節の棘は鋭く尖り長い

背面(雌)　　腹面(雄)

　未吸血成ダニの体長は雌3.0 mm，雄2.4 mm．顎体部の触肢第3節の背面には後方に向かう突起がない．他のチマダニとのもっとも大きな形態上の区別点は，雄ダニの第4脚基節に1本の先端の尖った長い（基節の大きさとほぼ同長）棘があることである．未吸血の成ダニの体色は他のマダニにはないほどの強い黄色を呈し，学名（ラテン語のflavus, yellow）も和名の「キ(黄)」もこの特有の体色に由来する．成ダニの口下片の歯式は雌ダニが4/4，雄ダニが5/5である．

●分布●　沖縄を除く日本全土と韓国に分布する．

●生態●　イヌとノウサギがもっとも一般的な宿主である．成ダニはネコ，ヒト，ウシ，ウマ，イノシシ，シカ，キツネ，ツキノワグマの寄生例もある．幼ダニ・若ダニはキジなどの鳥類，齧歯類にも好んで寄生する．ウサギを宿主にして実験室内で継代飼育することが可能．猟犬として用いられる農村部のイヌでの寄生例が多く，都市部のイヌに多く寄生するツリガネチマダニとは好対照を示す．

●病害●　小型ピロプラズマ病の病原体*Theileria orientalis*の経発育期伝播は否定された．日本の野兎病の病原体である*Francisella tularensis*を経発育期的に伝播する媒介者である．本種とヤマトマダニからイヌの*Anaplasma platys*の遺伝子が検出され，日本のイヌにおけるアナプラズマ症の媒介・流行がほぼ確実となった．ヒトの日本紅斑熱リケッチア（*Rickettsia japonica*）の媒介者（介卵伝播，経発育期伝播の両方がある）であることが，フタトゲチマダニ，ヤマトマダニ，シュルツェマダニ，ヒトツト

ゲマダニ（*Ixodes monospinosus*），タイワンカクマダニ（*Dermacentor taiwanensis*）とともに明らかにされた．なお，*R. japonica* はタカサゴチマダニ（*Haemaphysalis formosensis*），ヤマアラシチマダニ（*Haemaphysalis hystricis*），オオトゲチマダニ（*Haemophysalis megaspinosa*）からも分離されている．

●近縁種●

オオトゲチマダニ（***Haemaphysalis megaspinosa***）：体色が茶褐色で，キチマダニより大形である．脚基節の棘はやや強めで，とくに第4脚の基節の棘はキチマダニよりも太く，雄では外側に湾曲する．大形動物やヒトに寄生し，北海道から奄美大島まで分布する．紅斑熱発生地ではリケッチアが分離された．

ヤマトチマダニ（***Haemaphysalis japonica***）：脚基節の棘は中等度であるが，第1脚で長い．大・中形動物（キジを含む），まれにヒトに寄生し，東北から中部地方に分布する．

ダグラスチマダニ（***Haemaphysalis douglasi***）：ヤマトチマダニの亜種とされていたもので，より小形である．ウシ，ウマ，ヒグマ，エゾシカに寄生し，北海道に限定して分布する．

　形態は3種ともに類似している．

タカサゴキララマダニ

学　名：*Amblyomma testudinarium*

●分類・形態●

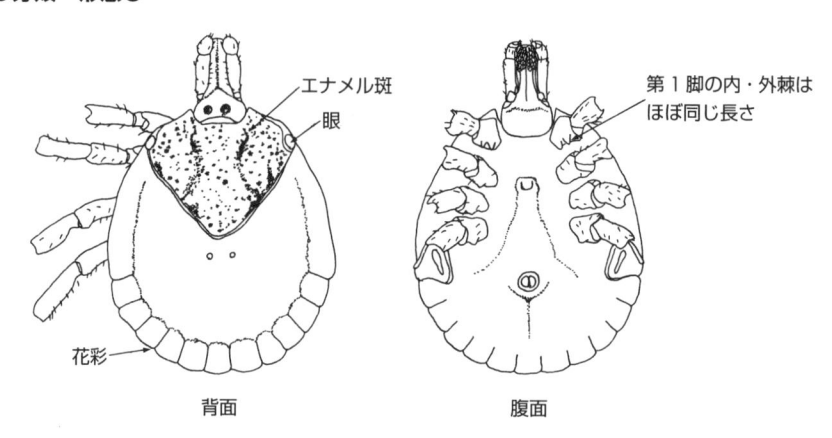

背面（エナメル斑、眼、花彩）　　腹面（第1脚の内・外棘はほぼ同じ長さ）

　日本産マダニの最大種で，雌成ダニの体長は未吸血時で 5 〜 6 mm，飽血時には 20 mm を超える．背甲表面にはエナメル斑（黄土色の地に赤褐色の斑紋）がある．触肢は棒状で長く，口下片も長く，ウサギの耳に寄生させると，口下片が耳を貫通して先端が反対側に露出するほど．歯式は 4/4．第 1 脚基節にほぼ同じ長さの内棘と外棘をもち，雄ダニで大きい．背甲の辺縁部に 1 対の明瞭な単眼を有する．刻孔や花彩は明瞭．*Amblyomma* 属は 143 種からなり，属の和名の「キララ」は背甲表面の美しいエナメル色斑に由来する．学名の *Amblyomma* はギリシャ語の *amblyos*（どんよりした）と *omma*（眼）の造語で，「どんよりした眼をもつダニ」という意味である．

●分布●　国内の分布は関東の温暖地から西南日本，沖縄．国外では中国，東南アジア，インドに分布する．

●生態●　3 宿主性であり，成ダニは，ウシ，ウマ，スイギュウなどの大形家畜，イノシシ，シカ，トラなどの大形の野生動物にも多く寄生し，幼ダニと若ダニは，イヌやネコなどの中・小形の哺乳動物，鳥類，カエルなどに寄生する．ヒト寄生例も多く，肛門や外陰部を中心に下半身に寄生した症例が多い．

●病害●　紅斑熱群リケッチアのリケッチア痘の病原体である *Rickettsia akari* の媒介が疑われている．国外では春夏脳炎ウイルスが検出され，最近，中国では，ヒト単球性リケッチア症の病原体である *Ehrlichia chafeensis* の遺伝子が，本種とイスカチマダニ（*Haemaphysalis concinna*）から検出されている．

ヤマトマダニ

学　名：*Ixodes ovatus*

●分類・形態●

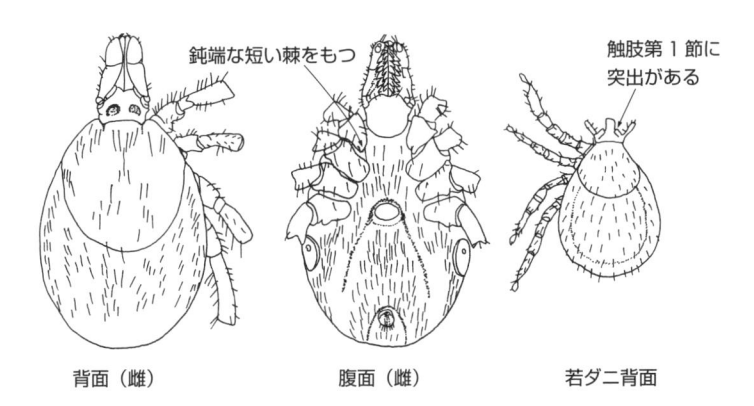

鈍端な短い棘をもつ

触肢第1節に突出がある

背面（雌）　　　腹面（雌）　　　若ダニ背面

　未吸血成ダニの体長は雌 3.2 mm, 雄 2.3 mm. 眼を欠き, 雌の背甲は長さと幅がほぼ同じである. 顎体部の触肢は円筒状で細長い. 第1脚には短小な内棘のみが存在する. 雌ダニの第1, 第2脚基節, 雄ダニの第1〜第3脚の基節, 若ダニの第2脚基節に認められる白色膜状の浮縁（eavelike elevation）の存在によって他種との区別は容易である. 若ダニでは触肢第1節に特異な突出部があり, シュルツェマダニとの鑑別に有用である. 成ダニの歯式は 2/2 である.

腹面（雌）
第1脚と第2脚の浮縁を矢印で示す

●分布●　国内では北海道から屋久島以北の各地に分布し, ロシア沿海州, 中国, 台湾, ミャンマー, ネパール, インド北部にも分布する.

●生態●　成ダニは大・中形動物に, また幼ダニ・若ダニは野鼠類, モグラ類に多く寄生する. 放牧牛では, 成ダニが眼瞼や顔面に寄生するケースが多く見られる. ヒトの寄生例もきわめて多く, ウシ同様に頭部の寄生例が多い.

●病害●　小型ピロプラズマ病の病原体 *Theileria orientalis* の経発育期伝播は否定された. 人体寄生例の報告も多く, 紅斑熱リケッチアや野兎病の経発育期的な伝播に関与する. 本種から猫伝染性貧血（feline infectious anemia）の病原体である'*Candidatus* Mycoplasma haemominutum' の DNA が検出され, 日本で本種による経発育期伝播が起きている可能性が示されている.

3.3　衛生動物として重要なダニ類

シュルツェマダニ

学　名：*Ixodes persulcatus*

●分類・形態●

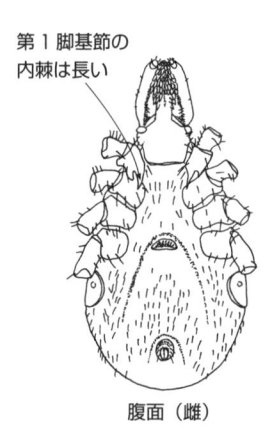

第1脚基節の内棘は長い

背面（雌）　　　腹面（雌）

ヒトの皮膚に寄生したシュルツェマダニ

　ヤマトマダニよりも大形のマダニである．雌ダニの背甲は縦長の卵形．第1脚基節の内棘はかなり長く，未吸血個体では第2脚基節に重なるほど．基節の後縁毛は3〜7本．気門板はタネガタマダニよりも細長い卵形．歯式は3/3である．本種，タネガタマダニ，国外の *Ixodes ricinus*, *I. pacificus*, *I. scapularis* などの近縁14種は，*Ixodes* 亜属 *I. ricinus* 群としてまとめられている．この群は病原体媒介能に共通性が認められ，マダニ媒介性の人獣共通感染症の媒介者としてはもっとも重要である．日本では，1940年代までは本種が *I. ricinus* と誤認されており，タネガタマダニの和名があてられていたので，古い文献を読む際には注意が必要である．

●**分布**●　国内では北海道から西日本の，とくに山岳部に多く分布する．西南日本における古い採取報告にはタネガタマダニの誤同定が多い．国外では朝鮮半島，中国北部，シベリアからヨーロッパ北部にかけて広く分布する．

●**生態**●　成ダニはウシ，ウマ，ヒツジ，シカ，ウサギ，イヌ，ネコ，ヒトなど種々の動物に，とくに脚部や尾部を好んで寄生する．幼ダニ・若ダニは小動物のトカゲ，野ネズミ，鳥類に寄生する．

●**病害**●　日本のヒトのライム病ボレリアの病原体（*Borrelia garinii*，*B. afzerii*）の媒介者として重要なほか，ロシアではマダニ媒介性脳炎（tick-borne encephalitis；TBE）の極東型とシベリア型のウイルスの重要な媒介者．ロシアでは春夏脳炎，野兎病も媒介．また各種エールリッヒアの媒介者としての可能性が疑われている．ロシアでは紅斑熱リケッチアの 'Candidatus Rickettsia tarasevichiae' が本種から分離されている．

●**近縁種**●

タネガタマダニ（*Ixodes nipponensis*）：*Ixodes ricinus* 群に属し，前種に成ダニの形態が酷似する．おもな区別点は，雌ダニの第1脚基節の内棘は長いが，未吸血状態でも第2脚の前縁に届く程度であること，基節後縁毛は2～5本であることなどである．成ダニは多くの大・中形の哺乳類やヒトに寄生し，幼ダニ・若ダニは小動物（カナヘビでは特異的）に寄生する．北日本から南西諸島まで分布し，平地・山麓に多い．紅斑熱群リケッチアの *Rickettsia akari* 媒介が疑われている．シュルツェマダニが採集されない韓国では，本種からヒトのライム病病原体（*Borrelia garinii*，*B. afzerii*）が分離されるが，日本産のものからは分離されず，アジアにおけるライム病疫学の謎とされる．

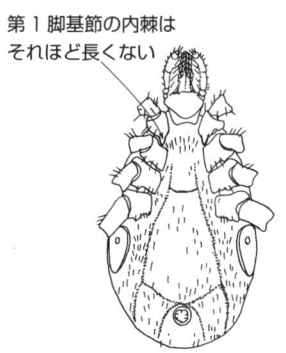

タネガタマダニ（雌）腹面

第1脚基節の内棘はそれほど長くない

オウシマダニ

学　名：*Rhipicephalus*（*Boophilus*）*microplus*
英　名：cattle tick, tropical cattle tick, sothern cattle tick, common cattle tick

● 分類・形態 ●

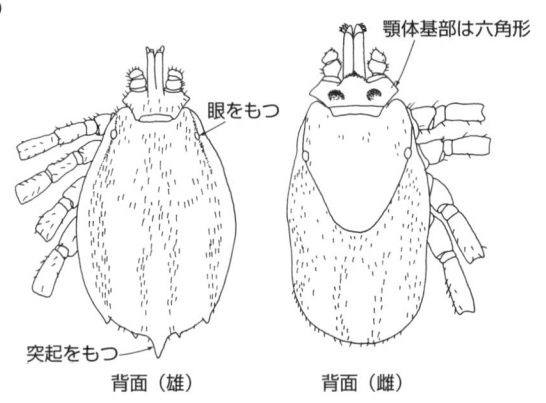

（図：背面（雄）、背面（雌）、眼をもつ、顎体基部は六角形、突起をもつ）

　未吸血成ダニの体長は雌 2.5 mm，雄 1.7 mm．成ダニは眼を有し，顎体基部背面は六角形で，触肢は圧縮され短小で各節がくびれる点が特徴的である．雌の背甲は後半が狭く亜五角形である．雄は胴部後端に尾状突起（caudal appendage）をもち，肛門の両側には 2 対の肛門板（adanal plate と accessory plate）を備える．歯式は 4/4 である．

● 分布 ●　東南アジア起源．現在では世界の亜熱帯，熱帯地域で飼養されているウシやウマを中心に最大の分布域をもつマダニである．日本では 1996 年まで沖縄に分布し，バベシア症とアナプラズマ症の伝播によって畜産に深刻な打撃を与えていたが，薬浴，ポアオンなどによる殺ダニ剤の効果的使用によって，九州本土と沖縄からは駆逐された．しかし，鹿児島の南西諸島の一部には現在も分布し，韓国，台湾，中国でも見られることや，本種ではとくに殺ダニ剤抵抗性系統が頻発することなどから，清浄化を達成した沖縄などに本種が再侵入し，土着化する危険性は小さくない．

● 生態 ●　1 宿主性でもっぱらウシに寄生する．幼ダニがウシに寄生後，3～4 週間で飽血雌ダニがウシから落下し地上で産卵する．ウマ，スイギュウのほかに，例外的寄生としてヒツジ，イヌ，アフリカではライオン，ニワトリ，沖縄の西表島ではイリオモテヤマネコで寄生例がある．

● 病害 ●　ウシの *Babesia bigemina, B. bovis, Anaplasma mariginale*，ウマの *Babesia caballi, B. equi*（近年は *Theileria* 属に含められることもある）などの法定伝染病の病原体を媒介する．ほかに Q 熱やボレリアの媒介能も知られている．小型ピロプラズマ病の病原体である *Theileria orientalis* を経発育期的に伝播する可能性は否定されている．

クリイロコイタマダニ

学　名：*Rhipicephalus sanguineus*
英　名：brown dog tick

●分類・形態●

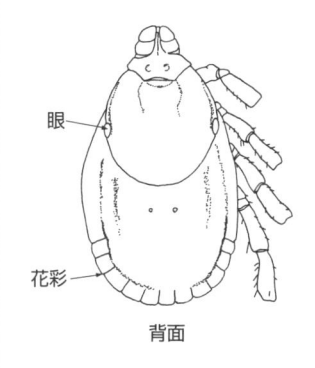

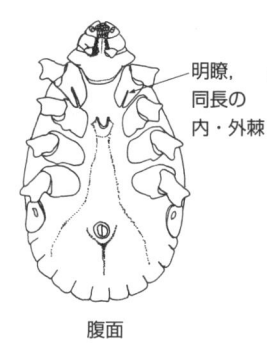

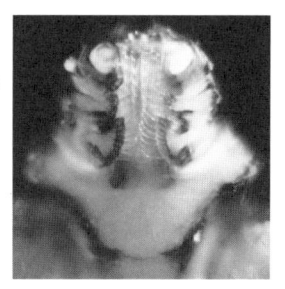

眼
花彩
背面

明瞭，同長の内・外棘
腹面

雌の顎体部の腹面
触肢はオウシマダニのように小型化していない

　成ダニは全体が栗色であることから，和名の「クリイロ」がある．未吸血成ダニの体長は約3mm．眼と花彩を有し，顎体基部背面は六角形で，口下片の歯式は3/3．触肢は*Boophilus*亜属のように短くない．第1脚基節は大きく割けて内棘と外棘に分かれる．雄は肛門の両側に2対の肛門板を備えるが尾状突起を欠く．気門板は近隣の花彩よりも幅の狭い尾状の突出部を有する．*Rhipicephalus*亜属に帰属し，近縁種とともに*sanguineus*群を構成するが，生殖門が大きなU字状である点がほかと異なる．
●分布●　おそらく世界でもっとも分布範囲の広いマダニで，熱帯から温帯の世界各地で見られ，日本でも沖縄から西日本一帯に分布している．
●生態●　3宿主性でもっぱらイヌに寄生するが，ウシなどの家畜，野生動物など中・大形の哺乳類，地表生活性の鳥類にも普通に寄生する．ヒトの寄生例は幼ダニが多い．成ダニと若ダニはイヌの耳，頸部，肩に多く寄生し，幼ダニは腹部，とくに脇腹に寄生する．チマダニやマダニに比べてはるかに乾燥に強く，ステンレス製の犬舎や家屋の隙間などでも変態や産卵が可能．人為的環境によく適応したendophilic tickである．
●病害●　さまざまなイヌの住血微生物病を媒介する．すなわち，*Babesia canis*, *B. gibsoni*によるバベシア症，*Eherlichia canis*によるエールリッヒア症，血小板寄生性の*Anaplasma platys*によるアナプラズマ症，*Hepatozoon canis*によるヘパトゾーン症，*Haemobartonella canis*によるヘモバルトネラ症などを媒介し，世界的にはもっとも重要なイヌ寄生性のマダニである．ヒトの*Rickettsia conori*による地中海地域のボタン熱，北米のロッキー山紅斑熱や回帰熱などの媒介者にもなっている．

ナガヒメダニ

学　名：*Argas persicus*
英　名：fowl tick

● 分類・形態 ●

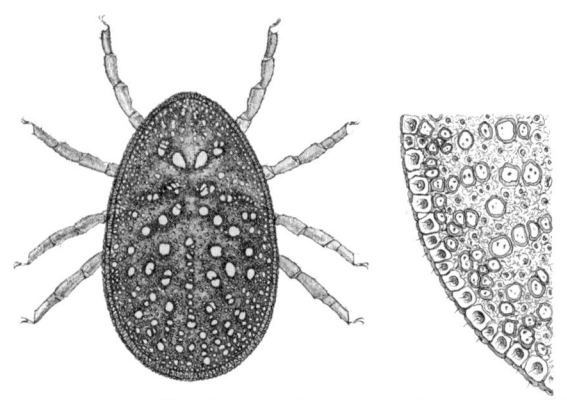

左：背面（雌）　　右：背面が腹面に移る境界部分．1列四角形の小室の連なりが明瞭
[G.M.Kohls et al., Annals of The Entomological Society of America, Vol.63, No.2, p.590-606, *Argas persicus* (Fig.1, Fig.3), 1970]

体の前半部が狭い鶏卵形でヒメダルマに似る．胴体部の背面の皮膚は，乳頭様突起，線状や円盤状の隆起で覆われる．背面が腹面に移る境界部分（縫合線）はすべて1列の四角形の小室（cell）が連なり，その数は最大で100を超えない．また小室には1個の剛毛が備わる．鳥類寄生性のものは *Argas* 亜属と *Persicargas* 亜属に包含され，本種は後者に分類される．

● 分布 ●　旧世界と新世界にまたがる世界各地の熱帯，温帯地方に広く分布する．

● 生態 ●　ニワトリ，シチメンチョウ，ハト，アヒル，カナリアなどの鳥類に寄生し，ヒトにも寄生する．雌ダニは1か月に1回の割合でくり返し（7回前後）吸血し，吸血のたびに20～100個の卵を卵塊として産下する．産卵は，多くが乾燥した宿主の飼育場所や巣穴，これらの近くの隙間で行われ，卵は約3週間で幼ダニに孵化する．幼ダニは鳥類の翼下の腹部を好んで吸血し，その吸血時間は5～10日間である．飽血・落下した幼ダニは，約1週間で第1若ダニに脱皮する．若ダニと成ダニの吸血時間は短く，最大でも1時間を超えることは少ない．第1若ダニは夜間に吸血し，飽血・落下後10～12日で第2若ダニになる．その後も吸血・脱皮をくり返して成ダニとなる．成ダニは吸血なしで3～5年間の生存が可能である．

● 病害 ●　ニワトリは本種の寄生によって，寄生部位はひどく刺激されて不安状態になり，貧血や失血によって死亡することがある．重度感染ではボツリヌス症に似た麻痺症が起きる．ニワトリの *Borrelia anserina* や *Aegyptianella pullorum* を媒介する．

3.3.2 その他のダニ類 mite

A. 中気門類 Mesostigmata

　数万種にも達するおびただしい種類のダニ類で構成される中気門目は，トゲダニ類ともよばれ，生態も自由生活性，捕食性，寄生性，吸血性などきわめて多様である．ワクモ，トリサシダニ，イエダニ，トゲダニ，イエバエに寄生するハエダニ，ミツバチの害虫のミツバチヘギイタダニ，イヌハイダニなどが含まれており，獣医衛生における重要性は高い．

　中気門目のダニ類は，胴体部の腹部脚域に1対の気門と周気管があり，顎体部直後の正中に叉状突起（tritosternum）をもち，ごく一部の種を除き胴部剛毛が列をつくって生じるという共通の特徴を有する．胴体部には，多くの場合，剛毛が列をなして生じるとともに，背板，胸板，生殖板，腹板（生殖板と腹板が癒合したものは生殖腹板（genital-ventral plate）とよばれる），肛板などのダニの種類によって異なる形態をした肥厚板があり，生殖板には生殖門，肛板には肛門がそれぞれ備わる（図3.31）．

　ヤドリダニ上科（Superfamily Parasitoidea）には，ワクモ科（Dermanyssidae），オオサシダニ科（Macronyssidae），トゲダニ科（Laelaptidae），ハイダニ科（Halarachnidae），ハナダニ科（Rhinonyssidae），ハエダニ科（Macrochelidae），ヘギイタダニ科（Varroidae）などの医・獣医学上の重要種が数多く含まれている．

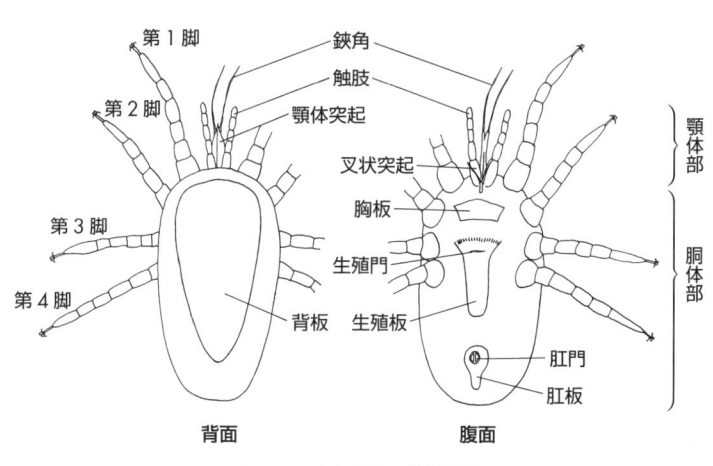

図 3.31　中気門類の体制模式図

ワクモ

学　名：*Dermanyssus gallinae*
英　名：red mite, chicken mite, roost mite, poultry red mite

●分類・形態●

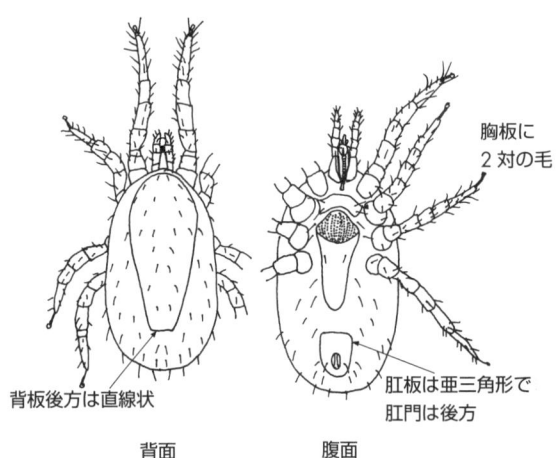

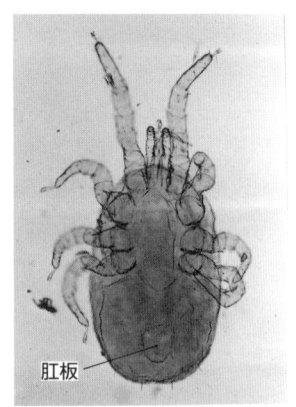

図中ラベル：
- 背板後方は直線状（背面）
- 胸板に2対の毛
- 肛板は亜三角形で肛門は後方（腹面）
- 肛板

　ともにニワトリを吸血・加害するトリサシダニとの異同が常に問題になる．両種の鑑別点は p.94 にまとめた．本種はワクモ科ワクモ属に帰属し，トリサシダニよりも大形で，雌成ダニの体長は未吸血時で 0.8〜0.9 mm，飽血個体では 1.0 mm を超す．また体色も異なり，赤色（red mite の名の由来）から黒色のことが多い．雌ダニは，触肢は細長く歩脚状で，鋏角が針のように細長い鞭状であること，背板は単一で卵円形であるが，後縁はほぼ直線状で，後端は胴体部の後縁に達しないこと，胸板は幅広で後縁は内湾し，2対の毛をもつこと，生殖腹板の後端が丸く終わること，肛板は丸みを帯びた亜三角形で，肛門は肛板の中心部より後方に開口することなどの形態を有することで，トリサシダニなどの近縁種と識別できる．雄ダニでは，胸板，生殖腹板，肛板が融合して腹面板となり，第4脚基節後方で左右に弱く膨れる．

●分布●　世界各地に分布する．春から秋にかけて盛んに活動し，冬季は不活発になるが，気温が 25℃以上であれば周年発生できる．

●生態●　鳥類寄生性であるが，現在，本種のヒト寄生例 avian mite dermatitis の世界的な増大が問題化している．ニワトリのほかに，ハト，カナリアなどの飼い鳥，スズメなどの多くの野鳥に寄生する．ニワトリには全身性に寄生する．養鶏場への主要な侵入経路は，ダニが付着した器材，衣服などによる持ち込みである．好条件下では

7～8日で1世代が完了する．雌成ダニは吸血後1～3日で，鶏舎やケージなどの人目につかない物陰やリターのなかで1回に4～7個の卵を産下する（off hostの産卵）．卵は1～2日で孵化し，3対の歩脚をもつ幼ダニとなるが，幼ダニは吸血することなく第1若ダニに変態する．第1，第2若ダニと成ダニが吸血性であり，若ダニは1～2日で次の発育期に変態する．ワクモは，低温度条件では飢餓状態でも半年～9か月は生存可能であり，空調の整った鶏舎では周年発生する．幼ダニ以外の発育期のダニは，昼間は物陰に隠れているが，夜間になると宿主上に移動して吸血をはじめるという特徴のある習性をもつが，日本やヨーロッパでは1990年代以降，鶏体常在性のワクモの出現が報告され，問題となっている．殺虫剤抵抗性（とくに養鶏で頻用されるピレスロイド抵抗性）のワクモの出現も大きな問題になっている．

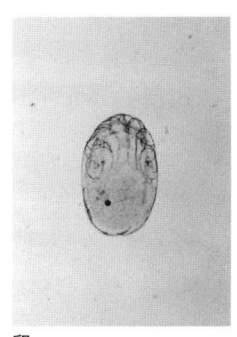

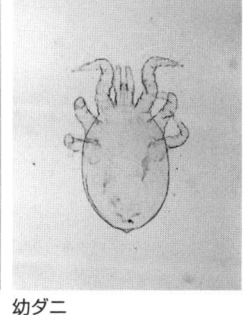

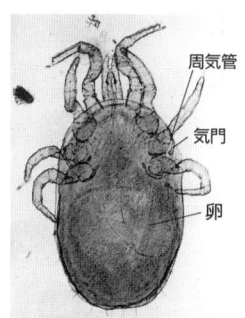

卵
卵内容にはすでに脚の形成が見られる

幼ダニ
脚は3対

成ダニ
脚は4対

周気管
気門
卵

●**病害**● 近代的養鶏場ではワクモの発生が激減した時期があったが，近年，世界的にワクモの発生の増大・拡大が報告され，一部の先進国ではトリサシダニ以上に重要な採卵鶏の害虫になっている．とくに養鶏場の作業者への寄生が，養鶏作業者の不足要因として世界的に深刻な問題となっている．ワクモが発生した養鶏場では，ダニ吸血のために夜間に鶏が安静を保たなくなり，重度寄生では，貧血，衰弱，産卵低下に加えて，失血による死亡例もある．このような鶏舎では，壁や器具にワクモの排泄物が白い斑点として観察される．

ニワトリのスピロヘータの媒介，豚丹毒菌の媒介が報告されているほか，鶏痘，ひな白痢，鶏チフス，ニューカッスル病伝播の可能性も疑われている．

ヒトのリケッチア痘（小水疱型リケッチア症）の病原体 *Rickettsia akari* は，ワクモの近縁種であるネズミサシダニ属のハツカネズミダニ（*Allodermanyssus sanguineus*）によって媒介される．

トリサシダニ

学　名：*Ornithonyssus sylviarum*
英　名：northern fowl mite

●分類・形態●

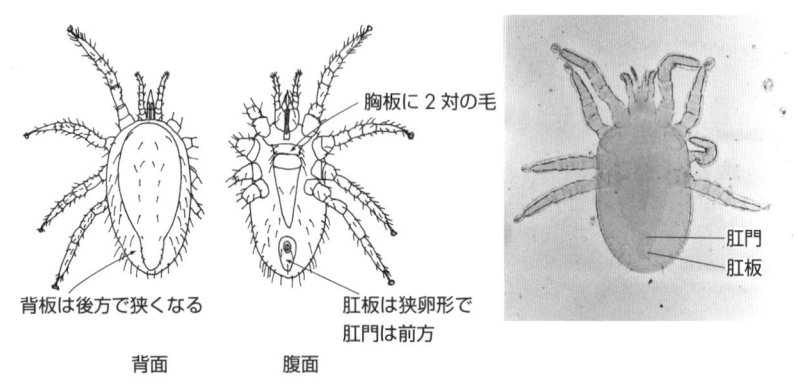

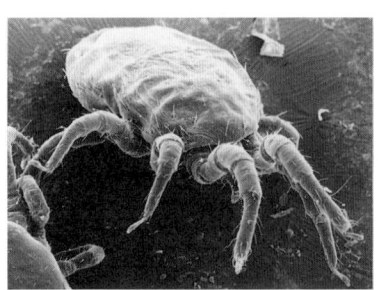

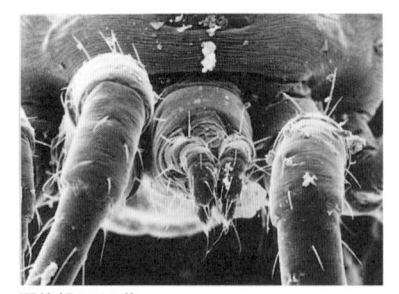

胸板に 2 対の毛

背板は後方で狭くなる

肛板は狭卵形で
肛門は前方

肛門
肛板

背面　　　　腹面

SEM 像　　　　顎体部 SEM 像

　形態はワクモに似るが，オオサシダニ科イエダニ属に帰属する．雌成ダニの体長は 0.6 〜 0.7 mm でワクモよりも小形で，体色は白灰色〜深赤色を呈する．雌ダニでは，背板は単一で細長い狭卵形．胸板は幅広のはしご形であり，胸板毛は 2 対．背板や腹板以外の剛毛は近縁のイエダニよりもはるかに少ない．生殖腹板は倒三角形で後端で細まり尖る．肛板は卵円形で，肛門は肛板の前半部に開口する．顎体部の鋏角は針状でなく，全長で幅は同等で，はさみ状の先端（指状部）が明瞭であるなどの形態上の特徴を有する．雄ダニでは単一の腹面板が見られるが，これがワクモのように左右に膨れることはない．

●**分布**● 世界各地の温・寒帯に普通に分布する．季節消長と気温は密接な関係を示し，夏季には少なく冬季から初春に大発生する．空調設備の完備した養鶏場では周年発生も見られる．

●**生態**● ニワトリ，シチメンチョウなどの家禽をはじめ，野鳥やネズミなどの齧歯類，ヒトにも好んで寄生する．宿主どうしの接触で伝播し，養鶏場への主要な侵入経路は，寄生鶏，ダニが付着した飼育用具・機械，養鶏関係者の衣服などによる持ち込みや，野鳥やネズミによる汚染もある．ワクモと異なり，生涯を宿主体上で過ごし，昼夜の別なく宿主を吸血する．1世代の長さは6日前後であり，幼ダニは吸血することなく第1若ダニに脱皮する．第1若ダニは吸血して第2若ダニになるが，第2若ダニはワクモと異なり吸血することなく1日以内に成ダニに脱皮する．吸血した雌成ダニは，1～2日後に2～3個の卵を宿主体上に産む（on hostの産卵）．39℃以上では産卵や卵の孵化は不可能になるが，宿主を離れた飢餓状態でも数週間は生存できる．

雄鶏に寄生した場合のほうがテストステロンの影響で世代交代が早く進み，増殖率が高い．また雌雄のニワトリ間では，ダニの寄生部位に若干の相違があり，雄では体全面に寄生するが，雌（とくに断嘴した個体）では肛門周辺や口器周辺に多い．このため，産卵鶏ではこれらの部位が，虫体，卵，脱皮殻，ダニの排泄物などにより黒褐色を呈し，鶏糞による汚れと見誤り，ダニの寄生を見逃すことがある．

●**病害**● 吸血による刺激と貧血のため，発育阻害，産卵・増体重の減少，衰弱が見られ，重度の寄生例ではニワトリの失血死もまれではない．雄鶏では繁殖に対する害が大きい．雌鶏では中等度の寄生でも10%前後の産卵量の低下が認められる．なお，鶏痘やニューカッスル病などのウイルスをトリサシダニから分離した報告があるが，実験的に証明した報告は少ない．養鶏場の作業者への寄生や，産卵された卵の卵殻上にダニが付着し，商品価値を下げることなども大きな問題である．

●**近縁種**●

ネッタイトリサシダニ(*Ornithonyssus bursa*)：英名は tropical fowl mite．大きさ，形態，生態はトリサシダニに似るが，ワクモと同様に off host の産卵が可能．胸板上の剛毛が3対である点がトリサシダニやワクモと異なっており，重要な鑑別点となる．ニワトリや種々の野鳥に寄生する．日本では伊豆諸島の青ヶ島の鳥寄生が報告されているのみであるが，世界各地の温帯に分布し，欧米ではニワトリの害虫として重要である．

ワクモとトリサシダニの鑑別点

項目		ワクモ	トリサシダニ
形態	雌成ダニの大きさ	未吸血 0.9×0.5 mm 吸血 1.0×0.6 mm	未吸血 0.6×0.4 mm 吸血 0.8×0.5 mm
	背板	後方に向かってやや細くなり，後部は直線状	卵形で，後方側縁は急に細くなる
	肛板および肛門	肛板は三角形で，前縁は直線状，肛門は肛板の後方に開口	肛板は卵円形，肛門は肛板の前方に開口
	鋏角	雌では剛針状	雄・雌ともに先端ははさみ状
生態	発育期間　卵期間 　　　　　卵→成ダニ 　　　　　吸血→産卵 　　　　　（産卵数）	1〜2日 8〜9日 1〜3日 4〜7個	1〜2日 5〜7日 1〜2日 2〜3個
	吸血ステージ	第1・第2若ダニ，成ダニ	第1若ダニ，成ダニ
	おもな寄生部位	全身	肛門周辺，頭部，重度のものでは全身
	生息場所	昼間は鶏舎の柱，壁の割目などに隠れ，夜間に吸血	常に鶏体上にいて，昼夜の区別なく宿主を襲う
	産卵場所	鶏体外の鶏舎，ケージなど	鶏体上
被害		春〜夏に多い 幼雛で被害が大きい	秋〜冬に多い 成鶏，とくに雄に多く寄生

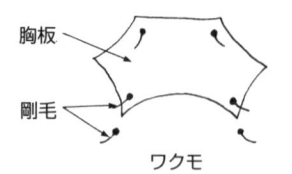

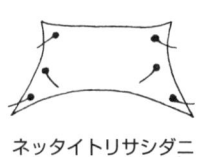

胸板の形と胸板上の剛毛の位置（ワクモ／トリサシダニ／ネッタイトリサシダニ）
[Bakerから参考作図]

イエダニ

学　名：*Ornithonyssus bacoti*
英　名：tropical rat mite

●分類・形態●

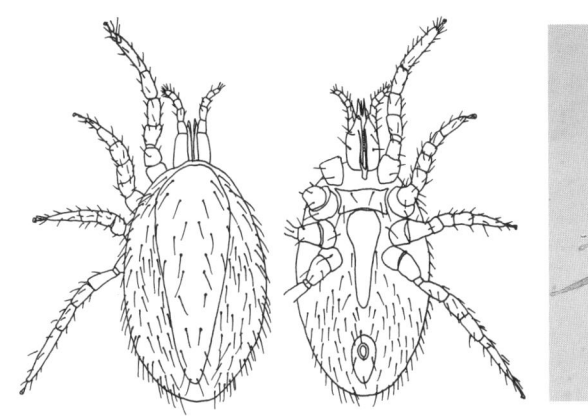

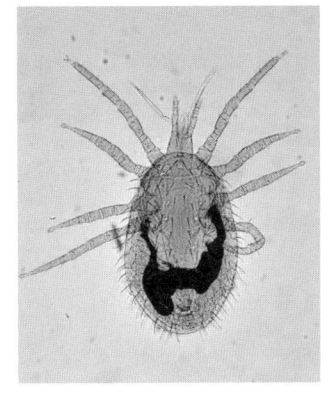

雌
[Baker からの参考作図]

　体長 0.7 mm 前後の長卵形をしたダニで，吸血すると丸みを帯びる．体色は未吸血時には白色であるが，吸血すると赤～暗赤色に変わる．同属のトリサシダニとは，背板がさらに細長いこと，洋ナシ状の肛板の中央両側にある 1 対の毛（側肛毛）は肛門よりも後方に位置すること，胸板はほぼ台形で 3 対の毛があることなどの点で区別される．生殖腹板は後方が次第に細くなり後端がやや尖ることや，鋏角は細長く鋏指には歯も毛もないといった特徴もある．

●分布●　世界各地の温帯，熱帯域に分布する．

●生態●　本来はドブネズミなどのネズミに寄生するダニで，夏季に一般家庭，倉庫，レストラン，劇場，学校などで，ネズミの巣に大発生して，ヒトを激しく吸血し，問題になる．イヌの寄生例もある．卵の大きさは雌雄で異なり，大きな卵は雌，小さな卵は雄になる．第 1 若ダニと成ダニのみが吸血性である．発育は温度依存性で，夏季では 4～5 日，晩秋では 16～21 日で卵から成ダニになる．雌ダニの寿命は約 90 日で，その間にほぼ毎日吸血し，そのたびに 10 個前後の卵を産む（一生では 120 個前後）．無交尾でも産卵と孵化が可能な産雄性処女生殖が可能である．

●病害●　吸血とそれによる皮膚炎，貧血および病原体の伝播が問題となっている．実験的には，ネズミチフス，Q 熱，ペスト，野兎病，リケッチア痘，東部（西部）馬脳炎などの病原体を媒介するが，これらの自然界における媒介事例は不明である．

ネズミトゲダニ

学　名：*Laelaps echidninus*
英　名：spiny rat mite, rat mite

●分類・形態●

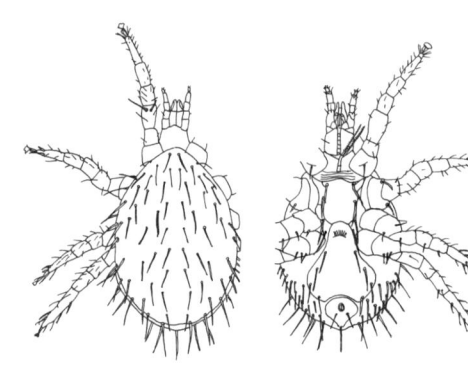

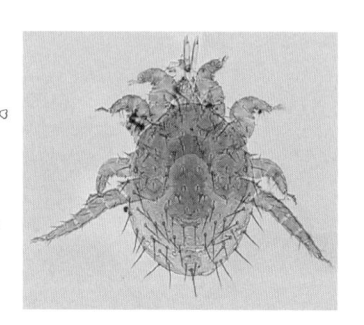

[Standmann & Mitchell から参考作図]

　日本産トゲダニ属では最大種である．雌成ダニは体長1mm内外で，卵円形．体色は暗褐色．体表が著しく角質化し，顕著な剛毛を生じる．背板は1枚であり，胴体部のほぼ全体を覆う．生殖腹板は4対の毛をもち，第4脚基節後方で左右に大きく膨れてだるま状を呈するとともに，その後縁は肛板前縁を囲んで湾曲する．肛板は生殖腹板に近接し，3本の主毛のみを生じるが，側肛毛（2本）は肛板後端に届く長さをもち，後肛毛（1本）の約半分の長さである．

●分布・生態●　世界各地に分布する．クマネズミ（*Rattus*）属のネズミ（とくに住家性）に限定的に寄生する．おもに夜間に吸血する．卵胎生で，幼ダニは吸血せず，第1・第2若ダニ，成ダニが吸血性である．成ダニになるのに最低16日を要する．寿命は60〜90日．

●病害●　自然界における *Hepatozoon muris* 原虫の媒介者であり，実験的には野兎病も伝播可能である．南米では，南米出血熱の病原体 Junin virus が分離されている．

●近縁種●
ホクマントゲダニ（*Laelaps jettmari*）：アカネズミやヒメネズミなどの *Apodemus* 属のネズミに多く寄生し，シベリア，朝鮮半島で発生するヒトの流行性出血熱（腎症候性出血熱）を伝播する（高田はアカネズミ特異性が高いことに注目し，本種にアカトゲダニという和名を提唱している）．

イヌハイダニ

学　名：*Pneumonyssus caninum*
英　名：dog nasal mite

●**分類・形態**●　ハイダニ科ハイダニ属のダニで，哺乳類の呼吸器系（肺，気管，咽頭，鼻腔）や前頭洞に寄生する．雌成虫は淡黄色，卵形で小さく，体長 1.0 〜 1.5 mm．背板はほぼ狭卵形で最大幅は中央部よりも前方にあり，周縁は角化が弱く，不規則な凹凸がある．背板毛は 4 対または 6 対．胸板は縦長で 3 対の毛をもつ．生殖板や胴部剛毛は退化または消失する．第 1 歩脚に角質化した褐色の爪があり，その他の歩脚には 2 本の長い爪と肉盤がある．周気管の長さは直径の数倍内外あり，周気管がきわめて短いサルハイダニよりもやや長めである．

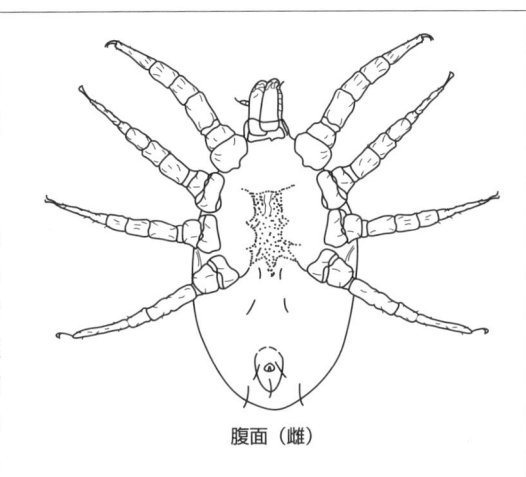

腹面（雌）

●**分布**●　北米，ハワイ，オーストラリア，アフリカなどに分布し，日本でも見られる．

●**生態**●　寄生はイヌの前頭洞，鼻腔内に多く，一般に肺や気管には見られない．伝播は感染犬の鼻孔から這い出た虫体がイヌどうしの接触によって他の個体に移ることによる．ハイダニの生活環には不明な点が多く残されているが，全発育環がイヌあるいはイヌ科動物の呼吸器系で完了すると考えられている．一般にハイダニ科のダニ類は幼虫で産まれる卵胎生であり，本種でも雌ダニ体内に幼虫を含んだ卵が普通に認められる．

●**病害**●　病原性は一般に低く，剖検時に発見されることが多い．重度の寄生例では，咳，くしゃみ，鼻汁増加，鼻血，流涙，食欲不振などが見られる．

●**類縁種**●

サルハイダニ（*Pneumonyssus simicola*）：英名は monkey lung mite．イヌハイダニよりも細長い長楕円形を示し，体長は 0.7 〜 0.8 mm．サルの肺実質に形成された小結節内に寄生し，アジア，アフリカから輸入されたアカゲザルにはきわめて普通．背板毛は 5 対あり，胸板が細長く，長さは幅の 2 倍以上に達し，3 対の毛を生じる．

ハエダニ

学　名：*Macrocheles muscaedomesticae*
英　名：house fly mite

● 分類・形態 ●

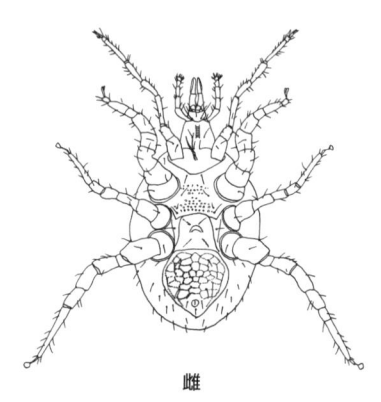

雌

　ハエダニ科ハエダニ属に帰属する．ハエダニ科は，第1歩脚に爪を欠く．周気管の基部は外側に湾曲して気門後部に接続するなどの共通の形態的特徴を有する．日本には本種を含むハエダニ属10種のほかに，ナガハエダニ属（*Holostaspella*）2種が分布する．雌ダニは体長1mm前後で，胴体部は茶褐色の背板に覆われている．生殖板には1対の棍棒状の肥厚部がある．生殖板の後縁は一直線．生殖板の両側には小さな後胸板が1対存在する．腹板と肛板は融合し，逆三角形の腹肛板を形成している．顎体突起が三叉状で，鋏角の歯が固定指に3個，可動指に2個あるなどの形態的特徴を有する．

● 分布・生態 ●　日本を含む世界各地に分布する．ゴミ集積場所，堆肥，腐植層で自由生活を営む．第1・第2若ダニと成ダニは，土壌線虫やトビムシ，有機物とともに，堆肥中に生息しているイエバエやヒメイエバエの卵と1齢幼虫を常食するので，ハエの天敵として有用（ダニ1個体が1日最大20個の卵を捕食するとされる）．一方，本種が昆虫の成虫（ハエなどのハエ目，食糞性のコウチュウ目やチョウ目の成虫）の体表に付着したものは寄生ではない．この場合も付着は鋏角を刺して行われるが，捕食活動は行われず，移動するための便乗（運搬共生：phoresis）にすぎない．産雄性単為生殖で増殖し，受精した雌は雌の子孫を産み，未受精の雌は雄を産む．卵から，幼ダニ，第1若ダニ，第2若ダニを経て，成ダニになるまでの日数は27℃では3〜4日である．

ミツバチヘギイタダニ

学　名：*Varroa destructor*
英　名：bee mite

●分類・形態●

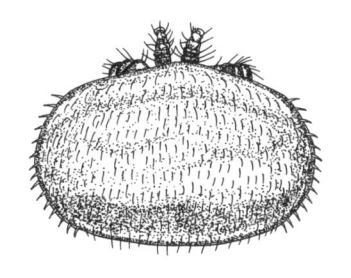

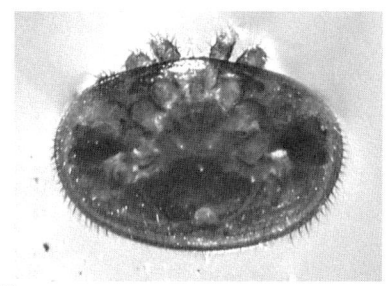

背面（雌）

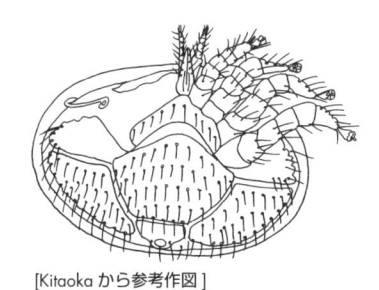

[Kitaoka から参考作図]

腹面（雌）

　ミツバチに寄生する．雌ダニは全体赤褐色，体長約 1.2 mm，体幅約 1.8 mm．雌ダニは横に幅広く，一見，カニを思わせる堅固な体の構造を有するので鑑別は容易である．背面は浅い貝殻状にゆるく彎曲し，腹面には中央部に上から胸板，生殖板，腹板，肛板を有し，4 対の脚は前方に相接して備わる．雄ダニと若ダニの形態は，雌ダニとは著しく相違し，円形の袋状で，体色は乳白色でハチの幼虫に似る．和名の「ヘギイタ」とは杉や檜の材木を薄く剥いだ「剥板」のことであり，本種の扁平な体形を表したもの．かつて日本に分布するとされていた *Varroa jacobsoni* は，東南アジアのトウヨウミツバチ（*Apis cerana*）に限定寄生する種であり，日本を含む世界各地のセイヨウミツバチ（*A. mellifera*）の加害種は *V. destructor* である．届出伝染病に指定される．

●分布●　原記載地はインドネシア．第二次世界大戦後にセイヨウミツバチに寄生するようになり世界各地に広がった．

●**生態**● ミツバチの幼虫，蛹，成虫の体表に寄生する．卵は巣内の壁に産みつけられ，卵内で幼ダニを経て若ダニに発育し，卵の孵化は若ダニの形で行われる．若ダニはハチの幼虫や蛹に寄生し，血リンパを吸って発育して成虫に変態し，雌ダニは若蜂に寄生して巣外に出る．常温では雌ダニは産卵後10日目，雄ダニは産卵後6日目に出現し，1匹の雌ダニは毎日約1個の産卵を行う．

●**病害**● ミツバチの幼虫や蛹が寄生されると，羽化できずに有蓋のまま死亡する．また，本種の寄生を受けた成蜂の多くは翅，脚，腹部の発育が不良な奇形蜂となって活動ができなくなる．また，細菌性疾病の媒介も明らかになっており，本種は養蜂業の大害虫である．本種の唯一の清浄地域であったオーストラリアでは，2008年に大発生があり，養蜂に大被害が生じた．その結果，オーストラリアからの花粉媒介用の蜂群の輸入が中断した日本のハウス栽培では，さらに大きな経済的被害が見られた（これは社会ニュースとしてマスコミでもとりあげられた）．このことは，獣医衛生害虫による加害が，畜産経営だけでなく耕種農業の悪化にまで及んだ事例として注目される．

●**関連種**●

アカリンダニ（*Acarapis woodi*）：ミツバチに寄生または巣内に生息する約30種類のダニのなかで，ミツバチヘギイタダニと並んで被害の大きな害虫である．本種の英名は tracheal mite であり，文字どおりミツバチ成虫の気管に寄生するとても小さなダニである．前気門目（Prostigmata）のホコリダニ科（Tarsonemidae）に属し，ヨーロッパや中南米などに分布する．届出伝染病に指定される．

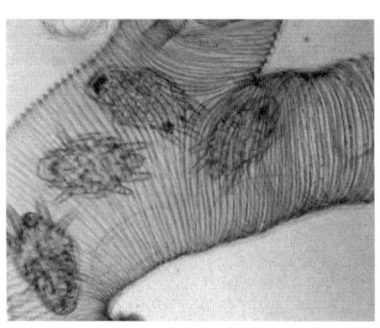

ミツバチ気管内のアカリンダニ
[中村　純博士提供]

B. 前気門類 Prostigmata（ツツガムシ類 Trombidiformes）

気門は胴体部の前端（顎体部の基部）に存在する．非常に大きなグループで，多数の種を含み，ハダニ，フシダニなどの農業害虫と，ツメダニ，ニキビダニ，ケモチダニ，ツツガムシなどの医学・獣医学的衛生害虫が包含される．

●一般形態●

成ダニの体長は 0.5 〜 1.0 mm くらいで体はやわらかい．一般に触肢はよく発達する（図 3.32, 図 3.33）．獣医学的に重要なものには，ツメダニ類，ニキビダニ類，ケモチダニ類，ツツガムシ類などがあるが，いずれも大形の触肢をもつ．外形は変形したものが多く，とくにニキビダニやケモチダニはきわめて特異な外形を示す．ツツガムシは幼ダニ期のみが寄生性であるが，幼ダニは若ダニ，成ダニとは形態が著しく異なる．すなわち，若ダニ，成ダニでは体にくびれがあり，胴体部や脚に毛が密生するが，幼ダニには体のくびれはない．

●病害●

ツメダニ，ケモチダニ，ニキビダニは種々の宿主の体表に寄生して皮膚炎を起こす．これらのうち，ケモチダニ類，ニキビダニ類は寄生生活に特化しているが，ツメダニ類は自由生活性のものと寄生性のものとがあり，寄生性のものも宿主特異性は高くない．ツツガムシはツツガムシ病リケッチアの媒介者となる．

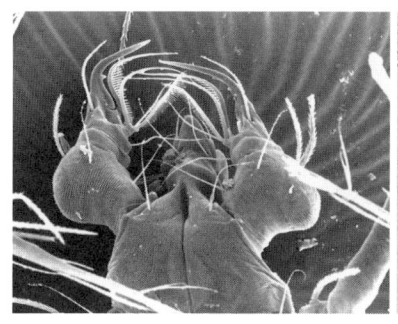

図 3.32 ホソツメダニ成虫の触肢（SEM 写真）

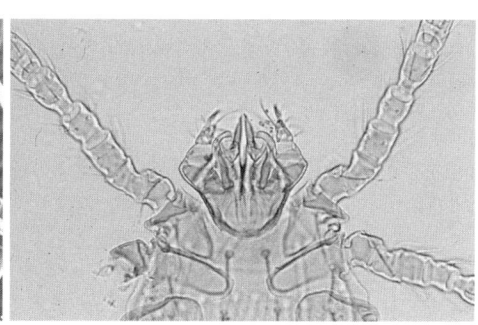

図 3.33 ツツガムシ幼虫の触肢

イヌツメダニ

学　名：*Cheyletiella yasuguri*
英　名：dog furmite

●**形態**●　成ダニは淡黄褐色で，雌 0.6 × 0.4 mm，雄 0.4 × 0.3 mm．触肢は短く強大で，先端に爪をもつ．胴体部前部背面には縁に5対の毛を有する背板がある．脚は短く，先端に爪はない．

●**分布・生態**●　広く世界各地に見られる．主としてイヌの皮膚表面に寄生するが，宿主特異性は必ずしも高くない．罹患犬は3〜15週齢の小型長毛種に多く，成犬での感染は少ない．卵，幼ダニ，前若ダニ，後若ダニ，成ダニの5期があり，全発育期を宿主の体上で過ごす．通常，皮膚に潜り込むことはなく，皮膚表面の死んだ細胞屑や組織液を摂取する．卵は宿主の被毛に繊維で絡めて産卵される．感染はおもに病犬との接触によるが，感染動物に使用したブラシ，毛布などからの感染もある．1世代は約1か月．

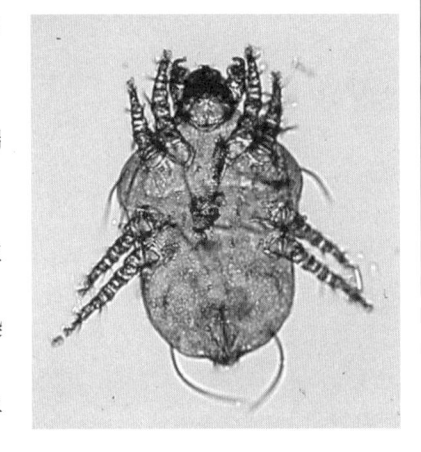

●**病害**●　成犬では一般に無症状のものが多いが，幼犬では重度の皮膚炎を起こすことがある．ふけが多量に生じ，被毛は光沢を失う．常に痒覚を伴い，病変部は耳翼背面，仙尾，会陰，腹部などに多く出現する．病変部の皮膚には白色〜黄褐色の湿性鱗屑が見られる．重症例では散発性脱毛や発育の遅れが見られることがある．ときにヒトへ感染して，激しい痒みや皮疹を起こす．

●**対策**●　殺虫剤の外用により駆除を行う．ツメダニ駆除を効能としている薬剤はないが，二硫化セレンの薬浴あるいはピレスロイド系ノミとりシャンプーの定期的な実施（いずれも1週毎6週間）が効果的である．ノミ，マダニ用スポットオン製剤も効果が期待できる．なお，重度の鱗屑，痂皮が認められる場合，これらの殺虫剤を用いるまえに抗脂漏性シャンプーで動物を洗っておくとよい．予防には感染動物の隔離と治療が重要である．

●**近縁種**●

ネコツメダニ（*Cheyletiella blakei*）：主としてネコに寄生する．柔毛深部，鼻周辺に多い．形態はイヌツメダニに類似するが，第1脚膝節に存在する感覚器の形態が異なり，コーン形を呈する．

ウサギツメダニ

学　名：*Cheyletiella parasitovorax*
英　名：rabbit fur mite

●**形態**●　成ダニはイヌツメダニときわめて類似し，体色は黄褐色で，雌 0.6 × 0.4 mm，雄 0.4 × 0.3 mm．顎口部はよく発達し，触肢は短く強大で，先端に爪をもつ．脚は短く，先端に爪はない．第 1 脚膝節の感覚器官はイヌツメダニがハート形であるのに対し，本種では球形ないし卵形を呈することで区別される．

●**分布・生態**●　世界的に分布し，日本でも見られる．主としてウサギに寄生するが，ネコ，イヌ，ときにヒトへの寄生も知られている．生活環はイヌツメダニとほぼ同様と考えられており，全発育過程を宿主の体上で過ごす．

●**病害**●　多くは無症状の場合が多いが，重度の感染では皮膚炎を起こす．病変は背部から肩甲部にかけての部位に多く出現し，脱毛，搔痒，痂皮形成（ふけの増加）などが見られる．病変部の皮膚には白色〜黄褐色の湿性鱗屑が見られる．ときにヒトへ感染して，激しい痒みと発赤を伴う紅斑や丘疹を起こすことがある．

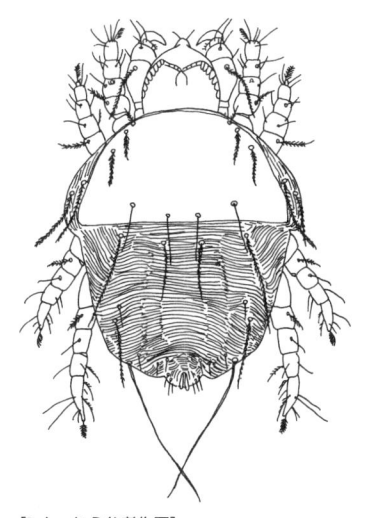

●**対策**●　殺虫剤の外用により駆除を行う．二硫化セレンの薬浴あるいはピレスロイド系ノミとりシャンプーの定期的な実施が効果的である．ただし，虫卵には効果がないので，1 週毎 5 〜 6 回の駆虫が必要である．ノミ，マダニ用スポットオン製剤の使用や，イベルメクチン注射（200 〜 400 μg/kg，2 週間毎 3 回）も効果が期待できる．予防には感染動物の隔離と治療が重要である．また，周囲環境からの感染も考えられるので，動物舎の床などにも屋内用殺虫スプレーを噴霧する．

[Baker から参考作図]

ホソツメダニ

学　名：*Cheyletus eruditus*

●**形態**●　成ダニの体長は，雌が 0.7 ～ 0.8 mm，雄が約 0.3 mm で，淡橙色を呈する．胴体部はほぼ円形で，背部に 2 枚の背板をもつ．顎口部はよく発達し，強大な触肢の先端に存在する爪には 2 つの飾爪がある．

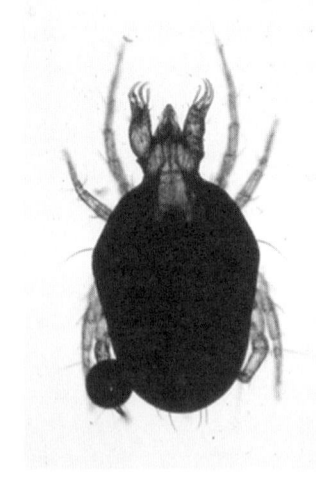

［芝から参考作図］

●**分布・生態**●　本州，四国，九州に分布し，ヨーロッパ，アメリカでも見られる．非寄生性のツメダニで，家屋内の畳，配合飼料，屋外のワラ積みなどで見られる．おもにコナダニ類，チャタテムシなど，他の自由生活性ダニや昆虫を捕食して生活する．行動は比較的すばやい．卵から成虫までの期間は約 20 日．

●**病害**●　屋内に多数発生すると，偶発的にヒトが刺され，強い痒みとともに赤色丘状の皮疹を起こす．新築住宅やマンションなど，湿気が残存している家屋での発生が多い．イヌやネコに対する病害は不明．

●**対策**●　湿気を好み，コナダニなどとともに飼料，食品中に発生するため，殺虫剤の直接散布は適当ではない．加熱，乾燥がもっとも推奨される．屋内被害がひどい場合には，畳，カーペットを乾燥したのち，その下にピレスロイド系の薬剤を散布する．

●**近縁種**●

フトツメダニ（*Cheyletus fortis*）：大きさ，形態ともホソツメダニに似るが，触肢の飾爪は 1 つ．本州，四国，九州に分布する．生態はホソツメダニと同様．

クワガタツメダニ（*Cheyletus malaccensis*）：体長は 0.3〜0.8 mm で，淡黄色を呈する．雄の触肢はとくに長く発達し，胴体部とほぼ同じ大きさで，クワガタムシの「クワガタ」に類似しているが，一部の雄や雌の触肢はフトツメダニのそれと類似しており，フトツメダニは本種と同種であるとの説もある．家屋内の畳に多く発生する．

アシナガツメダニ（*Chlatomorpha lepidopterorum*）：雌成ダニは体長 0.53 mm 内外で，体は淡橙色を呈する．脚は細長く，第 1 脚は体長より長い．本州，四国に分布する．

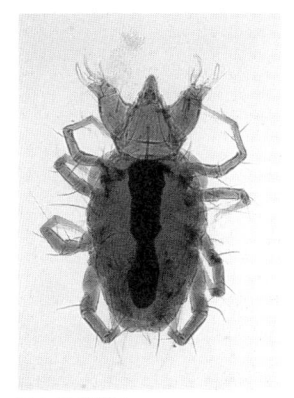

フトツメダニ

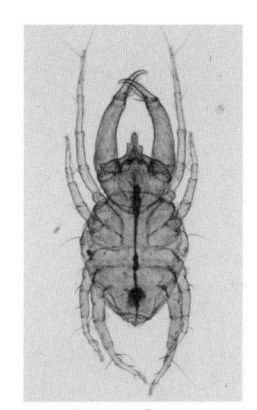

クワガタツメダニ

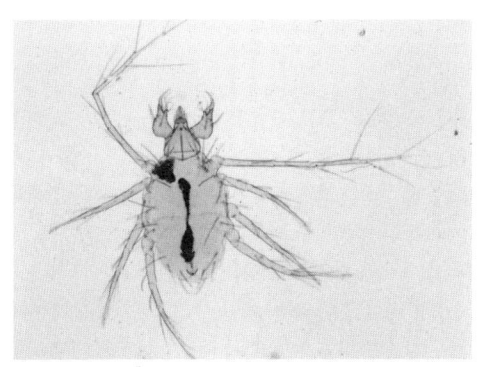

アシナガツメダニ

イヌニキビダニ

学　名：*Demodex canis*
英　名：dog face mite, dog hair follicle mite, demodectic mange mite
別　名：犬毛包虫，犬毛嚢虫，アカルス

●形態●　特異な形態を有し，体は細く，後胴体部が伸長して環紋を有する．脚はきわめて短い．顎体部は台形で，鋏角は針状を呈する．前胴体部腹面は4対の基節枝に区分され，雌の生殖器は第4基節板直下の中心に縦の割れ目として見られる．体長は雌成ダニで 0.25～0.30 mm，雄成ダニでは 0.22～0.25 mm．卵は不定楕円形ないし紡錘形で，大きさは 85～90 × 30～35 μm．

卵

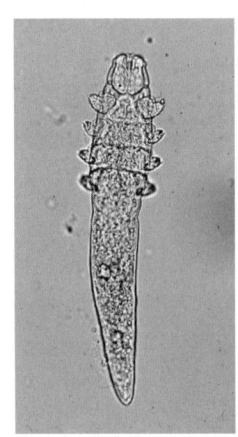

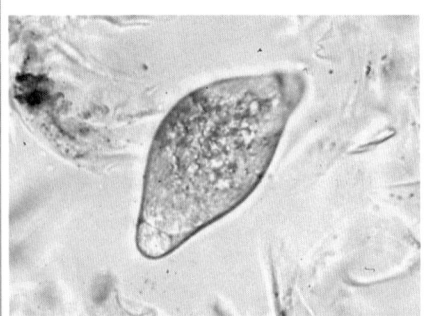

●分布・生態●　世界的に分布し，日本でも普通に見られる．本種はイヌの毛包，皮脂腺に寄生し，卵，幼ダニ，第1若ダニ，第2若ダニ，成ダニの各発育期があり，その全生涯を宿主の皮膚内で過ごす．第2若ダニと成ダニは運動性をもち，皮膚を移動するが，大幅な移動は行わないと考えられている．しかし，生活環の詳細は不明な部分も多い．毛包，皮脂腺に潜り込んだダニは頭部を下方に向けて宿主の組織を傷つけ，皮脂を食べて生活する．1世代はほぼ20～35日．他宿主への感染は病犬との直接接触によると考えられるが，とくに母犬から新生子犬への垂直伝播が主要なルートである．外界の環境変化に対しても比較的強い抵抗性を示すことが知られている．

●病害●　無症状のまま経過することも多いが，寄生により脱毛，落屑を起こし，あるいは細菌の二次感染を受けて化膿症を起こす（ニキビダニ症，毛包虫症）．イヌでは他の動物に寄生するニキビダニに比べて一般に症状が強い．ダニの多数寄生により，

皮脂腺は拡張，破壊し，脱毛をきたす．2〜10か月齢の幼犬に発症することが多く，3歳以上のイヌでは少ない．病状の違いは年齢のほか，品種，被毛の長さ，餌，ストレス，発情，血液タンパク異常，分娩，遺伝性因子など，さまざまな要因が関与していると考えられている．長毛種より短毛種に寄生が多く，犬種では，シベリアンハスキー，柴犬，パグ，ダックスフンド，シェットランド・シープドッグなどで感染が多いという．症状の初発は，眼，口の周囲，四肢端に多く見られるが，続いて起こる症状には落屑型と膿疱型の2型がある．落屑型では散在性の乾燥した円形脱毛が見られ，一部は全身に広がるが，若齢犬では多くが自然治癒する．掻痒はほとんどない．膿疱型では全身に広がるものが多く，脂漏症を発し，二次的な細菌感染症により，丘疹，膿疱を形成する．この場合には皮膚の肥厚，皺壁を生じ，さらに悪化すると，発赤，脱毛，膿瘍の形成，浸出液，角化層の欠損を生じ，皮膚は糜爛（びらん）症状を呈する．このような全身性ニキビダニ症は遺伝的細胞性免疫異常の介在（ダニ特異的なT細胞障害）が示唆されている．

●**対策**● 確定診断は虫体の検出であるが，患部から虫体を証明することは感染初期ではかなり困難である．一般には，病変部から毛包内の分泌物を絞り出し，それにオリーブ油を1滴滴下したのち強く掻きとって鏡検する．痂皮が多い場合には，20〜40％の割合でDMSOを加えた20％水酸化カリウム水溶液を検体に加え，圧平して鏡検する．また，病変部の被毛を数か所から採取し，毛根部のダニを検出する方法，メスを用いて表皮を深部までかきとって検査する方法などがある．

治療にあたっては，皮膚を保護することが重要である．細菌の二次感染防止に努め，殺虫をすすめると同時に栄養状態に注意し，宿主の成長に伴う感受性の低下を待つ．副腎皮質ホルモンの使用は禁忌である．近年使用されているイヌの殺ニキビダニ剤としては次のようなものがあるが，いずれも効能外使用のため，使用に際しては安全性に十分注意することが必要である．また，これらの治療に反応しない場合もしばしば起こる．

イヌ体表の落屑中に見られる多数のイヌニキビダニ

(1) イベルメクチン（ivermectin）：0.4〜0.6 mg/kgを24時間ごとに経口投与，または0.2〜0.5 mg/kgを毎週1回皮下注射する．ただし，本剤はMDR I 遺伝子に変異のあるイヌでは副作用を惹起しやすいので注意しなければならない．コリー

での中毒量は 0.1 ～ 0.5 mg/kg 程度であるとされている.
(2) ドラメクチン (doramectin): 0.6 mg/kg を週に 1 回ダニが陰性になるまで皮下注射する.
(3) ミルベマイシンオキシム (milbemycin oxym): 0.5 ～ 2.0 mg/kg を 24 時間ごとに経口投与.
(4) モキシデクチン (moxidectin): 0.2 ～ 0.4 mg/kg を 24 時間ごとに経口投与.
(5) アミトラズ (amitraz): 0.025 ～ 0.05%溶液を週に 1, 2 回患部に塗布する. 使用にあたっては副作用が起こる可能性があるので薬浴は避ける.

　細菌の二次感染がある場合には抗生物質を用いるが，その場合，あらかじめ感受性試験を行うことが必要である. また経過とともに感受性試験をくり返して行い，適宜抗生物質の種類を変えていく必要がある.

●近縁種●
Demodex injai：2003 年にイヌから記載された種で，体長は 270 ～ 410 μm と，イヌニキビダニに比べて大形で，後胴体部が長い. opisthosomal organ の有無，虫卵の大きさなどからもイヌニキビダニと区別できるとされているが，寄生部位に相違はない.

ネコニキビダニ (*Demodex cati*)：形態はイヌニキビダニに類似し，体長は 200 ～ 300 μm. ネコに寄生し，顔面，とくに眼周囲の脱毛をきたすが，一般に症状はきわめて軽微で，発症はまれであるが，FeLV，FIV などの免疫系基礎疾患があると発症しやすいという. ほかに，ネコに寄生する種として，後胴体部が短い *D. gatoi* が報告されている.

ニキビダニ (*Demodex folliculorum*)：ヒトに寄生する種で，体長は 280 ～ 350 μm. 好寄生部位は顔面の毛包内で，寄生率はきわめて高いことが報告されている（一説では 90%）が，一般には無症状のまま経過する. 副腎皮質ホルモンを投与されたときに悪化する例が知られている. ヒトに寄生するもうひとつの種として，後胴体部が短い *D. brevis* が記載されており，本種はもっぱら皮脂腺に寄生する. ほかに，ウマ，ウシ，ブタ，ヒツジ，ヤギなどからも類似のニキビダニの寄生が知られている.

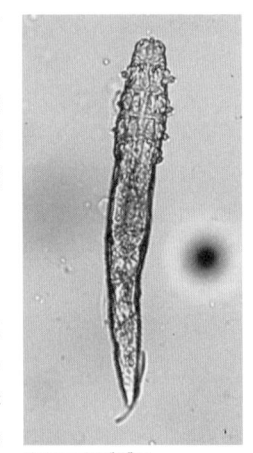

ネコニキビダニ

ハツカネズミ
ケモチダニ

学　名：*Myobia musculi*
英　名：mouse myobiid mite

●**形態**●　体形は細長く，各脚基部の部分がくびれているため，特徴的な外形を呈する．雌成ダニの大きさは約 0.4 × 0.2 mm で，雄ではやや小さい．第 1 脚は宿主の被毛をつかみやすいように著しく変形しているため，脚が 3 対のみのように見える．第 2 脚先端の爪は 1 本で，近縁の *Radfordia* 属との区別点となる．胴体部には多数の細かい皺状の紋理がある．

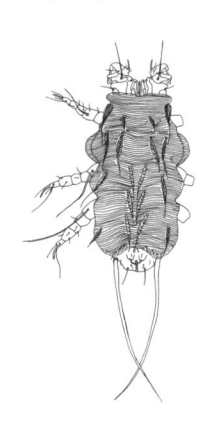

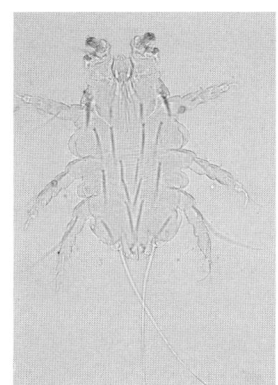

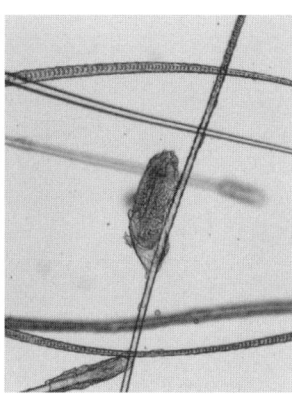

マウスの毛に産みつけられた卵

●**分布・生態**●　世界的に分布し，日本でも見られる．ハツカネズミの体表に寄生し，実験用マウスでも見られる．生活環のすべてを宿主の体上で過ごす．卵→前幼ダニ→後幼ダニ→前若ダニ→後若ダニ→成ダニの各発育期をとり，卵は約 150 × 60 μm で，一端に蓋をもち，宿主の被毛根部にセメント様物質で固着されて産みつけられる．卵から成ダニまでの発育期間はおよそ 2 週間である．

●**病害**●　ハツカネズミ（マウス）に皮膚炎を起こす．少数寄生では症状が出ないことも多いが，多数寄生では，後頭部から背部にかけての脱毛，掻痒が見られ，しばしば細菌による二次感染を引き起こす．マウスの系統間で感受性が異なることが知られている．ヒトへの寄生は知られていない．

●**対策**●　実験用マウスでは飼育管理を厳重に行うことが第一であるが，とくに新しい動物導入時の検疫が重要である．薬剤による治療を行わなければならないときは，ピレスリンあるいはピレスロイド剤の 5％懸濁液を用いた薬浴を行う．虫卵には効果がないので，3 日間 1 クールで少なくとも 5 回くり返して行う．

●近縁種●

ハツカネズミラドフォードケモチダニ（*Radfordia affinis*）：ハツカネズミケモチダニと並んでハツカネズミ（マウス）の体表に寄生する．本属のダニは第2脚先端の爪が2本であることで *Myobia* 属と区別される．雌成ダニは 0.4 × 0.3 mm．しばしばハツカネズミケモチダニとの混合感染が見られる．

イエネズミラドフォードケモチダニ（*Radfordia ensifera*）：野生ドブネズミ，クマネズミに見られるが，実験用ラットにも寄生する．雌成ダニは約 0.40 × 0.25 mm，雄成ダニは 0.35 × 0.20 mm．

いずれも病害，対策はハツカネズミケモチダニに準ずる．

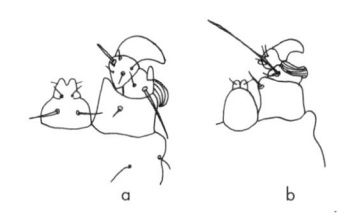

ハツカネズミラドフォードケモチダニ
a：雄第1脚腹面
b：雌第1脚背面

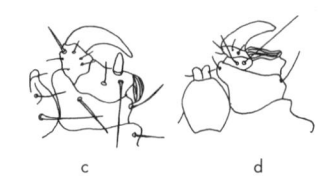

イエネズミラドフォードケモチダニ
c：雄第1脚腹面
d：雌第1脚背面
［内川から参考作図］

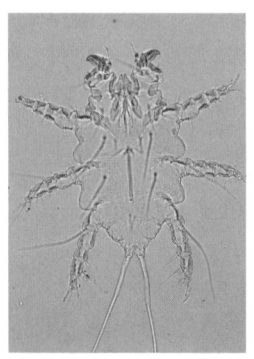

イエネズミラドフォードケモチダニ

ツツガムシ類

英　名：tsutsugamushi mite, tronbiculid mite

●**分類・形態**●　狭義のツツガムシ類はレーウェンフェク科（Leeuwenhoekiidae）とツツガムシ科（Trombiculidae）に属するダニをさすが，重要種はツツガムシ科に含まれる．卵→幼ダニ→若ダニ→成ダニの各発育期をとる．若ダニおよび成ダニの体長は1mm前後で，胴体部は前体部と後体部に区分され，体表にビロード状の短毛を密生している．幼ダニはほぼ円形の胴体部をもち，体長は0.2～0.3mm．背側前方には多角形の背板（背甲板）があり，そこに1対の感覚毛と数本の剛毛がある．これらは属あるいは種の同定の有力な手がかりになる．体色には白色，黄色，橙色，赤色など，さまざまなものがある．非常に多数の種を含むため，種の同定は容易ではない．

●**分布・生態**●　分布は種により異なる．ヒトやネズミなどの動物に寄生するのは幼ダニ期のみで，宿主の皮膚成分やリンパ液を吸って生活する．若ダニおよび成ダニは地表で自由生活をしており，土中の小昆虫やその卵を食べて生活する．

●**病害**●　幼ダニの刺咬により，各種動物に搔痒感，疼痛を伴った皮疹を起こすほか，ヒトにツツガムシ病（tsutsugamushi disease，感染症法の4類感染症）を媒介する．ツツガムシ病の病原体 *Orientia tsutsugamushi*（= *Rickettia tsutsugamushi*）を保有しているツツガムシは宿主から離れた後も経発育期的にリケッチアを保有し続け，さらに雌成ダニの卵巣を経て介卵感染により次代の幼ダニに病原体を伝える．この幼ダニにヒトが刺されることにより感染する．

●**対策**●　多数寄生により明らかな皮膚炎を呈しているものでは，殺ダニ剤の薬浴，および抗炎症剤の投与を行う．ヒトのツツガムシ病の治療にはテトラサイクリン系の抗生物質が著効を示す．予防としては，ツツガムシ病の症例が報告されている地域，とくに野ネズミが生息する河川敷や川沿い，湿地などへの立ち入りに注意する．

＜ヒトのツツガムシ病＞

ダニに刺されて2～3日後で丘疹となり，次いで水疱を生じて潰瘍となる．およそ1週間後に39～40℃の発熱があり，7～10日間持続して解熱する．第3病日頃から全身に小さい赤色の発疹が現れるが，痒みはあまりない．所属リンパ腺の腫脹がある．全身症状として，抑鬱，悪心，頭痛などが見られることがある．イヌ，ネコ，ブタ，ウシ，ウマなどでは発症しない．

●おもなツツガムシ●

ここに紹介したツツガムシ類のうち，*Leptotrombidium* 属のものはヒトにツツガムシ病を媒介する．

フトゲツツガムシ（*Leptotrombidium pallidum*）：日本各地に分布するが，北海道では少ない．幼ダニは橙色を呈し，寒い地方では春秋，暖かい地方では冬に多い．野ネズミ，野鳥に寄生し，近年はヒトのツツガムシ病は本種の刺咬によるものが多い．類似種にフジツツガムシ（*L. fuji*）があるが，幼ダニは淡橙色で背甲板が小さい．本種は北海道を除く全国でもっとも普通に見られるが，ツツガムシ病の媒介は知られていない．

アカツツガムシ（*Leptotrombidium akamushi*）：信濃川，阿賀野川，最上川，雄物川の中流・下流の河原の草原に見られる．幼ダニは主として，6〜9月頃発生する．生時の体色は橙〜赤色を呈する．かつてはツツガムシ病のもっとも重要な媒介種であった．

タテツツガムシ（*Leptotrombidium scutellaris*）：東北地方中部から西にかけて分布し，幼ダニは橙色を呈し，秋から冬にかけて発生する．野ネズミ，野鳥，イヌ，ネコ，ヒトに寄生し，ヒトに七島熱とよばれる比較的症状の軽いツツガムシ病を伝播する．

トサツツガムシ（*Leptotrombidium tosa*）：四国，九州に分布する．幼ダニは淡黄色を呈し，野ネズミに寄生する．四国の海岸地帯で夏に発生する四国型ツツガムシ病を媒介する．

ミヤガワタマツツガムシ（*Helenicula miyagawai*）：タマツツガムシ類は背板の感覚毛が紡錘状ないし球状を呈する．本種の幼ダニは橙赤色を呈し，鳥類を含むさまざまな宿主に寄生する．

フトゲツツガムシ幼虫背面
[Sasa & Jameson から参考作図]

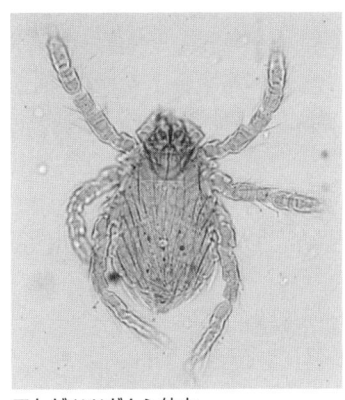

フトゲツツガムシ幼虫

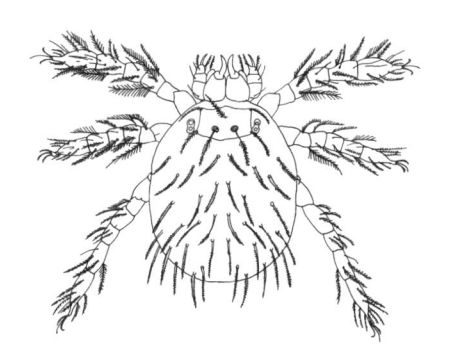

アカツツガムシ幼虫背面

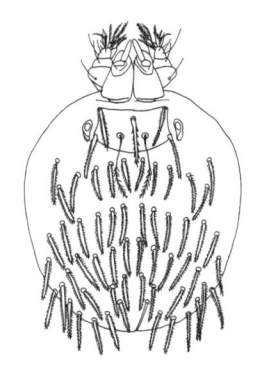

タテツツガムシ幼虫背面
[Sasa & Jameson から参考作図]

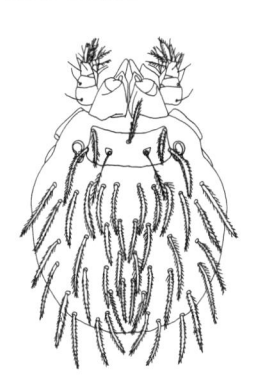

トサツツガムシ幼虫背面
[浅沼・佐々から参考作図]

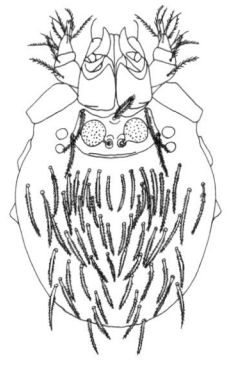

ミヤガワタマツツガムシ幼虫背面
[Sasa & Jameson から参考作図]

3.3 衛生動物として重要なダニ類

C. 無気門類 Astigmata（ヒゼンダニ類 Psoroptidina）

　気門および気管をもたず，ガス交換は体表から拡散で行うため小さく，また比較的やわらかい体をもつダニのグループである．多くは自由生活性で，環境中の有機物を摂取して生活するが，人獣の生活圏に発生して害を及ぼすものがあり，また医学，獣医学上重要となる寄生に特化した種も存在する．これらは大別して，ほとんどが自由生活性であるコナダニ類（Acaridina）（図 3.34）と，寄生性のもののほとんどが含まれるヒゼンダニ類（Psoroptidina）（図 3.35）の 2 群に分けられる．

●一般形態●

　体長は一般に 0.2 〜 0.7 mm と小形で，気門および気管をもたない．鋏角は一般によく発達するが，触肢は小さい．第 1 脚および第 2 脚の脛節に長い毛を生じるものが多い．

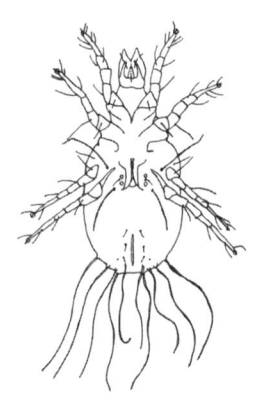

図 3.34　コナダニ類の形態
ケナガコナダニ腹面（雌）

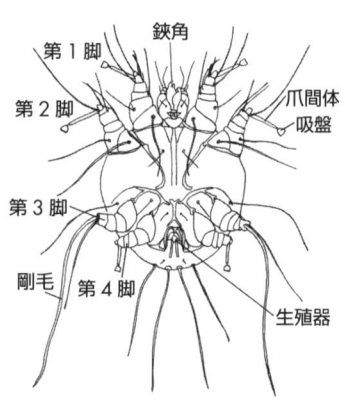

図 3.35　ヒゼンダニ類の形態
ブタヒゼンダニ腹面（雄）
[Kettle から参考作図]

●病害●

　コナダニ類は，貯蔵食品や薬品などに発生した場合に食害をもたらし，食品衛生上，飼料衛生上，あるいは不快動物として問題となる．また，ときにヒトを含む動物の排泄物などからダニが検出される人体内ダニ症の原因虫ともなる．一方，ヒゼンダニ類の多くは種々の宿主の体表ないし皮内に寄生し，ほとんど害をなさないものもあるが，多くは強い痒覚を伴う皮膚炎（疥癬(かいせん)）を起こし，さらには二次感染の原因となり，より重大な害をもたらすこともある．

a. コナダニ類 Acaridina

すべて自由生活性で，寄生性のものはない．一般に，各種の食品や飼料中に発生し，発育には高湿度が必要である．卵→幼虫→第1若虫→移動若虫→第3若虫→成虫の各発育段階をとる．移動若虫は，ヒポプス（hypopus）（図3.36）あるいは第2若虫とよばれることもあり，種によってはこれを欠く．これはおそらく環境が悪化すると生じるもので，環境がよくなれば第3若虫に発達する．移動若虫の体表は厚い外皮で覆われ，扁平で，乾燥，低温，薬剤に強い．腹面に大小の吸盤を有して節足動物などに吸着し，生息域を拡大するものもある．多数発生すると白い粉をふいたように見えることからコナダニの名がある．

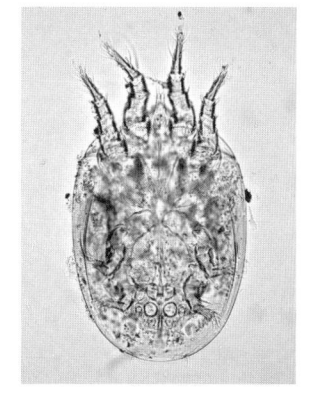

図3.36 コナダニ類ヒポプス

●病害●

貯蔵食品や飼料・薬品中などで繁殖し，これを食害する．食品1gあたり数百～数千匹に達することもある．しかし，食害される量よりは，品質の低下や不快動物としての意義が高い．新築のコンクリート建築では硬化の過程で数年間に渡り水分が放出されるため，梅雨期や秋の長雨の時期のみならず，通年で高湿度が供給され，畳の芯のワラなどにコナダニが発生しやすく，ときに「ダニ騒動」を引き起こす．

また，ヒトや動物の尿，糞便，喀痰，胆汁などから本種のダニが検出され，人体内ダニ症として扱われるが，おそらく一過性に侵入したものであろうと考えられている．ウシなどの家畜の糞便検査時でも，しばしばコナダニ類の虫体や卵が検出されるが，これは飼料中に発生したコナダニが経口摂取されたもので，とくに卵は寄生虫卵と間違えやすい．かつてはコナダニがヒトに皮膚炎を起こすとする報告もあったが，これはコナダニ類を捕食する自由生活性のツメダニ類が原因である．

●対策●

食品・飼料中に発生するので，汚染食品・飼料は廃棄するか，密閉した容器に入れ，風通しのよい乾燥した場所に保管する．殺虫剤が使用できる条件であれば，有機リン剤が有効である．いずれにせよ，コナダニ類は乾燥に対してきわめて弱いので，湿度のコントロールが防除法としてもっとも効果が高い．

ケナガコナダニ

学　名：*Tyrophagus putrescentiae*
英　名：mold mite

●**分類・形態**●　小形のダニで体は丸く，雌成ダニは 0.32 ～ 0.42 mm，雄成ダニは 0.28 ～ 0.35 mm．半透明で脚は比較的長い．胴体部は前胴体部と後胴体部に区分される．体後部背面中央に数本の長い毛を有し，その長さはほぼ体長に等しい．ヒポプスを形成しない．卵は大きさ 0.15 ～ 0.20 mm で，未発育のものでは卵内容の一端に黒色部分があり，発育の進んだものでは幼ダニの脚が見られる．

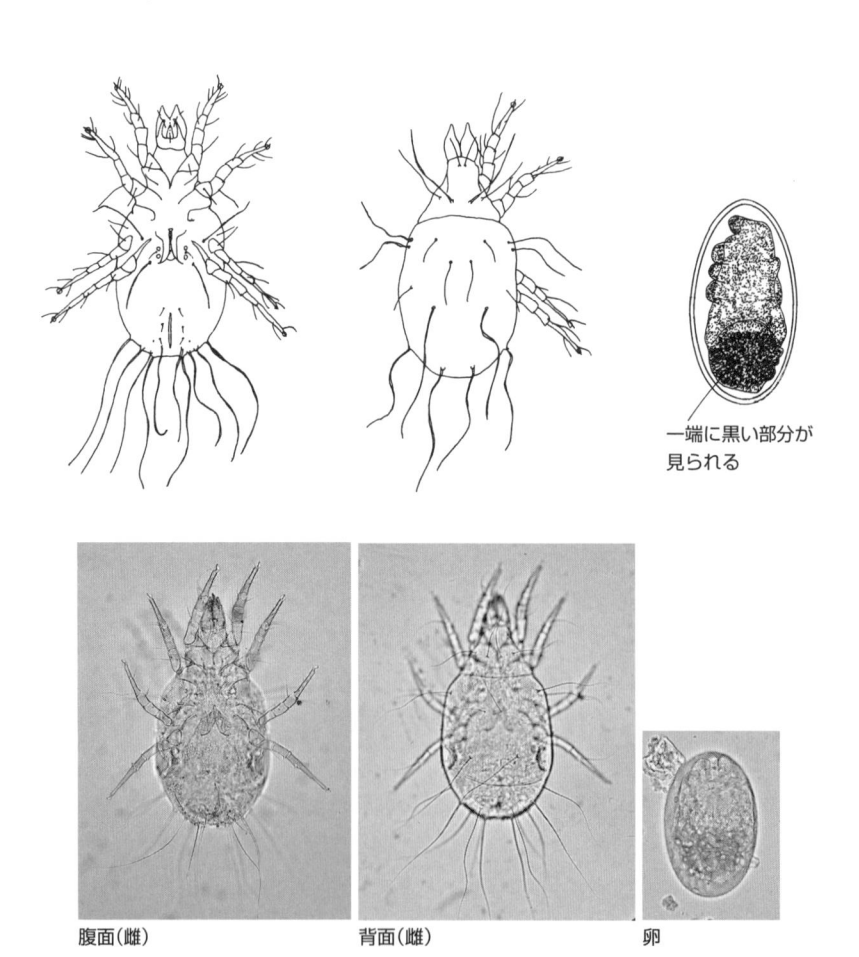

一端に黒い部分が見られる

腹面(雌)　　　背面(雌)　　　卵

●**分布・生態**● 全世界に分布する．非寄生性のダニで，各種の食品・飼料中にきわめて普通に発生する．また温室栽培の野菜の葉に奇形を生じさせる農業害虫としても問題となる．好発育条件下では 2 週間以内で世代をくり返す．繁殖に適した条件は温度 25 〜 28℃，湿度 80% 以上で，乾燥には弱い．ときとして穀類，チーズ，干魚，粉ミルク，七味唐辛子などに大発生することがある．

●**近縁種**●

サヤアシニクダニ（*Glycyphagus destructor*）：雌成ダニは 0.38 〜 0.56 mm，雄成ダニは 0.33 〜 0.50 mm．背面に多数の枝を伴う長い毛をもち，各脚末節には鞘状毛を有し，鞘に包まれているように見える．ケナガコナダニとともに穀類，魚肉製品などにきわめて普通に見られる．タンパク要求性が比較的高い．屋内塵における出現率は 50% を超えるという．世界共通種．

サトウダニ（*Carpoglyphus lactis*）：体長 0.40 〜 0.70 mm．わずかに褐色を帯びた白色を呈し，前胴体部に 1 対のやや長い剛毛と体後部に 1 対の長毛を有する．粗製の砂糖，味噌，乾燥果実などの食品に発生する．人体内寄生ダニとしても多くの報告がある．世界共通種．

サヤアシニクダニ背面（雌）
［大島から参考作図］

サトウダニ背面（雌）
［大島から参考作図］

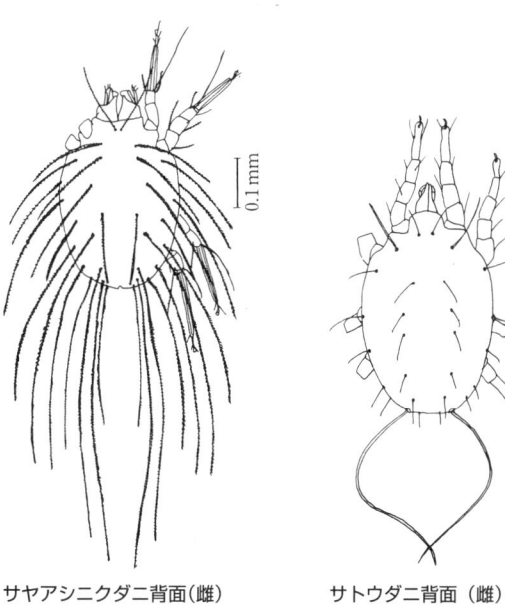

b. ヒゼンダニ類 Psoroptidina

胴体部は球形に近く，脚は一般に退化して短い．体表には棘状突起と指紋状の紋理をもち，脚の先端には吸盤を有する（図3.37）．発育は卵→幼虫→第1若虫→第2若虫→成虫の各時期があり，ウモウダニではヒポプスを生じるものがある．

多くの科が知られているが，外部寄生虫として医学・獣医学上とくに注意すべきものは次の3科である．

(1) ヒゼンダニ科（Sarcoptidae）：哺乳動物の皮膚に寄生し，その皮内にトンネルをつくって生活する．トンネル内での運動に適応した非常に短い脚をもつが，トンネル外での歩行のため肢端に爪間体を備える．

(2) キュウセンヒゼンダニ科（Psoroptidae）：哺乳類の体表に寄生し，組織液を吸うか，皮脂や死んだ表皮を食べる．皮膚表面を歩行するために脚は比較的長い．

(3) トリヒゼンダニ科（Knemidokoptidae）：鳥類の皮膚に寄生し，その皮内に穿孔して生活する．雌は肢端の爪間体や吸盤を一切もたない．

これら3科のダニによって引き起こされる皮膚炎を疥癬といい，通常きわめて強い痒覚を伴う（表3.2）．

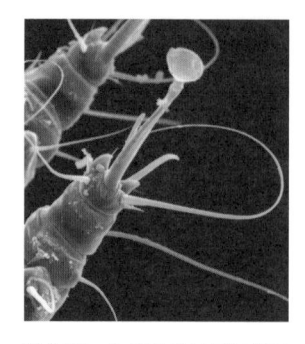

図3.37　センコウヒゼンダニ第2脚跗節先端
2本の短い爪の間から派生する爪間体と先端の吸盤

表3.2　疥癬の原因となるヒゼンダニ類の歩脚の吸盤

属	雄				雌			
	1	2	3	4	1	2	3	4
センコウヒゼンダニ *Sarcoptes*	＋	＋	－	＋	＋	＋	－	－
ショウセンコウヒゼンダニ *Notoedres*	＋	＋	－	＋	＋	＋	－	－
トリヒゼンダニ *Knemidokoptes*	＋	＋	＋	＋	－	－	－	－
キュウセンヒゼンダニ *Psoroptes*	＋	＋	＋	－	＋	＋	－	＋
ショクヒヒゼンダニ *Chorioptes*	＋	＋	＋	＋	＋	＋	－	＋
ミミヒゼンダニ *Otodectes*	＋	＋	＋	＋	＋	＋	－	－

前述の3科以外にも，次の科が重要である．
- ウモウダニ科（Analgidae）：鳥類の羽毛表面に寄生し，羽毛，上皮の剥離片，皮脂などを食べて生活する．
- ヒョウヒダニ科（Epidermoptidae）：多くは鳥類の皮膚に寄生するが，哺乳類（ヒトを含む）の皮膚に寄生するものもある．
- フエダニ科（Cytoditidae）：鳥類の呼吸器系に寄生する．
- ズツキダニ科（Listrophoridae）：種々の小形哺乳類の皮膚の被毛上に寄生する．
- スイダニ科（Myocoptidae）：小形哺乳類の全身に寄生し，皮脂腺からの分泌物を食べる．
- チリダニ科（Pyroglyphidae）：非寄生性で動物環境中の塵芥から検出される．直接的害は及ぼさないが，強いアレルギー原性をもち，喘息や皮膚炎の原因となることがある．

センコウヒゼンダニ

学　名：*Sarcoptes scabiei*
英　名：itch mite, scabies mite, sarcoptic mange mite
別　名：ヒゼンダニ，疥癬虫，穿孔疥癬虫

●分類・形態●

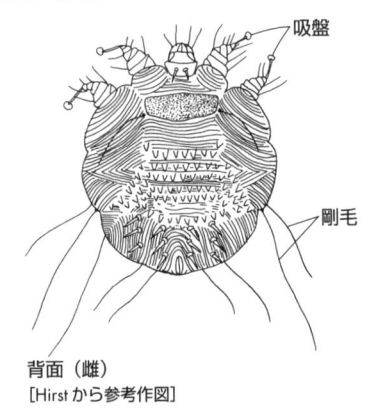

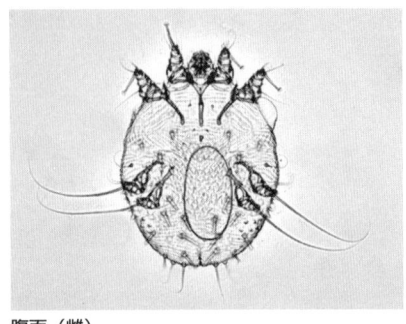

吸盤
剛毛

背面（雌）
[Hirstから参考作図]

腹面（雌）
体内に卵を内蔵

　体は丸く，白色を呈する．脚は短い，雌成ダニは体長約0.4 mmで，第1，第2脚先端に吸盤，第3，第4脚先端に剛毛をもつ．雄成ダニは約0.3 mm，第1，第2，第4脚に吸盤，第3脚に剛毛がある．肛門は体末端部にあり，生殖門は腹面に横方向に開く．種としての明瞭な形態的区別はつかないものの，宿主によりある程度の大きさの違いと宿主特異性が存在することから，宿主別に下記のような変種名が設定されることがある．ブタ（イノシシを含む）およびヒトを宿主とするものは，ほかのものに比べやや大きいほか，雌背側の皮棘派生領域内に皮棘欠損域（bare area）をもつ．

Sarcoptes	*scabiei* var. *hominis*	センコウヒゼンダニ（ヒゼンダニ）
S.	*scabiei* var. *equi*	ウマセンコウヒゼンダニ（ウマヒゼンダニ）
S.	*scabiei* var. *canis*	イヌセンコウヒゼンダニ（イヌヒゼンダニ）
S.	*scabiei* var. *suis*	ブタセンコウヒゼンダニ（ブタヒゼンダニ）
S.	*scabiei* var. *caprae*	ヤギセンコウヒゼンダニ（ヤギヒゼンダニ）

●分布・生態●　全世界に分布する．模式種はヒトの指のまた，陰部，へその周囲などに寄生し，それぞれの変種はウマ（全身），イヌ（頭頸部，躯幹，四肢），ブタ（全身，とくに耳介，四肢），ヤギ（全身）に寄生する．雌成ダニは皮膚の角質層を穿孔し，真皮直上に達すると水平にトンネル（疥癬トンネル）を掘り進みつつ排便，産卵する．卵から孵化した幼虫の多くはトンネル外に離脱し，毛包内に侵入し発育するとされる．交尾は皮膚上で行われ，雌は皮膚内に穿孔する．他宿主への感染は宿主どうしの接触

による.宿主から離れたダニは乾燥状態では比較的すみやかに死滅するが,条件が整うと少なくとも20日間は運動性を保持するとされる.一般に各変種の宿主特異性は高く,原則的に他種の宿主体上では,穿孔できても繁殖できない.

●**病害**● ダニの穿孔,毒物の分泌により,宿主にきわめて強い痒覚を惹起する(疥癬).患畜は強い痒みのため脚で強く掻いたり畜舎の壁に体をこすりつけるため,ダニが全身に広がると同時に,湿疹様の皮膚炎を発し,発赤,水疱,小結節,痂皮の形成,皮膚の肥厚,脱毛,落屑や細菌の二次感染を引き起こす.このため,幼獣では絶え間ない痒みのストレスにより食欲減退,発育低下が著しく,斃死するものもある.比較的少数(個体あたり数匹〜数十匹程度)のダニが感染して起こる上記の定型的な病態を通常疥癬とよぶ.免疫不全その他,なんらかの要因があると,ダニ侵入部位周辺皮膚の角化が亢進し,その部位のダニ生息密度がきわめて高くなり,個体あたりの寄生数が数万匹以上にのぼることがある.これを角化型疥癬とよぶ.この段階では,あまり強い掻痒を示さないことも多く,放置するとヒトを含めた他動物に対する強力な感染源となる.ダニが異なる宿主にとりついた場合でも皮膚内には侵入するので,アレルギーが成立している異宿主間感染の場合,ダニの繁殖がなくても,ダニが侵入後,死滅した角質層が更新されるまでは1〜2週間強い掻痒が続く.

●**対策**● 感染動物との接触あるいは落下した表皮,痂皮などから感染するので,感染動物の隔離および飼育環境の消毒が必要である.診断は病変部位掻爬標本の鏡検によるが,通常疥癬の場合,検出率は高くない.掻爬物中のダニのほかに,孵化後の卵殻やダニの糞も診断価値があるが,強アルカリによる掻爬物の透化処理はこれらを見つけにくくする.治療にあたっては,かつては比較的高濃度で殺虫剤の外用が行われていたが,現在ではアベルメクチン系薬剤の注射ないし経口投与が主流である.しかし,近年イベルメクチン耐性ダニの存在が示されており,その場合,フェニルピラゾール系殺虫剤の外用が試みられる.

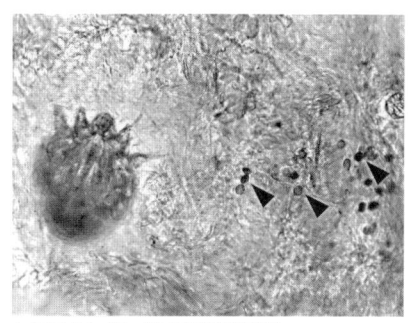

センコウヒゼンダニ皮膚掻爬標本
(矢頭:ダニの糞便)

角化型疥癬痂皮内側面のダニ集団

ネコショウセンコウ ヒゼンダニ

学　名：*Notoedres cati*
英　名：notoedric mange mite
別　名：ショウセンコウヒゼンダニ，
　　　　ネコショウヒゼンダニ，
　　　　小穿孔疥癬虫，猫小穿孔疥癬虫，
　　　　猫小疥癬虫

●**分類・形態**●　ヒゼンダニよりやや小形で，雌は 0.20～0.23 mm，雄は 0.14～0.16 mm．背面の紋理はほぼ同心円を描き，中央部では鱗片状となるが，その先端は比較的鈍角．ヒゼンダニの肛門が体後端に開くのに対し，本種では背面に開く．雌では第1，第2脚，雄では第1，第2，第4脚先端に吸盤をもつ．

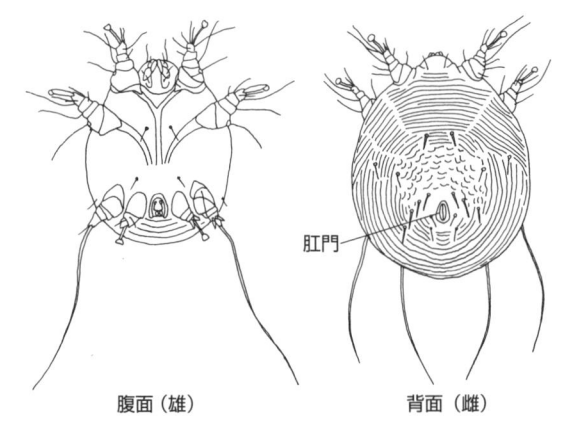

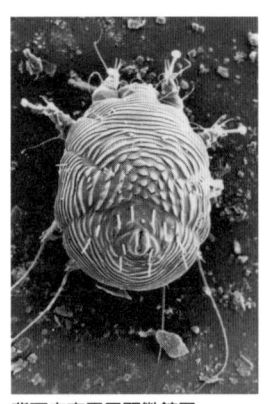

腹面（雄）　　　背面（雌）　　　背面走査電子顕微鏡図
　　　　　　　　　　　　　　　　肛門が背面に開口

●**分布・生態**●　世界各地に分布する．おおむねセンコウヒゼンダニに同じ．主としてネコの体表に寄生し，とくに頭部，前肢に多い．イヌ，ウサギでも見られることがある．
●**病害**●　ヒゼンダニと同様，強い掻痒を宿主に与える．ネコでは化膿性になることが多く，進行すると頭顔面に皺壁を形成する．
●**対策**●　センコウヒゼンダニに準ずる．アベルメクチン系薬剤が有効だが，ネコでは中毒に注意を要する．
●**近縁種**●　齧歯類に類似形態をもつ *Notoedres muris* が存在するが，モルモットには背側中央部の皮棘が先鋭状をなす *Trixacarus caviae* も寄生する．

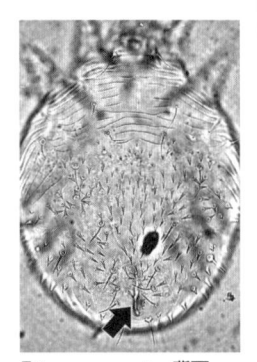

Trixacarus caviae 背面
（矢印：肛門）

トリアシヒゼンダニ

学　名：*Knemidokoptes mutans*
英　名：scaly leg mite
別　名：ニワトリアシカイセンダニ,
　　　　鶏脚疥癬虫, 鶏疥癬虫

●**分類・形態**●　成虫の雌は 0.41〜0.44 mm, 雄は 0.19〜0.20 mm で, 体は丸く, 背面に棘がない. 成熟した雌成虫は胴体部下部が大きく発達して空豆状を呈する. 体後端には 2 本の長い剛毛がある. 雄のすべての脚の先端には吸盤と剛毛があるが, 雌にはまったくない.

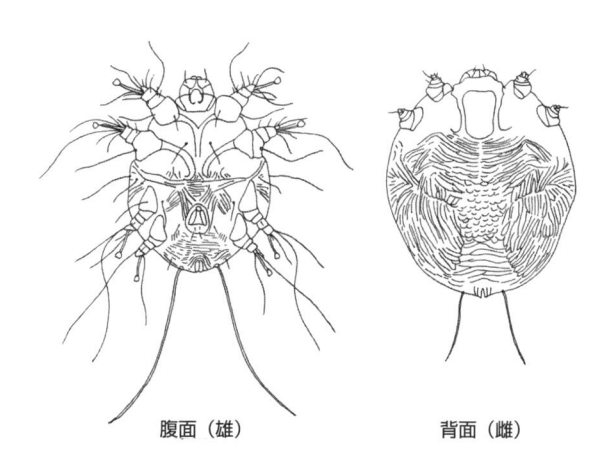

腹面（雄）　　　　背面（雌）

●**分布・生態**●　世界各地に分布し, ニワトリ, シチメンチョウの脚部に寄生する. 脚の鱗皮下に潜り込み, 痂皮中にトンネルを掘って生活する. 白色鶏より着色鶏に多いという.

●**病害**●　寄生により鱗皮の逆立, 痂皮の形成をきたし, 症状が進むと趾の変形を起こして歩行不能となり, ときに衰弱して死亡する.

●**対策**●　センコウヒゼンダニに準ずる.

●**近縁種**●　主として小形のインコ類に *Knemidokoptes pilae*（トリカオヒゼンダニ, コトリヒゼンダニ, 英名は scaly face mite）が寄生する. その形態はトリアシヒゼンダニに似るが, 寄生は全身におよび, とくに顔面や嘴に強い病変を形成する.

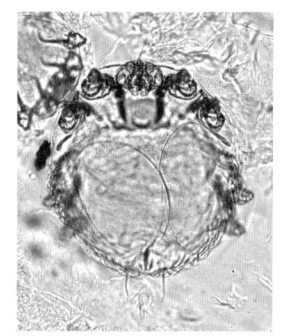

トリカオヒゼンダニ

ウサギキュウセンヒゼンダニ

学　名：*Psoroptes cuniculi*
英　名：rabbit ear mite

●**分類・形態**●

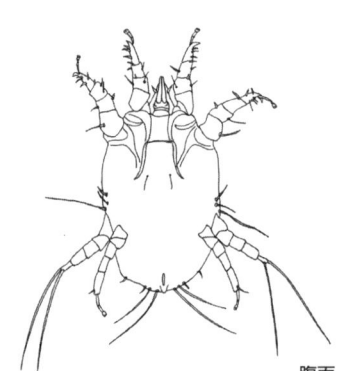

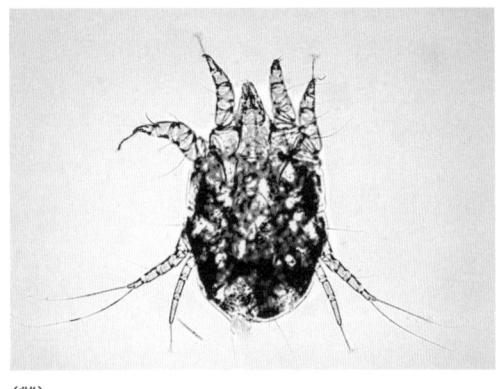

腹面（雌）

3分節する爪間体

　成虫の雌は 0.4 〜 0.8 mm，雄は 0.4 〜 0.6 mm と比較的大形で，体色は黄白色．脚はよく発達する．爪間体は3分節する．雌では体側面に1対，体後端に2対の比較的長い毛を有する．雄では体後縁に2つの突起があり，2対の長い毛と3対の短毛をもつ．

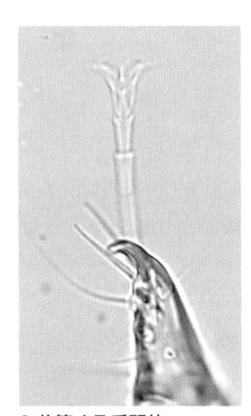

●**分布・生態**●　全世界に広く分布する．ウサギの耳介内，外耳道に寄生して，リンパ液を摂取する．ウサギミミダニあるいはウサギミミヒゼンダニといわれることもあるが，後述のミミヒゼンダニとは別属であり，食性も異なるので注意．卵は病巣部の周辺に産みつけられ，2 〜 4日で孵化，幼虫，若虫を経て成虫となる．1世代は約21日．全生活を通して宿主に寄生する．

●**病害**●　ウサギの耳疥癬の原因虫となる．痒覚はきわめて強く，局所の炎症の進行に伴い，多量の痂皮が生ずることが特徴である．

●**対策**●　ヒゼンダニに準ずる．

ヒツジキュウセンヒゼンダニ

学　名：*Psoroptes ovis*
英　名：sheep scab mite

●**分類・形態**●　成虫の雌は 0.6 〜 0.7 mm，雄は 0.5 〜 0.6 mm で比較的大形．ウサギキュウセンヒゼンダニに似るが，雄の体後部に存在する剛毛のうち外側のものが短い．

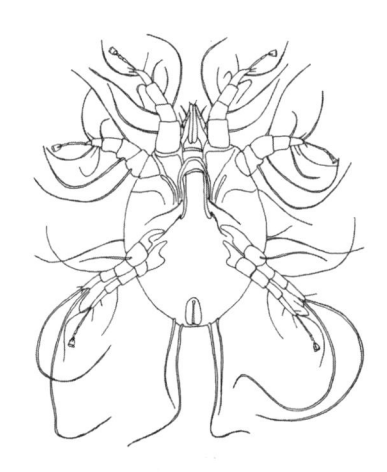

腹面（雌）

●**分布・生態**●　世界的に分布し，ヒツジ，ウシ，ウマ，ロバなどに寄生する．ウシでは，肩，頸，尾根部周囲に多く寄生し，ヒツジでは全身に及ぶ．生涯を宿主体上で過ごし，卵→幼虫→第 1 若虫→第 2 若虫→成虫の発育期をとる．発育は早く，卵から産卵能獲得まで 10 日程度とされる．

●**病害**●　ダニは皮膚を突き刺しリンパ液を吸う．反復刺咬によりアレルギー性の機序で水疱が形成され，中央部がかさぶたになるとともに，その周囲に湿潤な発赤部が広がる．宿主は強い痒感のため，体をかたいものにこすりつけたり，口で患部を咬むために脱毛が起こる．重症例では 6 〜 8 週目には体の 3/4 におよぶ部位に脱毛，かさぶたの形成が起こる．ヒツジでは，厚い羊毛に隠されて皮膚炎の発見が遅れるほか，集団飼育のため伝播が早く，飼育群に感染が起こると被害が大きい．届出伝染病に指定されている．

●**対策**●　ヒゼンダニに準ずる．

ショクヒヒゼンダニ

学　名：*Chorioptes bovis*
英　名：chorioptic mange mite

●**分類・形態**●　成虫の雌は 0.36 〜 0.39 mm，雄は 0.25 〜 0.33 mm で，ほかに体表で発見しうる *Psoroptes* 属ダニに似るが，雄の第 1 〜 4 脚および雌の第 1，第 2，第 4 脚に有柄の吸盤があり，その柄は *Psoroptes* が 3 節である（p.124 参照）のに対し，1 節である点で異なる．

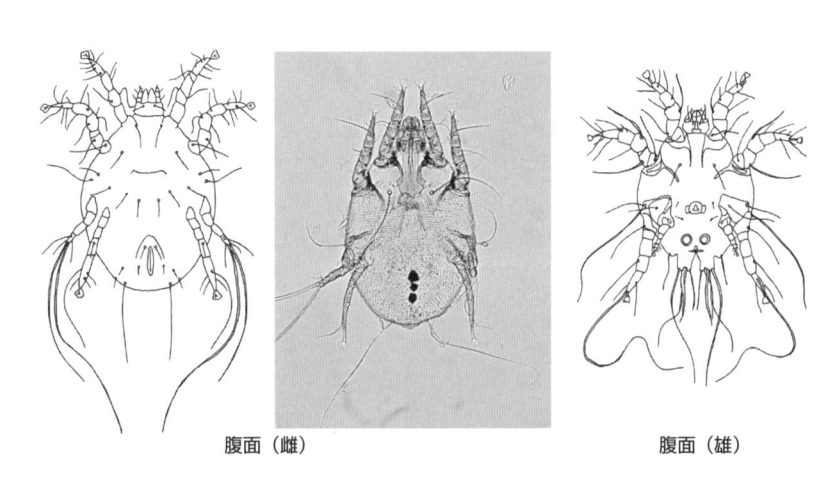

腹面（雌）　　　　　　　　　　　　腹面（雄）

●**分布・生態**●　世界的に分布し，ウシ，ウマ，ヒツジ，ヤギなどに寄生する．ウシでは尾根部および四肢，とくに後肢に寄生が多く，ほかのものでは脚部に多い．蹄冠部の病変は見逃されやすい．鋏角はものを咬むのに適していて，宿主の死んだ表皮や皮脂腺の分泌物を食べる．1 世代は約 3 週間．宿主を離れても 3 週間以上生存するという．

●**病害**●　皮膚炎を起こすが，痒覚はあまり強くなく，症状は一般に軽微．丘疹，脱毛がある．

●**対策**●　ヒゼンダニに準ずる．

●**近縁種**●　形態的にきわめて類似した *Chorioptes texanus* も日本に分布する．両種とも，雄尾端にある 1 対の突起より 2 本ずつの刃状の剛毛が派生するが，*C. bovis* では第 3 脚と同程度の長さであるのに対し，*C. texanus* では第 3 脚の 1.5 倍ほどの長さである点で区別される．

ミミヒゼンダニ

学　名：*Otodectes cynotis*
英　名：ear mite
別　名：ミミダニ，耳疥癬虫

●**分類・形態**●　成虫の雌は 0.46 〜 0.53 mm，雄は 0.35 〜 0.38 mm．第 4 脚が他と比べて小さい．雄では第 1 〜 4 脚すべて，雌では第 1，第 2 脚先端に有柄の吸盤がある．

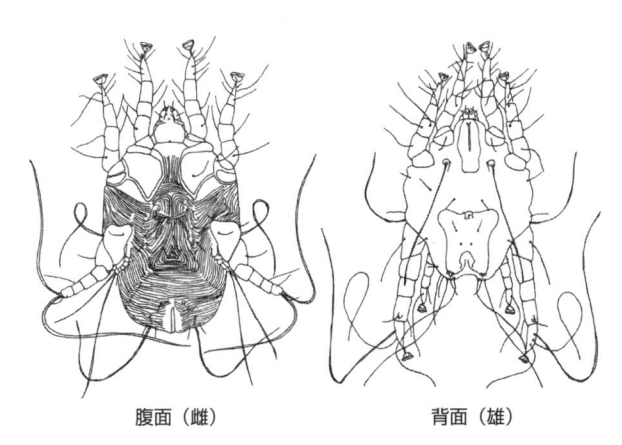

腹面（雌）　　　　　背面（雄）

●**分布・生態**●　世界各地に分布し，イヌ，ネコ，キツネ，フェレットなどの肉食獣の外耳道に寄生する．上皮の剥離片を摂取しており，皮膚組織内には侵入せず，また組織液の摂取もない．全生涯を宿主体上で過ごす．

●**病害**●　外耳炎の原因となる．強い痒覚のため，罹患動物は首を激しく振り，ときには頭部を一方向に傾けた位置をとるようになる．症状が進むと酵母を中心とした二次感染が生じ，特有の臭いの耳垢がたまる．重度感染では外耳道が閉塞するほどの炎症を生じ，中耳炎や内耳炎に至ることもある．

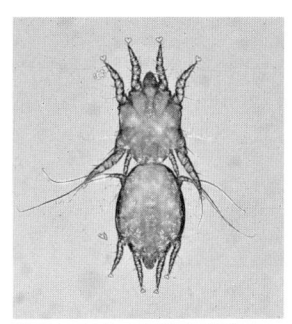

雄成虫（上）と雌第 2 若ダニ

●**対策**●　耳垢がある場合には，これを除去したのち殺ダニ剤を用いる．薬剤の選択には，とくに幼獣では慎重を期する必要がある．古くはロテノン，トリクロルホン，ピレスロイドなどが用いられてきたが，現在はフェニルピラゾール系殺虫剤やアベルメクチン系薬剤が多用されている．

ニワトリウモウダニ

学　名：*Megninia cabitalis*
英　名：chicken feather mite

●**分類・形態**●　成虫の雄は 0.5mm 前後で，第 3 脚は大きく発達する．胴体部後縁には 1 対の長三角形の突起を生ずる．雌は 0.4 mm 前後で，胴体部後縁には特別な突起は見られない．

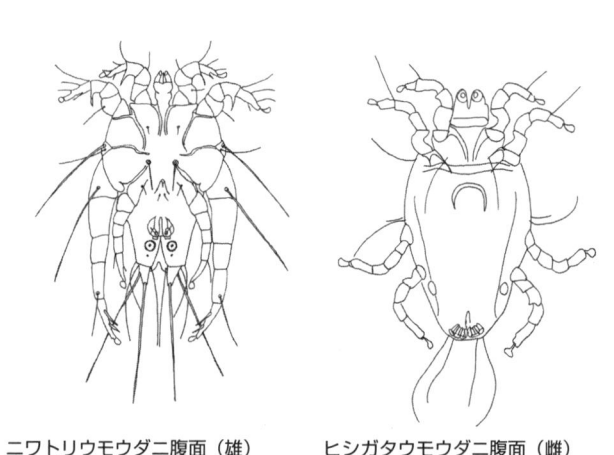

ニワトリウモウダニ腹面（雄）　　ヒシガタウモウダニ腹面（雌）

●**分布・生態**●　世界的に分布し，ニワトリ，シチメンチョウ，クジャクなどの羽毛，とくに風切り羽根や尾羽に寄生して，羽毛や皮膚を食べる．宿主特異性が高い．病原性は低いが，多数増殖すると羽毛全体が白い粉をふいたようになり，愛玩鳥飼育者においてウモウダニ類は不快動物となる．
●**病害**●　ときとして重症の皮膚炎も報告されているが，一般に症状は軽微である．
●**近縁種**●
ヒシガタウモウダニ（*Pterolichus obtusus*）：ニワトリに寄生する．
ナガウモウダニ（*Syringophilus bipectinatus*）：ニワトリに寄生する．
ハトウモウダニ（*Falculifer rostratus*）：ハトに寄生する．

フエダニ

学　名：*Cytodites nudus*
英　名：air sac mite

●**分類・形態**●　体長 0.45 〜 0.69 mm で，白色 〜 淡黄色の卵形を呈する．鋏角と触肢は融合する．雌成ダニの生殖門は縦に開く．

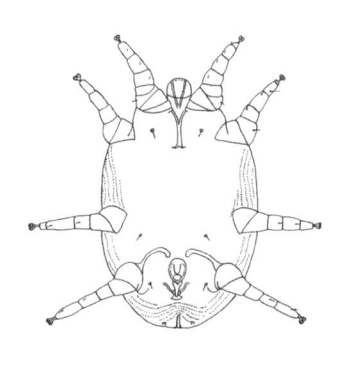

腹面（雄）
[Baker から参考作図]

雌
卵胎生で幼ダニを体内に含む

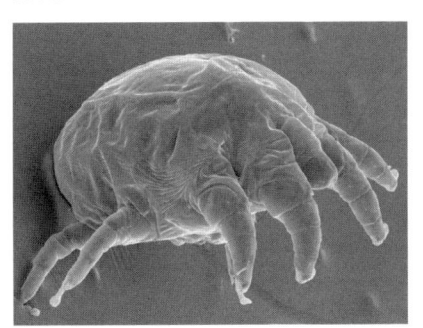

走査型電子顕微鏡写真

●**分布・生態**●　世界的に分布し，ニワトリの気管支，肺，気嚢，腹腔内に寄生する内部寄生種である．
●**病害**●　病原性は低いものの，多数寄生により，二次感染を伴い，腹膜炎，腸炎，呼吸障害を起こすことが報告されている．日本にも分布するが，産業上の被害報告はない．

モルモットズツキダニ

学　名：*Chirodiscoides caviae*
英　名：guinea pig fur mite

●**分類・形態**●　体長 0.35 〜 0.50 mm で，体は左右に扁平．体前部および脚は褐色で，体後部は白い．第 1，第 2 脚は宿主の毛を挟むのに適した形態をとるが，第 3，第 4 脚にはそうした変形は見られない．

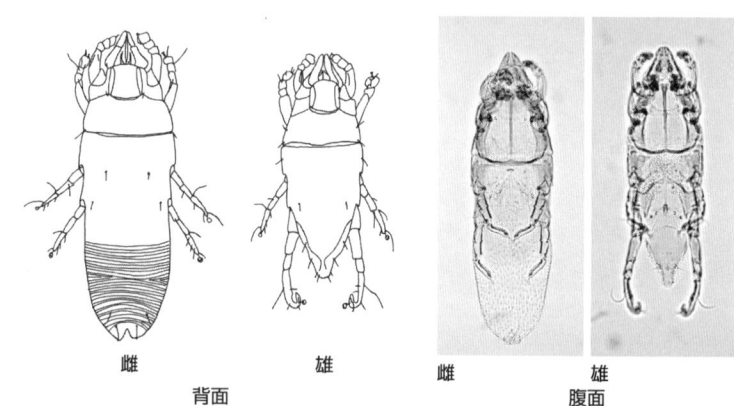

雌　　　　雄
背面

雌　　　　雄
腹面

●**分布・生態**●　世界各地に分布し，モルモットの体表に寄生する．おそらく生涯を宿主体上で過ごす．

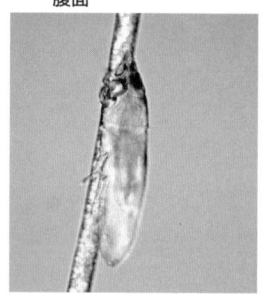

●**病害**●　病害はほとんどないと考えられているが，ときとして痒疹，脱毛が見られる．

●**対策**●　駆除剤としてピレスロイドが用いられるが，完全駆虫は難しい．イベルメクチンの外用が有効との報告がある．

●**近縁種**●
ウサギズツキダニ（***Leporacarus gibbus***）：ウサギ体表に寄生する．

側面（雌）

ウサギズツキダニ側面（雌） 　　　　ウサギズツキダニ腹面（雄）

ネズミスイダニ

学　名：*Myocoptes musculinus*
英　名：myocoptic mange mite
別　名：ネズミケクイダニ

●**分類・形態**●　成虫の雌は 0.3 ～ 0.4 mm で，卵形，白色を呈する．体背面には鱗状の紋理と横縞がある．第 3，第 4 脚が宿主の被毛をつかみやすいように変形している．雄は約 0.26 mm で雌よりかなり小さく，第 4 脚が太い．

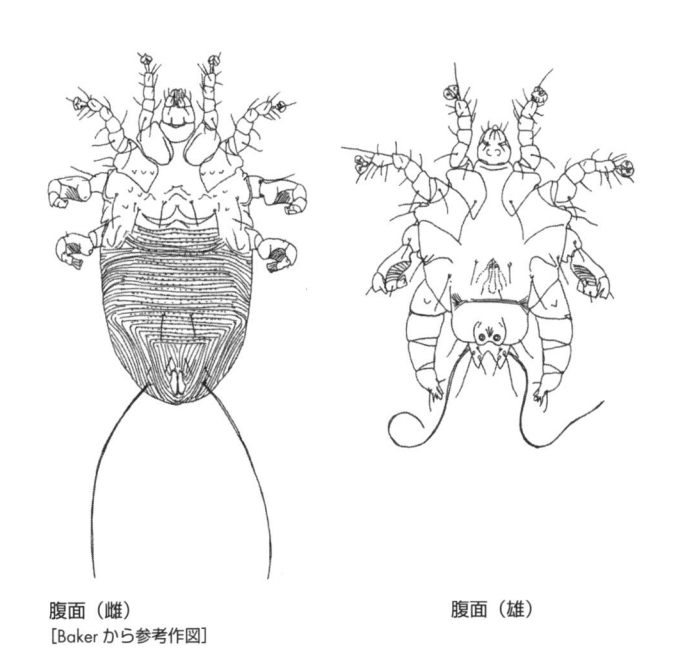

腹面（雌）　　　　　　　　　　　腹面（雄）
［Baker から参考作図］

●**分布・生態**●　世界各地のマウスに寄生する．今世紀に入ってもなお，日本の実験用マウスコロニーに寄生が見られている．全身に寄生して皮膚腺からの分泌物を食べ，一生を宿主体上で過ごす．卵は被毛に 1 個ずつ固着して産卵される．
●**病害**●　ハツカネズミケモチダニに比べ症状は軽いが，とくに成熟マウス，老熟マウスでは，脱毛，発赤などを見ることがある．
●**対策**●　ハツカネズミケモチダニに準ずるが，薬剤使用にあたっては，対象が実験動物であることに注意を払わなければならない．

D. 隠気門類 Cryptostigmata（ササラダニ類 Oribatida）

自由生活性の小形のダニで，多くは地表や地中に生活する．きわめて多くの種を含むと考えられているが，現在に至っても未同定種が多く残されている．寄生虫としての意義はないものの，円葉条虫類の中間宿主になる種類を含んでいる．

●一般形態●

体表は厚く固いクチクラで覆われており，beetle mites の俗称がある．背側から見た場合，顎体部と前2対の脚を含む領域と，残りの部分が分節しているように認められ，各々を前体部および後体部とよぶことがある．気管で呼吸するが，外観上気門開口部がはっきりと認められないものが多い．歩脚の跗節には1～3本の爪があるが，その間に肉盤はない．雌雄は外観上区別できない．

●生態と衛生動物学的意義●

ササラダニ類は，土壌生物のうちの重要な位置を占める動物群のひとつで，多くの種を含んでいる．食性は腐食性ないし食菌性で，優勢種は，大きな植物遺体を摂取・細分化し，より下流の分解者がとりつきやすく加工する役割をもつ．生態系の環境に応じてすみわけているものが多い．衛生動物学的には，裸頭条虫科（Anoplocephalidae）に属する *Anoplocephala* 属や *Paranoplocephara* 属（ウマの条虫），*Moniezia* 属（反芻動物の条虫），*Bestiella* 属（サルの条虫）などの条虫の中間宿主として重視される．ウシ，ウマ，ヒツジなどの条虫は，宿主の食習性から放牧地などの開放された草地に生息するササラダニが排泄物中の虫卵を摂取し，ダニ体内で条虫幼虫が発育してシスティセルコイドとなり，草食動物へ経口感染する．フリソデダニ科（Galumnidae）のフリソデダニ属（*Galumna*），ツノバネダニ科（Achipteriidae）のツノバネダニ属（*Achiptera*），コバネダニ科（Ceratozetidae）のコバネダニ属（*Ceratozetes*），コソデダニ科（Haplozetidae）のコソデダニ属（*Peloribates*），コイタダニ科（Oribatulidae）のコイタダニ属（*Oribatula*），オトヒメダニ属（*Scheloribates*），ニセコイタダニ属（*Zygoribatula*），ツヤタマゴダニ科（Liacaridae）のタマゴダニ属（*Liacarus*）などのダニが中間宿主として報告されている．日本では，サカモリコイタダニ（*Eporibatula sakamorii*）（図3.38），ハバビロオトヒメダニ（*Scheloribates laevigatus*）（図3.39），フトツツハラダニ（*Mixacarus exilis*），および未同定の一種が条虫の中間宿主として報告されている．従来中間宿主とされてきたホクリクササラダニ（*Oribatula venusta*）およびナデガタササラダニ（*Proxenillus pressulus*）は，現在サカモリコイタダニのシノニムと考えられている．

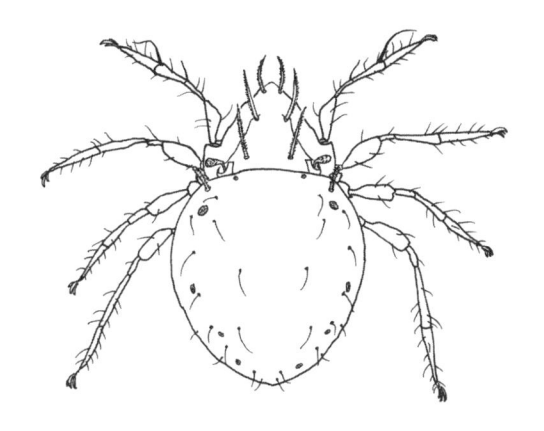

図 3.38　サカモリコイタダニ
[右(写真)：島野智之博士提供]

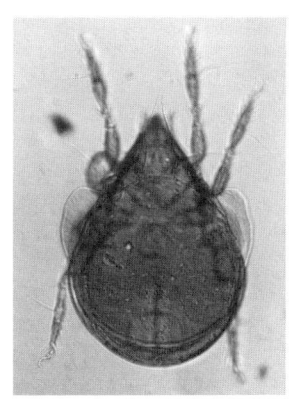

図 3.39　ハバビロオトヒメダニ
[島野智之博士提供]

3.4 昆虫類概説

3.4.1 分類

　節足動物門（Arthropoda）の一綱（昆虫綱（Insecta））を構成する昆虫類は，現在地球上においてもっとも分化，繁栄している動物群で，約4億年前の古生代デボン紀に出現して以来，全動物種の80%以上を占めるに至っている．生息場所もきわめて広範囲にわたり，空気と水の存在する場所ならほとんどどこからでも見出すことができる．巨大な動物群であるため，分類には諸説があるが，本書でとりあげた獣医衛生学的意義をもつ昆虫類を概観するため，以下の分類表と代表種をあげておく．

Class Insecta　昆虫綱

Order Phthiraptera　シラミ目
 Suborder Anplura　シラミ亜目
  Family Echinophthiriidae　カイジュウジラミ科　　アザラシジラミ
  Family Enderleinellidae　リスジラミ科　　リスジラミ
  Family Haematopinidae　ケモノジラミ科　　ブタジラミ
  Family Hoplopleuridae　フトゲジラミ科　　ハタネズミジラミ
  Family Linognathidae　ケモノホソジラミ科　　イヌジラミ
  Family Pediculidae　ヒトジラミ科　　ヒトジラミ
  Family Phthiriidae　ケジラミ科　　ケジラミ
  Family Pedicinidae　サルジラミ科　　サルジラミ
  Family Polyplacidae　ホソゲジラミ科　　イエネズミジラミ
 Suborder Amblycera　短角ハジラミ亜目
  Family Gyropidae　ナガケモノハジラミ科　　モルモットハジラミ
  Family Laemobothriidae　オオハジラミ科　　ハヤブサハジラミ
  Family Menoponidae　タンカクハジラミ科　　ニワトリハジラミ
  Family Ricinidae　タネハジラミ科　　ツグミハジラミ
 Suborder Ischnocera　長角ハジラミ亜目

Family Philopteridae　チョウカクハジラミ科　　ハトナガハジラミ
Family Trichodectidae　ケモノハジラミ科　　ネコハジラミ
Suborder Rhynchophthirina　長吻ハジラミ亜目
Family Haematomyzidae　ゾウハジラミ科　　ゾウハジラミ

Order Hemiptera　カメムシ目（半翅目）
Family Cimicidae　トコジラミ科　　トコジラミ
Family Reduviidae　サシガメ科　　サシガメ

Order Siphonaptera　ノミ目（隠翅目）
Superfamily Pulicoidea　ヒトノミ上科
Family Tungidae　スナノミ科　　スナノミ
Family Pulicidae　ヒトノミ科　　ネコノミ
Superfamily Ceratophylloidea　トリノミ上科
Family Ceratophyllidae　ナガノミ科　　ヤマトネズミノミ
Family Leptopsyllidae　ホソノミ科　　メクラホソノミ

Order Diptera　ハエ目（双翅目）
Suborder Nematocera　長角亜目
Family Culicidae　カ科
　Subfamily Anophelinae　ハマダラカ亜科　　シナハマダラカ
　Subfamily Culicinae　ナミカ亜科　　アカイエカ
Family Ceratopogonidae　ヌカカ科　　ニワトリヌカカ
Family Psychodidae　チョウバエ科　　サシチョウバエ
Family Simuliidae　ブユ科　　ツメトゲブユ
Suborder Brachycera　短角亜目
Family Stratiomyidae　ミズアブ科　　コウカアブ
Family Tabanidae　アブ科　　アカウシアブ
Family Syrphidae　ハナアブ科　　ハナアブ
Family Muscidae　イエバエ科　　イエバエ
Family Calliphoridae　クロバエ科　　クロバエ
Family Sarcophagidae　ニクバエ科　　センチニクバエ
Family Oestridae　ヒツジバエ科
　Subfamily Hypodermatinae　ウシバエ亜科　　ウシバエ
　Subfamily Gasterophilinae　ウマバエ亜科　　ウマバエ

Subfamily Oestrinae　　　　ヒツジバエ亜科　　　ヒツジバエ
　　　Family Hippoboscidae　シラミバエ科　　ヒツジシラミバエ
Order Blattodea　ゴキブリ目
　　　Family Blattidae　　ゴキブリ科　　　クロゴキブリ
Order Coleoptera　コウチュウ目（鞘翅目）
　　　Family Staphylinidae　　ハネカクシ科　　　アオバアリガタハネカクシ
　　　Family Trogositidae　　コクヌスト科　　　コクヌスト
　　　Family Tenebrionidae　ゴミムシダマシ科　チャイロコメノゴミムシダマシ
　　　Family Meloidae　　ツチハンミョウ科　　マメハンミョウ
Order Lepidoptera　チョウ目（鱗翅目）
　　　Family Lymantriidae　　ドクガ科　　チャドクガ
　　　Family Lasiocampidae　カレハガ科　　カレハガ

3.4.2　一般形態

　昆虫類は体部に節をもち，原則として頭部，胸部，腹部の3部に区分される．胸部は図 3.40 のように前胸，中胸，後胸に分かれており，中胸，後胸にそれぞれ1対ずつの翅と，前胸，中胸，後胸にそれぞれ1対ずつの脚をもつ．翅は変異が多く，前翅がかたくなったもの（コウチュウ目），後翅が退化して平均棍となっているもの（ハエ目），2対の翅とも退化したもの（シラミ目，ハジラミ目，ノミ目）など

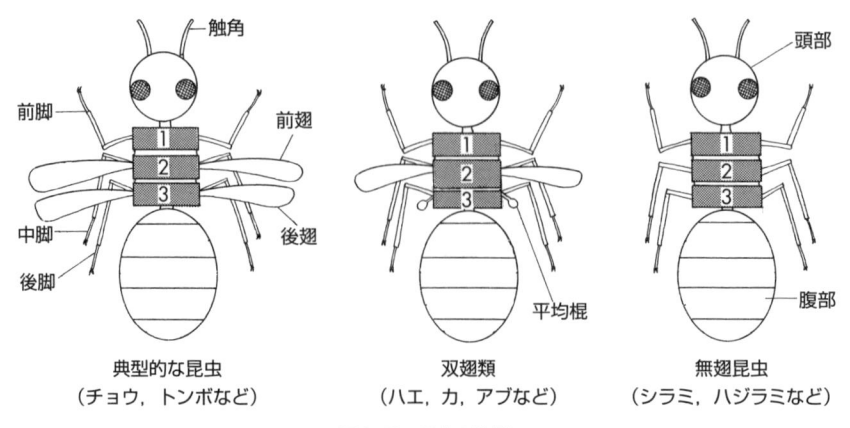

典型的な昆虫
（チョウ，トンボなど）

双翅類
（ハエ，カ，アブなど）

無翅昆虫
（シラミ，ハジラミなど）

図 3.40　昆虫の胸部

が見られる．頭部には一般に口器, 複眼, 単眼, 触角, ひげなどを備える（図3.41）．口器は食性の違いにより著しい分化が見られ, これによって衛生昆虫の宿主への害の及ぼし方が異なる. 昆虫の口器は次の6型に区分される（図3.42）．

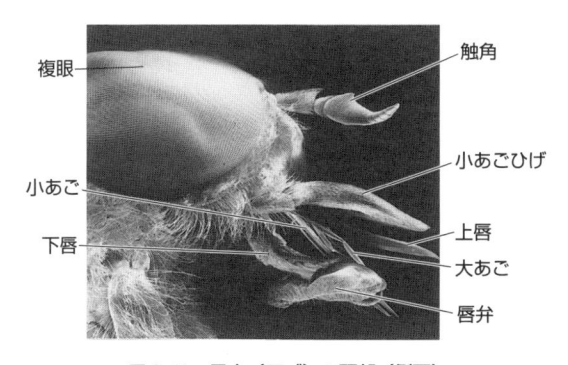

図 3.41 昆虫（アブ）の頭部（側面）

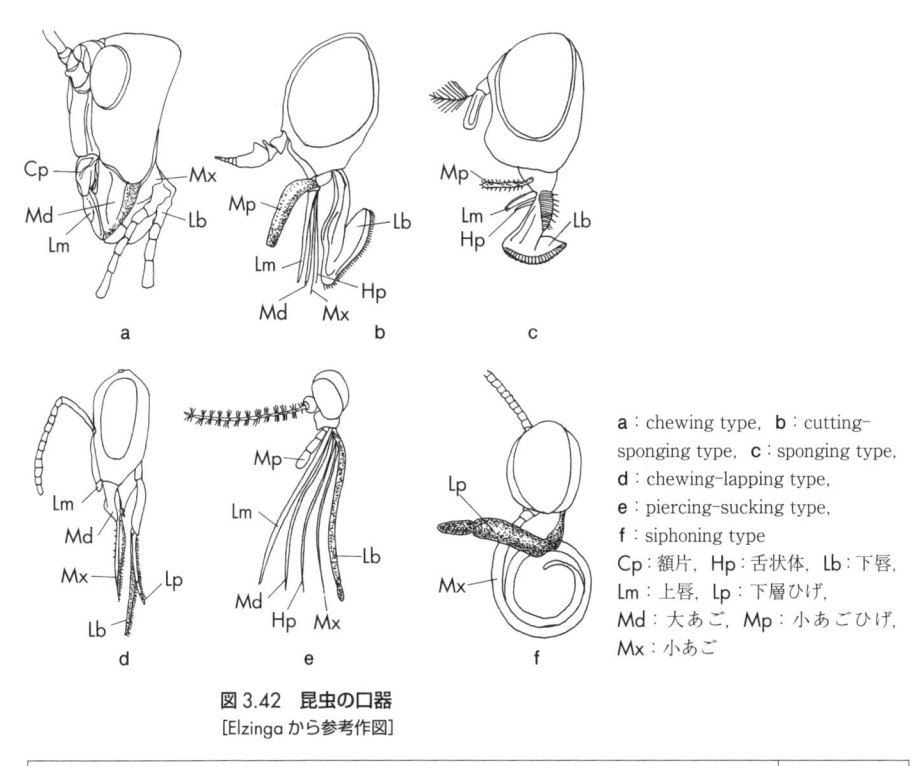

a：chewing type, b：cutting-sponging type, c：sponging type,
d：chewing-lapping type,
e：piercing-sucking type,
f：siphoning type
Cp：額片, Hp：舌状体, Lb：下唇,
Lm：上唇, Lp：下層ひげ,
Md：大あご, Mp：小あごひげ,
Mx：小あご

図 3.42 昆虫の口器
[Elzinga から参考作図]

3.4 昆虫類概説

chewing type（そしゃく型）：ゴキブリ，ハジラミ，コウチュウ，バッタなど
cutting-sponging type（かじって吸う型）：アブ，ブユなど
sponging type（吸いとり型）：ハエなど
chewing-lapping type（咬んでなめる型）：ハチなど
piercing-sucking type（刺して吸う型）：カ，シラミ，ノミ，サシバエなど
siphoning type（吸入型）：チョウ，ガなど

　昆虫の消化管は前腸（foregut），中腸（midgut），後腸（hindgut）の3部位に区分される（図3.8(p.53)参照）．前腸は口に続く部分でキチン質の外表をもち，咽頭（pharynx），食道（esophagus），嗉嚢（crop），前胃（proventiculus）などを形成する．なお，口腔には，しばしばよく発達した唾液腺（salivary gland）から続く唾液管（salivary duct）が開口する．中腸は吸収細胞から構成され，摂取された食物はここから体内に吸収される．後腸は老廃物の蓄積と排泄を担う．中腸と後腸の結合部分には，排泄器官であるマルピーギ管（Malpighian tube）が開口し，体内から集めた老廃物を後腸へ送る（図3.6(p.52)参照）．

　循環器は開放血管系で，血リンパ（haemolymph）が体内を循環している．体背部に管状の心臓を有するものもある．呼吸は体表にある気門（stigma）を通じて行われ，そこから体内に伸びる枝状の気管（trachea）により体内の各組織に酸素を供給している（図3.10(p.54)参照）．

　原則として雌雄異体で，有性生殖を行うが，単為生殖をするものもある（図3.43）．外部生殖器は一般に腹部末端に存在し，一部の群では，外部生殖器の形態が重要な分類標徴となっている．

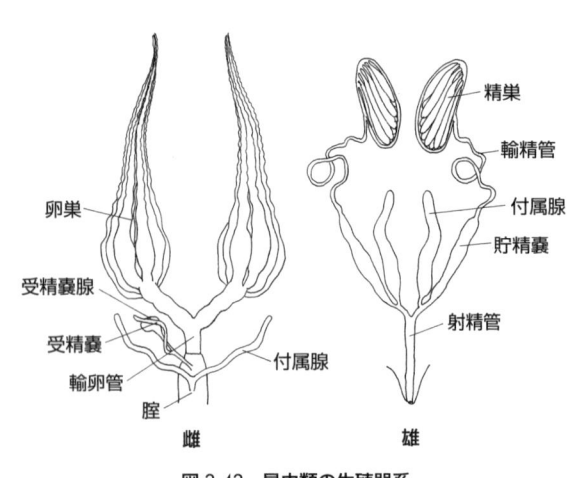

図3.43　昆虫類の生殖器系
[Snodgrassから参考作図]

3.4.3 生　態

A. 発育（脱皮と変態）

　昆虫は他の節足動物と同様,変態（metamorphosis）を伴う脱皮（moulting）を行って発育する．

　昆虫の変態は大別して完全変態（complete metamorphosis）と不完全変態（incomplete metamorphosis）とがあり，完全変態は昆虫類でのみ見られる．

　完全変態は，卵（egg），幼虫（larva），蛹（pupa），成虫（adult）の4期が明瞭に区別される．卵から孵化（hatch）した幼虫は食物の摂取を主目的として，数回の脱皮を行いながら成長する．このため，消化器系がよく発達しており，生殖器系は分化していない．十分に発育した幼虫は，一般にかたい外皮をまとった蛹となる．蛹は食物を摂取せず，外見は静止状態にあるが，体内では成虫への準備段階として大きな変化が起こっている．蛹から羽化（emergence）した成虫はおもに生殖に関与し，種によっては色鮮やかなものや奇妙な形態を示す．

　不完全変態は蛹の時期を経ないものを総称していうが，幼虫の形態が成虫とはかなり異なるものから，大きさが異なるだけで形態的差違がほとんど見られないものまで種々の段階のものがある．

半変態（hemimetabolous development）：
　　　　　幼虫期と成虫期の形態が異なっているもの．トンボ，セミなど
漸変態（paurometabolous development）：
　　　　　幼虫期と成虫期の形態が類似しているもの．シラミ，ハジラミなど
無変態（ametabolous development）：幼虫期と成虫期の形態が同じもの．シミなど

　これに対して，完全変態昆虫の幼虫は，成虫とはまったく異なった形態を有しており，ほとんどのものが「ウジ型」もしくは「イモムシ型」で，一般に体は細長く，脚は3対の本来の脚（胸脚）のほかに，疣脚（腹脚）をもつもの（例：チョウやガの幼虫）や，脚をまったく欠くもの（例：カミキリムシの幼虫）もある．また，種によっては,蛹の時期に繭（cocoon）をつくるもの（例：カイコガ，ノミ）がある．

B. 食 性

　昆虫はそれぞれの生活環境に応じてさまざまな食性をもつが，完全変態をするものの多くは，幼虫と成虫では異なった場所で生活し，食性も異なっている．たとえば，カの幼虫は水中で生活し，有機物を摂取しているが，成虫は地上で生活し，動物の血液や樹液などを摂取している．また，ノミの幼虫は環境中で自由生活をするが，成虫は寄生生活をして吸血する．不完全変態昆虫では，トンボやセミのように，成虫と幼虫とで異なる生息場所を示すものもあるが，バッタやシラミのように生息場所を共有しているものも多い．

　人獣に被害を及ぼす衛生昆虫でも，人獣に寄生して血液や組織液を摂取するもの，組織をかじりとるもの，飼料や食品を食害するものなどがあり，それぞれに食性に適した口器を有している（図3.42参照）．とくに吸血を行うものは，宿主に貧血，痒覚，皮膚炎などを起こさせるばかりでなく，各種疾病の病原体を直接宿主の血液内に伝播するものも多い．吸血昆虫が吸血活動を行う理由として，(1)幼虫期，成虫期を通じて血液が栄養源となる，(2)成虫のうち雌のみが吸血し，これが卵巣の発育を促して産卵可能となる，(3)幼虫期に血液が栄養源となる，(4)成虫期に血液が栄養源となる，の4つがあげられる．

　吸血に際しては，唾液の注入が行われるが，唾液には抗血小板凝集ペプチド，抗血液凝固物質（血液の凝固を防ぐ），脈管拡張物質などさまざまな成分が含まれており，これが痒みや発赤の原因となる．

C. 寄生様式

　寄生性昆虫の宿主への寄生様式はさまざまであるが，大きく終生寄生（永久寄生）と一時寄生に区分される．

a. 終生寄生（永久寄生：permanent parasitism）

　全生涯を宿主の体上または体内で過ごすもので，シラミ，ハジラミなどがこれに該当する．終生寄生性のものでは翅が退化する傾向がある．移行型の例として，ハエ目の寄生性昆虫であるシラミバエ科に属するものでは，翅をもつもの，一時的に翅をもつもの，翅をまったく欠くものがある．一般に終生寄生性のものでは，進化の過程で特定の宿主との共存を獲得したものが多いため，宿主特異性（host specificity）が高く，シラミ，ハジラミの多くは宿主がわかればほぼ種が特定できる（例：ブタのシラミーブタジラミ，イヌのハジラミーイヌハジラミなど．ただし，鳥類に寄生するハジラミはひとつの宿主に複数種が寄生する場合が多い）．

b. 一時寄生（temporary parasitism）

　発育環のある時期のみ寄生生活を営み，他の時期は自由生活を行うものをいう．吸血性のハエ目昆虫（カ，ヌカカ，アブ，ブユなど）の多くはこれに該当し，雌成虫のみが一時的に動物に飛来して吸血を行う．同じハエ目のサシバエ類では雄雌成虫とも吸血するが，ノサシバエは常時動物の体上にいて吸血するのに対し，サシバエは吸血時のみ動物を襲う．一般に宿主特異性はあまり高くない．

D. 寄生の目的

　寄生性昆虫が宿主に寄生する目的にはさまざまな理由がある．

a. 吸　血

　発育の過程で宿主の血液が不可欠なもので，栄養源として必要なものと，卵巣の発達のために必要なものとがある．前者では幼虫，成虫とも吸血活動を行うもの（シラミ，サシガメなど）と，成虫のみが吸血するもの（サシバエ，ノミなど）があり，これらのうちシラミは終生寄生者であるが，他は一時寄生者である．後者では雌成虫のみが吸血し，すべてが一時寄生者である．

b. 宿主の組織，分泌液の摂取

　ハジラミ類は吸血は行わないが，終生寄生者で，宿主の体上で生活し，皮膚の剥離片，羽毛，皮脂などを栄養源として生活する．

c. 幼虫期の発育

　生活環の課程で幼虫が宿主体内で発育するもので，ウシバエ，ウマバエ，ヒツジバエなど一部のハエ目昆虫に見られる．宿主特異性は高い．

d. 本来寄生性ではないもの

　宿主への寄生生活が不可欠ではないが，宿主の体液や組織液を摂取するために宿主体上にくるもので，イエバエ類などがこれに該当する．宿主特異性はほとんどない．病気をもつ動物やそれらの排泄物との往復により，病原体の機械的伝播者となりうる．

e. 迷入者

　寄生性ではない昆虫がたまたま宿主の体上に落下している場合や，飼料，飲水などともに宿主体内に入り込み，糞便検査などの際に検出されるもので，病害性をもつ種との鑑別が必要となる．

3.5 衛生動物として重要な昆虫類

3.5.1 シラミ類，ハジラミ類 Phthiraptera

　獣医学分野では，シラミ類とハジラミ類は，最近まで目のレベルで区別して扱う分類が長年にわたって用いられてきた．しかし，分子系統学の進展によって，現在は，両者をシラミ目（Order Phthiraptera）としてひとつにまとめ，この下にシラミ亜目，短角ハジラミ亜目（マルツノハジラミ亜目），長角ハジラミ亜目（ホソツノハジラミ亜目），長吻ハジラミ亜目（ゾウハジラミ亜目）の4亜目を設ける見解が主流である．

A. シラミ類 louse, lice
●形態●

　シラミ亜目の成虫の形態的特徴は，体が背腹に扁平であり，翅がない．頭幅は胸幅より狭い（ハジラミ類との鑑別点）．口器は吸血に適しており，ふだんは体内に収納されていて観察できないが，吸血時に突出する．歩脚は頑丈で，先端に大きな爪をもつ．触角は3〜5節からなり，一般に眼を欠く．卵は楕円形で乳白色〜黄白色を呈し，一端に蓋をもつ（図3.44）．

●生態●

　全世界に分布し，不完全変態（小変態，漸変態：paurometabolous development）によって，卵→若虫→成虫となる．卵は産卵管の基底部より出される粘着物質（セメント）によって一端が包みこまれ，宿主の毛に膠着する（ヒトのコロモジラミが卵を衣服の繊維に膠着させるのを唯一の例外として，シラミの卵はすべて宿主の被毛に産みつけられる）．若虫は卵の遊離末端の卵蓋から孵化するが，成虫と形がよく似ており，孵化後すぐに吸血する．若虫は3齢期を経て成虫となる．雌成虫は1日に3〜10個，一生の間に約300個の卵を産む．負の走光性をもち，変態や産卵も暗いところで行われる．シラミは，生理的にも形態学的にも哺乳類にきわめてよく適応していて，鳥類には寄生せず，哺乳類でも，単孔類，有袋類，コウモリ，肉食獣（イヌを除く），ゾウ，クジラには寄生しない．

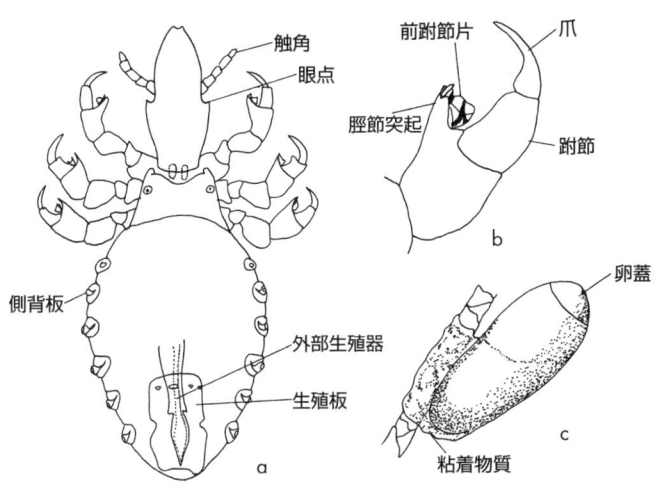

図 3.44　シラミの一般形態
a：ウマジラミ（雄）成虫背面　　b：肢環節　　c：ブタジラミ卵
[a, b：Kettle から参考作図]

ブタジラミ

学　名：*Haematopinus suis*
英　名：hog louse

●分類・形態●

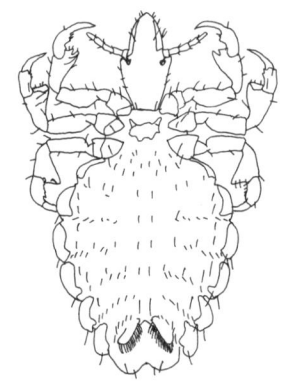

腹面

　ケモノジラミ科に属する．成虫の体長は，雌が 4.0 〜 5.0 mm，雄が 3.6 〜 4.2 mm で，最大のシラミ種である．頭部，腹部側板に濃い色素斑がある．3 対の歩脚はほぼ同形同大．

●分布・生態●　世界各地に分布する．ブタの体表に寄生する唯一のシラミで，耳のうしろの部分，腹側，下胸部，前後肢外側部などに寄生することが多い．卵の孵化には 2 〜 3 週間が必要で，若虫期は約 2 週間である．成虫の寿命は 30 〜 40 日であり，雌は毎日 3 〜 6 個の卵を産む．ブタの体表上で 1 年間に 6 〜 12 世代が交代する．宿主のブタを離れて吸血できなくなると 3 日間で死亡する．冬季に多く発生する．

●病害●　吸血によって宿主に強い痒覚をもたらすため，宿主は不安，不眠，食欲減退に陥る．また痒みのために，宿主が体を器物や壁にこすりつけて，細菌の二次感染を生じることがある．豚痘（ポックスウイルス科）を媒介する．

●対策●　罹患動物を隔離し，殺虫剤を用いて治療する．殺虫剤としては有機リン剤やイベルメクチンが用いられる．

ウシジラミ

学　名：*Haematopinus eurysternus*
英　名：short-nosed cattle louse

●**分類・形態**●　ケモノジラミ科に属する．成虫の体長は，雌が 3.0 mm，雄が 2.2 mm．頭部は短い．各歩脚はほぼ同形同大．腹部両側縁には発達した側板を有する．
●**分布・生態**●　世界各地，とくに温帯地域に分布する．成牛に多く寄生し，とくに頭部（とくに角の基部あたり），胸垂，背部，尾根部の体表に多く寄生する．冬季に寄生が多く，夏季は寄生数が激減し，外耳道付近に潜んでいることが多い．雌虫の寿命は 10 〜 15 日であり，連日 1 〜 4 個ずつ不透明褐色の卵を産み，卵から成虫までの期間は 20 〜 40 日である．
●**病害**●　多数寄生によって貧血が起きる．
●**対策**●　ブタジラミに準ずる．

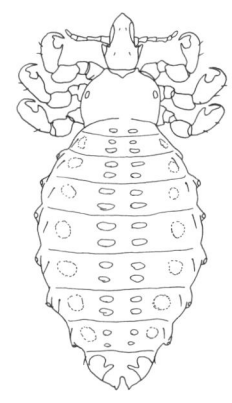

背面

ケブカウシジラミ

学　名：*Solenopotes capillatus*
英　名：little blue cattle louse

●**分類・形態**●　ケモノホソジラミ科に属する．前 2 種よりも小形で，成虫の体長は，雌が 1.8 mm，雄が 1.3 mm．ウシホソジラミに似るが，頭部は短く，触角より前方の頭部の突出はごくわずか．頭部の長さは幅よりわずかに長い．
●**分布・生態**●　世界各地に分布する．ウシに寄生するが，日本ではまれである．成牛の鼻鏡部，頸部，胸垂などに多く寄生する．
●**対策**●　ブタジラミに準ずる．

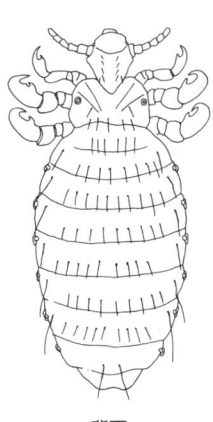

背面

ウシホソジラミ

学　名：*Linognathus vituli*
英　名：long-nosed cattle louse

● 分類・形態 ●

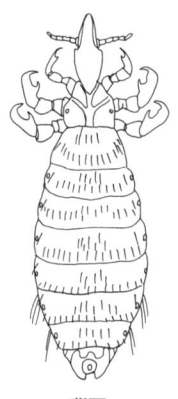

背面

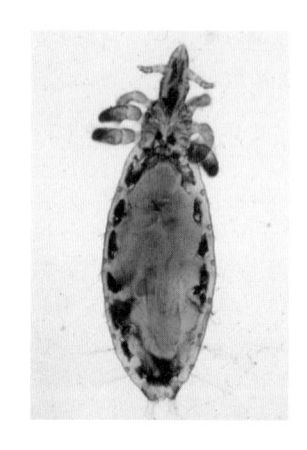

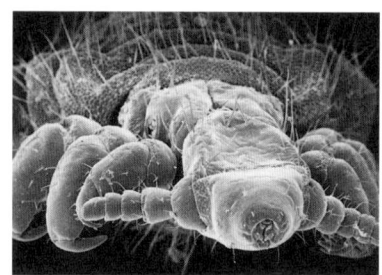

頭部

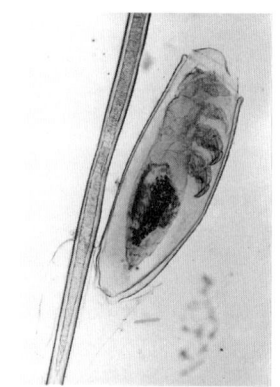

ウシの被毛に産みつけられた卵
卵蓋をもち，なかには幼虫が形
成されている

　ケモノホソジラミ科に属する．成虫の体長は，雌が 1.8 〜 2.6 mm，雄が 1.7 〜 2.3 mm．ウシジラミに比べて頭部，胸部，腹部ともに細長い．第 1 脚は，第 2，第 3 脚よりも細くて短い．腹部両側縁には側板を欠く．

● 分布・生態 ●　世界各地に分布する．泌乳牛と幼牛に多く発生し，まれにヤギにも寄生する．胸垂，肩部，頸部，臀部が好寄生部位である．冬季に寄生が多くなる．卵から成虫まで 21 〜 30 日を要する．雌成虫の産卵は毎日 1 個である．

イヌジラミ

学　名：*Linognathus setosus*
英　名：dog sucking louse

●分類・形態●

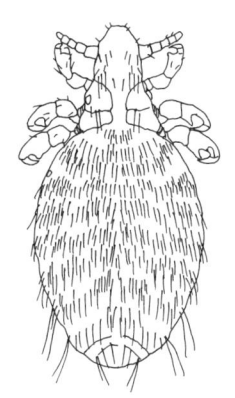

[Ferris から参考作図]

　ケモノホソジラミ科に属する．成虫の体長は，雌が 2.0 mm，雄が 1.5 mm．胸部は頭部よりはるかに幅広い．腹部は卵形で，各背板には 2 列の短毛が存在する．

●分布・生態●　世界各地に分布する．イヌとイヌ科の動物に寄生する．ウサギの寄生例もある．卵は被毛に膠着して産卵される．1 世代は 2 〜 3 週間．

●病害●　吸血による痒覚は激しく，多数寄生では貧血が起きる．また細菌の二次感染による症状の悪化が見られる．

●近縁種●

ウマジラミ（*Haematopinus asini*）：英名は horse sucking louse．雌 3.6 mm，雄 2.6 mm．頭部は細長く，眼を欠くが，眼窩（ocular point）は顕著．ウマ，ロバに寄生する．

ヤギホソジラミ（*Linognathus stenopsis*）：英名は goat sucking louse．雌 2.0 mm，雄 1.8 mm．頭部は細長く円錐形で，眼と眼窩の両方を欠く．ヤギに寄生する．なお，日本におけるアフリカヤギジラミ（*L. africanus*（英名：African blue louse））のヤギ寄生，*L. pedalis*（英名：foot louse of sheep）と *L. ovillus*（英名：face and body louse of sheep）のヒツジ寄生についてはともに不明．

ハツカネズミジラミ（*Polyplax serrata*）：雌 1.2 mm，雄 0.9 mm．頭部は太く短い．第 3 脚が他の歩脚に比べて大きく，強大な爪を有する．ハツカネズミ，アカネズ

ミに寄生する．ドブネズミ，クマネズミにはイエネズミジラミ（*P. spinulosa*）が寄生する．

セイウチジラミ（***Antarctophthirus trichechi***）：カイジュウジラミ科に属し，体長は雌 3.5 mm，雄 3.0 mm．体は強硬で，頭部背面と腹節側面に大きな棘毛が密生している．第1脚は他の歩脚に比べてやや小さい．セイウチに寄生する．

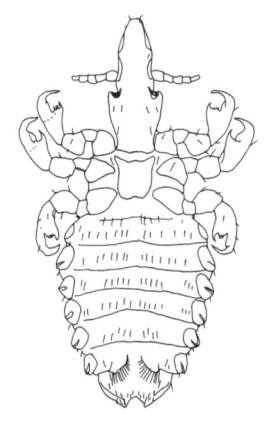

ウマジラミ
[Ferris から参考作図]

ヤギホソジラミ
[Ferris から参考作図]

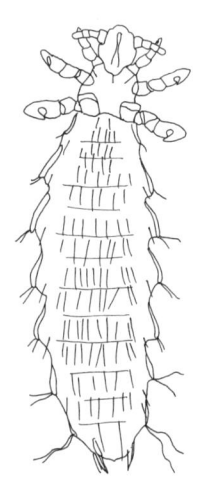

ハツカネズミジラミ

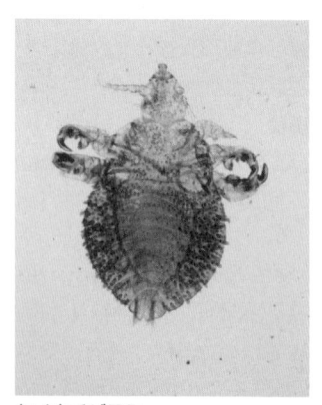

イエネズミジラミ

セイウチジラミ

ヒトジラミ

学　名：*Pediculus humanus*
英　名：head louse, body louse

●分類・形態●

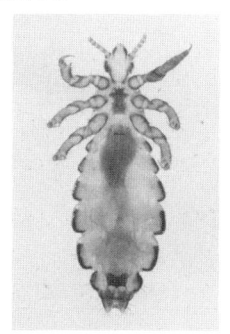

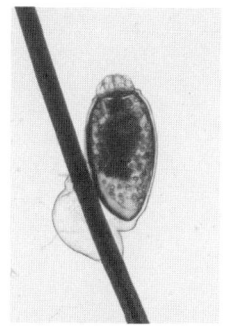

コロモジラミ　　アタマジラミ　　ヒトの毛髪に見られた
　　　　　　　　　　　　　　　　アタマジラミの卵

　ヒトに寄生するヒトジラミは，寄生部位の違いによってアタマジラミとコロモジラミに明瞭に区別され，両者は疾病媒介性も異なっている．しかし，体長はともに雄で 2.0〜3.0 mm，雌で 2.4〜3.6 mm であり，形態的な差異もわずかである（コロモジラミでは腹部環節が不明瞭）．このため，両者を亜種とするか独立種とするかについては，長年，議論があった．しかし，分子生物学的研究によって，両者はヒトの衣類着用（clothing）が契機となって，72000 年（± 42000 年）前に分岐したことが明らかにされ，それぞれは亜種とすべきであるとの結論が得られた．すなわち，アタマジラミ（*Pediculus humanus humanus*（英名：head louse））とコロモジラミ（*P. h. corporis*（英名：body louse））の 2 亜種とする見解が受け入れられ，それぞれを独立種と扱う意見は退けられた．

●分布・生態●　世界各地に分布する．ヒトに寄生し，アタマジラミは頭に，コロモジラミは体幹，衣服に生息する．日本ではコロモジラミはほとんど見られなくなったが，アタマジラミはしばしば保育園，幼稚園，幼児の通うプールの脱衣場などでの集団発生によって発見される．

●病害●　吸血による痒み，ストレスとともに，コロモジラミは，発疹チフス，塹壕熱，回帰熱を媒介する．*Richettsia prowazekii* が病原体の発疹チフスは，いまでも人口過密な難民キャンプなどで流行している．本病の伝播は，感染コロモジラミが吸血中に排泄した糞便に含まれるリケッチアを，ヒトがシラミの刺咬部をひっかいて傷口から擦り込むというユニークな経皮的感染による．塵埃中のシラミの糞便が吸気されて感染が成立する経気道感染もある．

ケジラミ

学　名：*Phthirus pubis*
英　名：crab louse, pubic louse

●**分類・形態**●

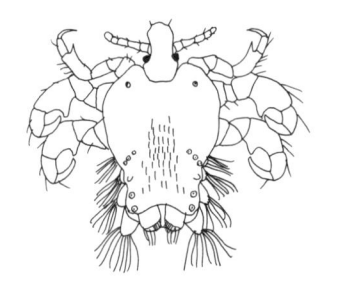

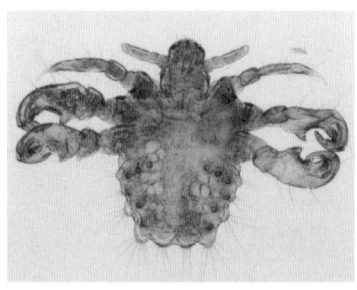

[Kettle から参考作図]

　ケジラミ科に属する．体長は雌が 1.5 mm，雄が 1.3 mm．体は横幅があり，太い歩脚と爪を有する．とくに第 2，第 3 脚は強大．腹部側縁に突起がある．

●**分布・生態**●　世界各地に分布する．ヒトの陰毛に寄生するが，眉毛，まつげ，口ひげ，腋毛，胸毛，脛毛などにも寄生する．毛の根元の皮膚に食い込んで吸血する．他の宿主への伝播は直接の接触によるため，本種は性病（STD）の一種である．

●**病害**●　あまり移動せず，口器を皮膚に挿入したまま長時間吸血するため，掻痒感はきわめて激しい．細菌による二次感染（毛囊炎，湿疹，膿痂疹）も起こしやすい．疾病媒介能はない．

●**対策**●　剃毛し，患部に寄生しているケジラミと卵を除去するのがもっとも効果的である．剃毛後も皮膚に付着しているケジラミがいるので，これはピンセットで物理的に除去する．剃毛・除去後は抗生物質軟膏を塗布する．

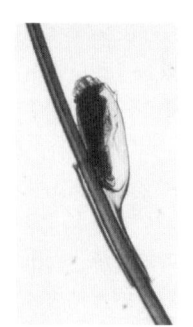

陰毛に糊付された卵

B. ハジラミ類 biting louse
●分類・形態●

　ハジラミ類は,体は背腹に扁平であり,翅がない．体長は 1.4 ～ 4.0 mm であり，雄で大形になることがある．頭部は大きく，頭幅は胸幅より広い（シラミとの鑑別点）．口器は頭の前方腹面にあり，1 対のよく発達した大あごがあり，食物を咀嚼するのに適している（図 3.45，表 3.3）．

　ハジラミ類は，短角ハジラミ亜目（マルツノハジラミ亜目），長角ハジラミ亜目（ホソツノハジラミ亜目），長吻ハジラミ亜目（ゾウハジラミ亜目）の 3 亜目からなり，世界で約 3,000 種，日本では約 250 種が知られている．ハジラミの亜目の形態的特徴は，次のとおりである．

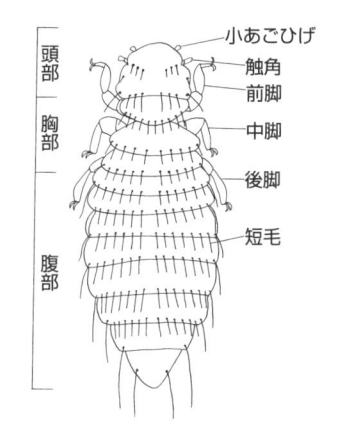

図 3.45　ハジラミの形態(背面)

(1) 短角ハジラミ亜目（マルツノハジラミ亜目：Amblycera）：触角は 4 節からなることが多く，先の膨らんだ棍棒状であり，頭部の両端にある溝または穴のなか

表 3.3　シラミ，ハジラミ，およびノミの特性

	項　目	シラミ	ハジラミ	ノ　ミ
成虫の形態	体形	背腹に扁平	背腹に扁平	左右に扁平
	頭部	小さく，頭幅は胸の幅より狭い	割合に大きく，頭の幅は胸の幅と同じか広い	小さく胸に密接し，頸部なし
	口器	刺し込み，かつ吸血に適す	咀嚼型で，大あごが発達する	刺し込み，かつ吸血に適す
	触角	3 ～ 5 節	3 ～ 5 節	短く 3 節で棍棒状
	翅	なし	なし	なし
	脚	各脚同形	各脚同形	太くて長い，とくに後脚は長い
生態	変態	不完全変態	不完全変態	完全変態
	発育	卵→若虫(1, 2, 3)→成虫	卵→若虫(1, 2, 3)→成虫	卵→幼虫(1, 2, 3)→蛹→成虫
	吸血	若虫，成虫(雄，雌)	しない(小出血を摂取することあり)	成虫(雄，雌)
	寄生	全生涯	全生涯	成虫
	移動	匍匐	匍匐	匍匐，跳躍
	産卵	被毛に固着	被毛に固着	宿主外または宿主体上(宿主体上のときは落下しやすい)
	宿主	哺乳動物	哺乳動物，鳥類	哺乳動物，鳥類
	宿主嗜好性	強い	強い	弱い

に収まっている．

(2) 長角ハジラミ亜目（ホソツノハジラミ亜目：Ischnocera）：触角は3～5節からなり，頭部の両側から完全に露出し，しばしば雌雄でその形が異なる．小あごひげを欠く．

(3) 長吻ハジラミ亜目（ゾウハジラミ亜目：Rhynchophthirina）：口吻が長く伸び，その基部から5節からなる触角を生じる．*Haematomyzus* 1属からなり，インドゾウとアフリカゾウに寄生するゾウハジラミ（*H. elephantis*）のほか，イボイノシシから *H. hopkinsi* が，ヤブイノシシから *H. porci* が記載されている．

●分布・生態●

シラミ類とは宿主と食性が異なる．宿主は，シラミが鳥類に寄生することがないのに対して，ハジラミは鳥類と哺乳類の双方に寄生する．食性は，シラミが吸血性であるのに対して，ハジラミは宿主の皮膚の剥片，羽毛，皮脂などをよく発達した大あごでかじって食べる咀嚼性である．しかし，宿主の外傷から滲出した血液を偶発的に摂取する個体は少なくなく，また一部は積極的に出血を引き起こす．

全世界に分布し，シラミと同様の不完全変態によって発育する．セメントで被毛に膠着された卵は，約1週間で孵化して若虫になる．若虫には3齢期があり，脱皮をくり返して2～3週間で成虫となる．全生涯を寄生生活で送る偏性寄生虫であり，他の宿主への寄生は動物相互の接触による．冬季に多く発生する．

●病害●

ハジラミ寄生によって宿主は，不安，食欲減退，不眠状態，被毛や羽毛の損傷・脱落，無毛状態に陥り，ニワトリでは，産卵，体重，抗病性の著しい低下が見られる．なお，ウシハジラミやニワトリオオハジラミの若虫と成虫がかじりとるのは，表皮の角質層のケラチン化した細胞の表面側2/3であり，角質層の下層まで及ぶことはないにもかかわらず，ハジラミに寄生された宿主では，長期にわたる激しい掻痒と皮膚炎（ヒツジハジラミの寄生による scatter cockle など）が認められる．この原因が，最近，局所的な CD4：CD8 T 細胞のバランス異常であることが明らかにされている．なお，ヒトを襲うハジラミはない．

ニワトリオオハジラミ

学　名：*Menacanthus stramineus*
英　名：chicken body louse

● 分類・形態 ●

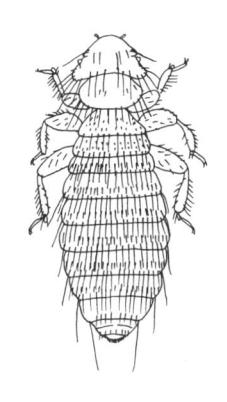

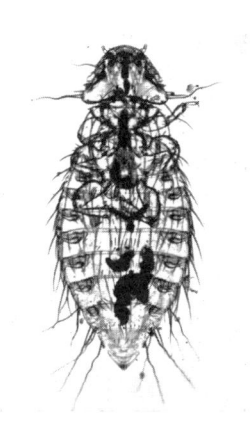

　ニワトリに寄生するハジラミは13種類が知られており，日本には10種が分布する．これらの一部はシチメンチョウ，アヒルなどの家禽にも寄生する．

　本種の体長は3.0 mm．頭部は三角形に近く，棍棒状の触角は腹面側にあり，背方から確認が困難．頭部下面には1対の歯状突起をもつ．腹部は全体に後方に膨らんだ形状であり，腹部体節の背面には2列あるいはそれ以上の数の短毛が並ぶ．脚の跗節の爪は2本．ニワトリ，シチメンチョウ，クジャク，ニホンキジなどに寄生する．全身性に寄生するが，とくに翼羽，肛門付近，胸部，大腿の皮膚面に多い．

● 分布 ●　世界各地にもっとも普通に分布する．

● 生態 ●　発育史の完了には約2週間が必要であり，卵期は4～5日．第1～第3齢期はそれぞれ3日間．雌虫の寿命は平均12.4日で，毎日0～4（平均1.6）個の産卵をする．卵は前半部分に毛が密生している．

● 病害 ●　皮膚や羽柄をかじり，皮膚の滲出血液を摂取するなど加害性が高く，死亡例も多い．人工感染された産卵鶏では，寄生後12週目には産卵量が最大46％低下し，体重は450 g減少した．

● 近縁種 ●

ニワトリハジラミ（*Menopon gallinae*）：英名は chicken shaft louse, shaft louse．体長1.9 mm．体色は淡黄色で，頭には赤褐色斑がある．頭部は三角形で，棍棒状の触角は腹面側にあり，背方から確認できない．前胸は盃の形に近い．第4腹節の腹面の体側近くにも短毛の集まりがある．第3脚腿の腹面には15～22本の短毛の

3.5　衛生動物として重要な昆虫類

集まりがある．世界各地に普通に分布する．東南アジアの野鶏のハジラミが起源．

ニワトリツノハジラミ（*Menacanthus cornutus*）：英名は body louse．体長 2.0 mm で小形．中胸背板に少数の短毛のみをもつ．世界各地に分布する．

ウスイロニワトリハジラミ（*Menacanthus pallidulus*）：英名は small body louse．体長 1.6 mm．腹部 2〜7 節の毛は 1 横列に並ぶ．世界各地に分布する．東南アジアの野鶏のハジラミが起源．

カクアゴハジラミ（*Goniodes dissimilis*）：英名は brown chicken louse．体長 2.5 mm．一般に *Goniodes* 属のハジラミは大発生せず，病原性も低い．丸みを帯びる．頭部の後縁に 4 本の長毛を有する．東南アジアの野鶏のハジラミが起源．

マルハジラミ（*Goniodes gigas*）：英名は large chicken louse．体長 4.0 mm．前種とともにニワトリ寄生ハジラミのなかでもっとも大形で，互いに体形も似る．頭部の後縁の長毛は 6 本．ホロホロチョウのハジラミが起源で，熱帯地方で多く発生する．

ヒメニワトリハジラミ（*Goniodes gallinae*）：英名は fluff louse．小形種で，体長 1.5 mm．頭幅は頭長よりも大であり，頭部前方は丸く，後方は角張る．触角は 5 節からなり，常に露出している．頭部には 4 本の長毛と複数の短毛が存在．腹部背面の毛は少数．脚の跗節の爪は 2 本．肛門周辺，背部，胸部などの綿毛に寄生する．東南アジアの野鶏のハジラミが起源．

ニワトリナガハジラミ（*Lipeurus caponis*）：英名は wing louse．体形は細長く，体長 2.4 mm．ニワトリ，キジ類の翼羽の腹面に主に寄生する．あまり活発に動かない．熱帯・亜熱帯に多く，5 亜種が知られている．

ハバビロナガハジラミ（*Cuclotogaster heterographus*）：英名は chicken head louse．体長 2.0 mm．頭幅は頭長よりも短い．頭部は前方が均等に丸く，触角後方で最大幅となる．触角は 5 節からなり，常に露出している．後胸背板に 2 対の長毛集団をもつ．腹部背面の毛は 1 列．腹部の体節は多くが背板中央部で区画されている．脚の跗節の爪は 2 本．ニワトリの頭部と頚部に特徴的に多く寄生し，キジにも寄生する．裏庭養鶏で発生が多いのは世界共通である．成虫の寿命はハジラミとしては例外的に長く，数か月に及ぶ．

ハトナガハジラミ（*Columbicola columbae*）：英名は slender pigeon louse．体長 2.6 mm．ハトの羽毛に寄生する．

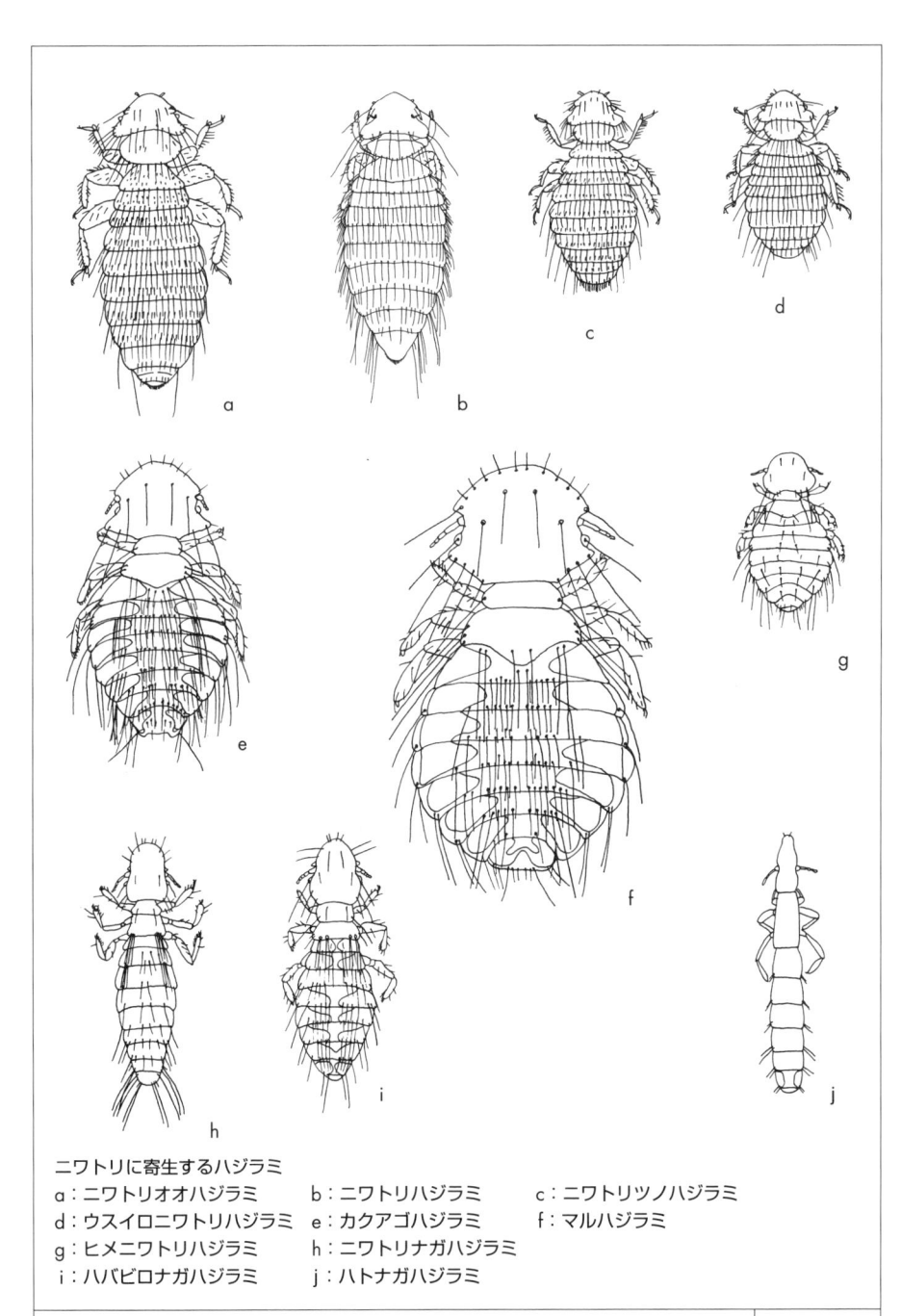

ニワトリに寄生するハジラミ
a：ニワトリオオハジラミ　　b：ニワトリハジラミ　　c：ニワトリツノハジラミ
d：ウスイロニワトリハジラミ　e：カクアゴハジラミ　　f：マルハジラミ
g：ヒメニワトリハジラミ　　　h：ニワトリナガハジラミ
i：ハバビロナガハジラミ　　　j：ハトナガハジラミ

3.5　衛生動物として重要な昆虫類

ウシハジラミ

学　名：*Bovicola bovis*
シノニム：*Damalinia bovis*
英　名：cattle biting louse

● 分類・形態 ●

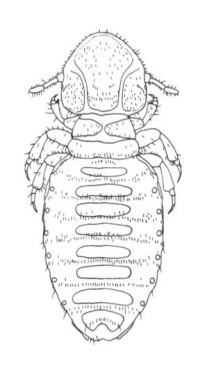

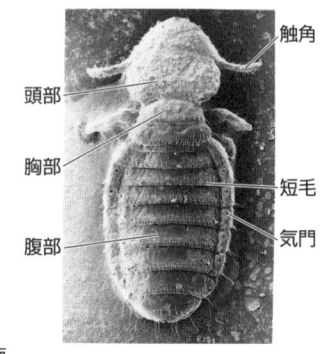

背面
[Werner から参考作図]

触角
頭部
胸部
腹部
短毛
気門

　1990年代に属に昇格された *Damalinia* は，現在，再び *Bovicola* の亜属として扱われることが多くなった．体長は 1.5 mm 内外．頭部は赤褐色，腹部は淡黄褐色である．頭幅と頭長はほぼ同じ．腹部中央および両側に褐色斑を有する．

● 分布・生態 ●　世界的に分布し，ウシの体表に特異的に寄生する．単為生殖（facultative parthenogenesis）で増殖し，雄虫も認められる．卵は 7 〜 10 日で孵化し，約 3 週間で成虫になる．成虫の寿命は約 45 日．

● 病害 ●　冬季に舎飼いの肉牛と乳牛の両方で多く発生する．部分的脱毛や全身性のふけが見られる．ホルスタインはジャージーやブラウンスイスよりも重度の寄生となりやすい．吸血性のシラミに比べて，ケラチン食性の本種による被害は少ないとみなされていたが，免疫応答の異常による疥癬類似の皮膚炎を起こすことがあり，防除対策は必須である．

● 近縁種 ●

ウマハジラミ（*Bovicola equi*）：英名は horse biting louse．体長 2.0 mm 内外．ウマとラバに特異的．冬季に多く発生し，頭部，たてがみ，尾根部，肩部に多く寄生する．雄虫は少なく単為生殖が疑われている．卵から成虫になるのに 27 〜 30 日が必要．世界的に発生している．

ヒツジハジラミ（*Bovicola ovis*）：英名は sheep biting louse．体長 1.5 mm 内外．ヒツジとオオツノヒツジに特異的．夏季は脚の羊毛に寄生し，冬季は躯幹（背中線か

ら体側) に寄生する．寄生によって羊毛の質は著しく低下する．卵から成虫になるのに 32～34 日が必要．世界的に分布している．

ヤギハジラミ（*Bovicola capre*）：英名は goat biting louse．体長 1.5 mm 内外．頭胸部は赤褐色，腹部は黄褐色で，褐色ないし黒褐色の斑紋をもつ．ヤギに特異的．寄生によって毛質は著しく低下する．卵から成虫になるのに 36～37 日が必要．成虫の寿命は 10～43 日．

ウシの被毛を咬む
ウシハジラミ

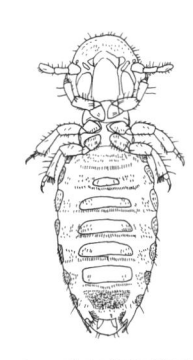

ヒツジハジラミ腹面
[Werner から参考作図]

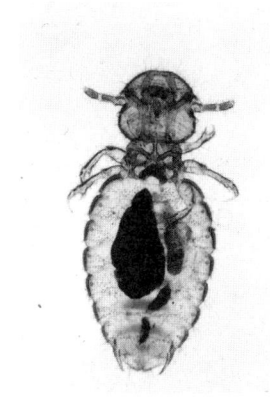

ヤギハジラミ

ゾウハジラミ

学　名：*Haematomyzus elephantis*
英　名：elephant biting louse

● 分類・形態 ●

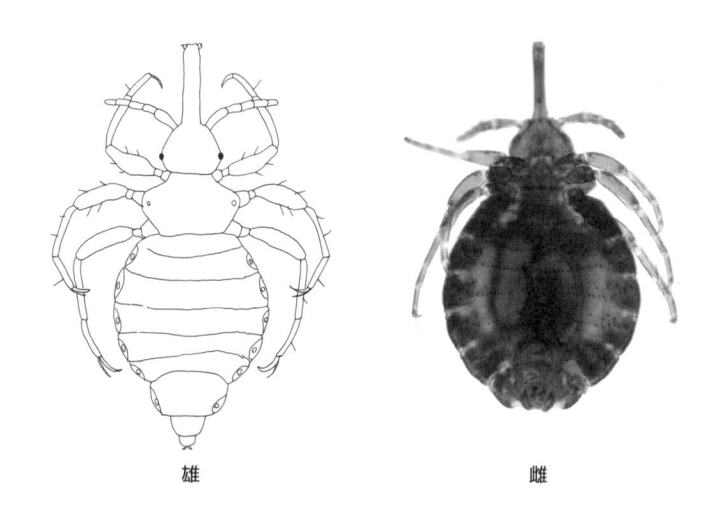

雄　　　　　　　　　　雌

　長吻ハジラミ亜目 (Rhynchophthirina) ゾウハジラミ科 (Haematomyzidae) に属し，本科は *Haematomyzus* 1 属のみが知られている．本種の体長は 2.0～4.0 mm で，口吻が長く伸び，特徴ある形態を示す．口吻の先端には強固な大あごをもつ．頭部背面後部には隆起が存在する．触角は 5 環節よりなり，その後方に小さな眼をもつ．胸部は他のハジラミと異なり，頭部の幅より広く，強固な板によって構成されている．脚は細長く，跗節の先端に 1 個の爪がある．

● 分布・生態 ●　アジアゾウ，アフリカゾウの双方に寄生する．動物園飼育下のゾウからも報告されている．卵は他のハジラミ同様，宿主の被毛に糊づけされて産みつけられ，そこから孵化した若虫は宿主の体上で脱皮しつつ成虫となる．他の宿主への感染は宿主どうしの接触による．

● 病害 ●　強固な大あごでゾウのかたい皮膚をかじるため，多数感染により強い掻痒感を示す．

● 対策 ●　カルバメート系シャンプーによる全身洗浄が著効を示したとの報告がある．

イヌハジラミ

学　名：*Trichodectes canis*
英　名：dog biting louse

●分類・形態●

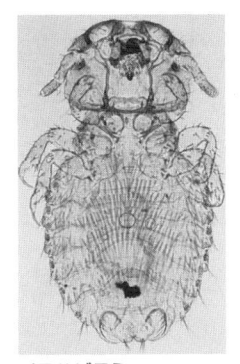

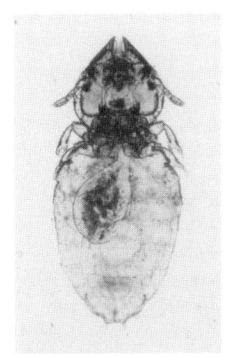

イヌハジラミ　　　　ネコハジラミ

　体長2.0 mm. 頭幅は頭長よりも大きく，頭部は四角形を呈する．触角は3節からなり，短く頑丈で，常に露出している．歩脚の跗節の爪は1個のみ．腹部は卵円形であり，各体節には1列に毛が生じる．気門の数は6対．

●分布・生態●　世界的に分布している．イヌやディンゴなどのイヌ科の動物に特異的に寄生する．頭部，頸部，尾部に多い．イヌの体開口部付近に寄生が多いのは湿度の影響とされる．雌虫の寿命は約30日で，毎日数個の卵を産む．卵は1～2週間で孵化し，第1～第3若虫を経て成虫になるまで約2週間が必要．宿主から離れても3日間以上は生存可能であり，宿主相互の接触によって伝播されるが，被毛ブラッシング用の櫛やブラシに付着して伝播した例もある．

●病害●　患畜は搔痒のため，寄生部位をこすりつけたり，ひっかいたり，咬んだりする．睡眠不足，興奮，脱毛，毛づやの悪化などが認められる．幼若犬，老犬，衰弱したイヌ，飼養環境の悪いイヌなどで寄生が見られる．瓜実条虫（*Diphylidium caninum*）の媒介者となりうることが知られている．

●近縁種●

ネコハジラミ（*Felicola subrostrata*）：英名はcat biting louse, cat louse. 体長1.0～1.5 mm. 体色は黄色～黄褐色．頭部は三角形で，前方に尖る．頭部の前端中央には小さな湾入部がある．触角は3節からなり，常に露出．歩脚の跗節の爪は1個のみ．腹部背面の毛は短くまばらである．気門の数は3対．ネコに特異的に寄生する．

3.5.2　カメムシ類 Hemiptera（半翅類）

　世界的には82,000種以上，日本国内だけで2,900種ほどが知られ，非常に多くの種が含まれており，また，生態，形態ともにきわめて多様性に富んだグループである．口部は針状で，突き刺して液体を吸引するタイプであるが，上唇を伴わず，下唇が細長く伸び，小あごと大あごを収める．口吻は収納できず，腹側後方に折り曲げられる．また，吸引ポンプを収めた頭楯が大きく発達する．これら口部構造がグループ内に共通するおもな形質であり，有吻目（Rhynchota）とよばれることもある．不完全変態．一般にヨコバイ亜目（同翅亜目：Homoptera）とカメムシ亜目（異翅亜目：Heteroptera）に大別される．

ヨコバイ亜目：翅をもつ場合は4枚ともにほぼ同質．いずれも植物を穿刺し，その汁液を餌とする．植物汁液から十分なアミノ酸を得るには，その含有量が低く，同時に摂取される糖質が相対的に過剰となるため，これを濃縮して蜜として分泌するものもある．植物害虫として重要なものが多く含まれる．ウンカ，セミ，ツノゼミ，アワフキムシ，ヨコバイなどを含むグループと，アブラムシ，コナジラミ，カイガラムシなどを含むグループがある．

カメムシ亜目：翅をもつ場合，典型的には，前2枚の翅基部は硬化してコウチュウのように革状を呈する一方，その末端部分は膜状のまま左右が重なるように尾端でたたまれる（図3.46）．これが半翅目の名の由来である．臭腺をもつ．食性はさまざまで，植物汁を摂取するもの，昆虫その他小動物を捕獲し，消化液を注入して体外消化の後にその体液を摂取するもの，あるいは温血動物の血液を餌とするものなどがあり，吸血性のものは衛生動物として問題となる．吸血性のトコジラミ類とサシガメ類とともに一般的なカメムシ類を含む陸生カメムシのグループ，アメンボを含む両生カメムシのグループ，そしてタイコウチやタガメなどを含む水生カメムシのグループがある．

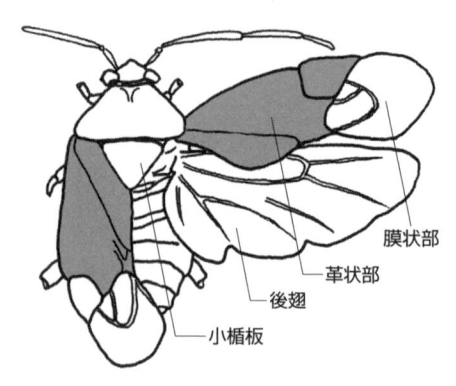

図 3.46　カメムシの模式図
[Borrorから参考作図]

トコジラミ

学　名：*Cimex lectularius*
英　名：bedbug
別　名：ナンキンムシ

●**分類・形態**●　成虫の体長は5〜8 mm．無翅の不完全変態昆虫．「シラミ」の名があるが，シラミ類とは分類学的位置が大きく異なるカメムシ目（半翅目）に属する．扁平で楕円形の腹部をもち，胸部より頭部の幅は狭い．前胸両側は頭部を囲むように前方に突出する．口器は針状で，未吸血時は腹側後方に折り曲げている．吸血により腹部は大きく厚みを増す．卵は長径1 mmほどの細長い徳利形で，トコジラミの隠れ場所に産みつけられる．

成虫
[（社）神奈川県ペストコントロール協会提供]

●**分布**●　世界の温帯地域に分布する．低温では発育できないが生存は可能．一般に衛生管理が悪い地域に分布するが，途上国のみならず日本を含む先進国でもときに大量発生が見られる．

●**生態**●　幼虫から成虫まで卵以外のすべてのステージが吸血性である．昼間はベッド材内部やマット下，部屋や家具の隙間や割れ目などを隠れ場所とし，夜間にヒトを求めて現れ，手近な露出部を刺咬する．吸血時，刺咬部をわずかにずらして再刺咬することがあり，刺し口が2か所残ることも多い．刺激を与えるとカメムシ様の独特の臭気を発する．

●**病害**●　初回刺咬時は無症状のことも多いが，2回目以降は刺咬時には無感覚であるものの，あとになり紅斑を伴う強い掻痒を呈する．刺咬頻度によっては，刺咬直後から痒みを感じることもある．

●**対策**●　室内各所の隙間，ベッドや敷物の裏などの隠れ場所となる部分の環境を整備し，物理的に虫体および卵を除去する．隠れ場所や通り道となる場所に残効性のある殺虫剤を施用する．わずかな隙間へも殺虫剤を噴霧すべきであるが，耐性個体も存在するため，薬剤に頼りすぎない防除が好ましい．

●**近縁種**●　ヒトを刺咬するタイワントコジラミ（*Cimex hemipterus*，別名：ネッタイナンキンムシ，世界の亜熱帯〜熱帯地域に分布）のほかに，コウモリや鳥類を宿主とする動物寄生性のトコジラミ類も存在する．

サシガメ	学　名：*Triatoma* spp., *Rhodnius* spp., *Panstrongylus* spp. など
	英　名：assassin bug, kissing bug

●**分類・形態**●　カメムシ目（半翅目）サシガメ科（Redubiidae）の数百属数千種におよぶ昆虫群の総称．不完全変態．体長は4〜40 mmと比較的大形で，全種が突き刺すタイプの口器をもつ捕食性昆虫．口吻は，比較的太くて短く，平時は頭部前端から「く」の字型に腹側後方に折れ曲がっており，吸血時には先端を下方から前方に伸ばす．ほとんどは昆虫を主体とした節足動物を餌とするが，それらが偶発的に温血動物を刺咬することもある．一部の種は温血動物のみを吸血対象とし，とくに家屋生息性の*Triatoma*属，*Rhodnius*属および*Panstrongylus*属などは，人獣共通感染症であるシャーガス病（Chagas' disease）の病原体であるクルーズトリパノソーマ（*Trypanosoma cruzi*）をヒトに媒介する可能性が高い．

左：*Triatoma infestans* 成虫（背側）
右：*Triatoma infestans* 成虫（頭部左側面）

●**分布**●　サシガメとしては全世界に分布するが，シャーガス病媒介種は中南米に限られる．

●**生態**●　卵以外の全ステージが吸血性である．屋内生息性のサシガメは，日中は天井裏，壁の割れ目，あるいは寝具の下などに潜む．夜になると就寝中のヒトを求めて刺咬し，激しい痛痒をもたらす．

●**病害**●　吸血後，灼熱感を伴う激しい痒みをもたらす．また刺咬時のサシガメは皮膚上で糞便を排泄するが，トリパノソーマ原虫を保虫している場合，これに原虫が含まれており，痛痒から宿主が局所を掻く際に刺咬創に病原体が擦り込まれて感染する．すべてのステージがトリパノソーマ媒介能をもつ．シャーガス病の治療は容易ではなく，感染を防ぐことが重要である．

●**対策**●　環境対策により生息場所をなくすとともに殺虫剤を施用する．重要種は家屋生息性であることから，通常はピレスロイド系を中心とした安全性の高い殺虫剤が使用される．日中の待機場所や吸血場所への移動経路上などに対し，重点的に薬剤を施用する．可能であればイヌなどの保虫宿主となる動物を家屋周辺から遠ざける．

3.5.3 ノミ類 Siphonaptera（隠翅類）

　成虫は光沢ある褐色ないし暗褐色の昆虫で，翅はなく，体は左右に扁平で体表に剛毛があり，宿主の被毛の間を移動するのに適する．宿主寄生後の雌は雄より大きい．歩脚はよく発達し，とくに後肢が発達した種類はよく跳ねる．口器は刺す形で，血液の吸引に適する．体表の剛毛の位置と数は種の同定に有力な手がかりとなり，とくに太い剛毛が整列した構造を棘櫛という．

　ノミの成虫はすべて寄生性で，鳥類を含む恒温動物に寄生するが，ヒト以外の霊長類には寄生しない．一部を除き宿主特異性はそれほど厳密ではない．成虫だけが寄生性で，雌雄ともに吸血するが，それ以外のステージは宿主体外で発育する．吸血による臓器の発達のため，寄生前後で腹部体節間が伸張し，体が大きくなるが，とくに雌は卵巣の発育により，雄に比べても大形化する（図3.47）．寄生様式は種によりさまざまであり，吸血時だけ寄生し，吸血完了後はすみやかに宿主から離脱して隠れ場所で消化吸収や産卵を行うもの（ヒトノミなど），寄生成立後は，ほぼ宿主体表上で移動しつつ寄生するもの（ネコノミなど），宿主体表で寄生部位が決まると，そこに持続的に固着し続けるもの（ニワトリフトノミなど），あるいは各々の中間の性質をもつものが認められる．

　ノミの卵は白色，卵円形，0.3～0.5 mmほどの大きさで，種によって宿主動物体上やノミの隠れ場所に産み出される（図3.48）．宿主体上で産み出された卵は表面が平滑であるため，そのほとんどが宿主体上から落下する．生涯の産卵数は，種および報告者によりさまざまであるが，数百～千個以上にのぼる．卵の環境抵抗性は高くなく，孵化には適温のほかに高湿度（70～85％）が必要であり，1～数日中に孵化する．孵化時のみ認められる幼虫頭部

図3.47　雌雄ネコノミ成虫の吸血後変化
左：未吸血　右：吸血後　上段：雌　下段：雄

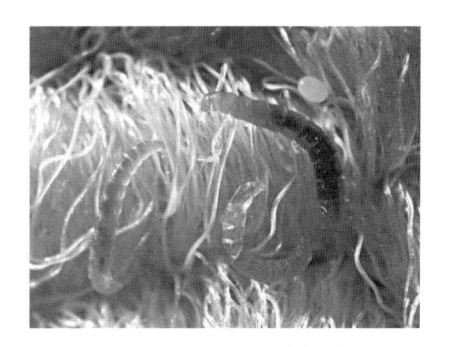

図3.48　ネコノミの幼虫と卵

3.5　衛生動物として重要な昆虫類

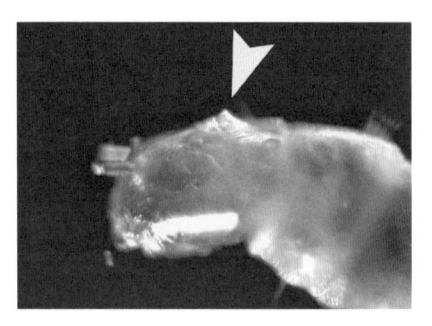

図 3.49　ネコノミ 1 齢幼虫の頭部側面
背側に卵歯（白矢頭）を認める

図 3.50　ネコノミ繭

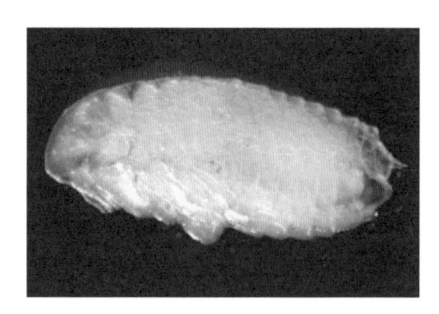

図 3.51　ネコノミ蛹

背側の卵歯（egg tooth）（図 3.49）を用い，卵殻を切り裂くことで外界に出る．幼虫は無脚白色の細長いウジ状で，成熟すると体長が 4 〜 10 mm に達する．幼虫体表には剛毛があり，正の走地性と負の走光性をもち活発に運動する．幼虫の餌は環境中の有機物であるが，種によっては，発育に成虫の排泄した糞が必要となる．幼虫の発育にも高湿度が必要である．3 齢幼虫になると糸を吐いて 3 × 1 mm ほどの繭をつくり（図 3.50），そのなかで蛹となる（図 3.51）．繭は周囲に支持体があればそこにしっかり固定され，表面には周辺にあるごみなどの細片を付着させるため，発見は困難である．ノミの 1 世代は，種により，また環境条件により変わるが，ヒトノミで 4 〜 6 週間といわれる．

　獣医学および医学的にはイヌノミ，ネコノミ，ヒトノミ，ケオプスネズミノミなどが重要で，吸血による貧血，刺咬による掻痒やアレルギー性皮膚炎の発生を招く．また，ウイルス（ウサギの粘液腫症：myxomatosis），細菌（ペスト菌，猫ひっかき病菌），リケッチア（発疹熱リケッチア）などを媒介するほか，幼虫が環境中の瓜実条虫，小形条虫，縮小条虫などの卵を摂取し中間宿主となる．

ネコノミ	学　名：*Ctenocephalides felis* 英　名：cat flea
イヌノミ	学　名：*Ctenocephalides canis* 英　名：dog flea

● 分類・形態 ●

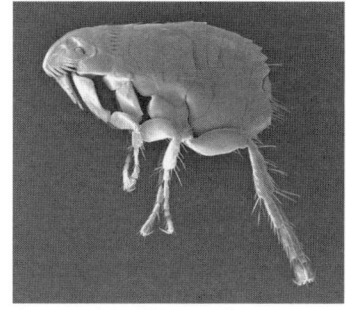

ネコノミ成虫（雌）SEM 像 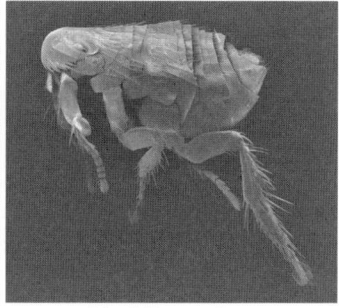　　　イヌノミ成虫（雄）SEM 像

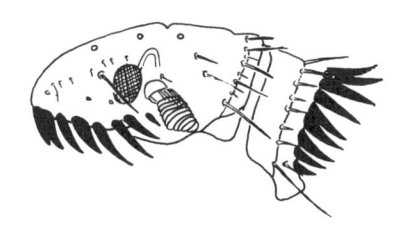

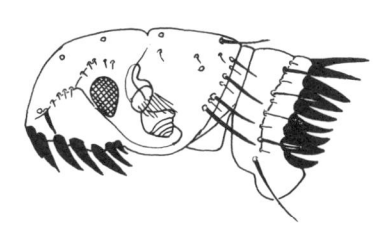

ネコノミ（左）とイヌノミ（右）頭部の形態の相違

　体長はネコノミ，イヌノミとも雄 1.2 〜 1.8 mm，雌 1.6 〜 2.0 mm である．雄は尾端に交尾補助器官であるしゃもじ状の把握器をもつ．いずれも頭部下縁と前胸背板後縁に櫛状剛毛列（ctenidia）をもつことから *Ctenocephalides* 属の名がある．イヌノミはネコノミと比べ頭部の前縁が丸く，高さは長さの 1/2 以上，および頬棘櫛の第 1 棘が第 2 棘より著しく短いことから区別できる．

● 分布 ●　両種とも全世界に分布する．

● 生態 ●　成虫は動物体上で交尾，産卵し，卵はおもに動物の休息場所に落ちて，25℃，湿度 80％ で 1 〜 6 日で孵化する．蛹期は約 2 週間で，実験室内の好適条件下では 18 〜 21 日で全発育環を完了する．乾燥条件は致死的に働く．蛹は，刺激がなけれ

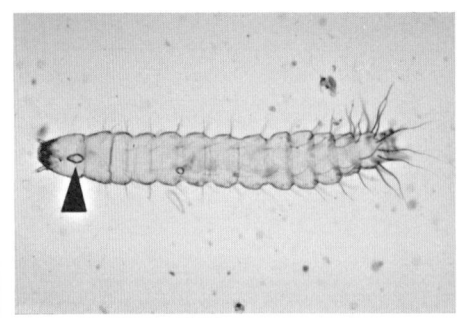

イヌノミ1齢幼虫（背側）
矢頭で卵歯を示す

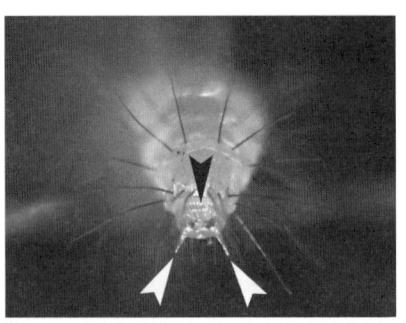

ネコノミ幼虫体後端部に見られる突起（白矢頭）と剛毛列（黒矢頭）

ば羽化を最大6か月遅らせることができる．温度，二酸化炭素，熱，圧力などが羽化刺激となる．感染は動物が汚染域に入ることによるほかに，動物どうしの接触でも起こりうる．ノミは寄生後すみやかに吸血を開始する．ネコノミでは体重のおよそ15倍の血液を1日に摂取し，多量の糞便を排泄するが，これは宿主から落下し，環境中に生息する幼虫必須の餌となる．感染後48時間以内に産卵を開始し，最大で1日に30個ほどの卵を産む．

　ネコノミ，イヌノミともに，ネコとイヌのほか，マウス，ラット，ニワトリ，ウシ，ヒトなどにも寄生する．ネコノミはネコに，イヌノミはイヌに，ある程度の嗜好性があるが，先進国の都市部，とくに家屋内飼育のイヌでは，ネコノミがより多くみられる．

●**病害**●　刺咬時の掻痒により動物にストレスを与えるほか，ノミアレルギー性皮膚炎（flea allergy dermatitis；FAD）の原因となる．寄生が多数長期にわたると貧血が生じる．また瓜実条虫，縮小条虫などの中間宿主となる．

●**対策**●　宿主に寄生する成虫を対象とした宿主対策と，卵から感染待機状態の成虫までを対象とした環境対策に分かれる．宿主に対しては，種々の殺虫剤が利用可能であり，安全性や持続性に配慮した薬剤が多く開発されている．剤型としては，古くはノミとり首輪やノミとり粉などが使用されたが，近年ではスポットオン剤，スプレー剤，フォーム剤，あるいは経口剤が利用される．シャンプーも効果的であるが，一時的に麻痺状態となったノミをノミとり櫛を使用するなどして除去すると効果が高まる．環境対策としては，壁際や敷物の下などの微小環境に配慮した乾燥を心がけるとともに，カーペットのフローリング化や，床敷きの交換頻度を増やすなど環境整備を心がける．また少数寄生による知らぬ間の飼育環境汚染を防止する目的で，成虫に直接的効果はないが，次世代の孵化や幼虫発育を抑制するキチン合成阻害剤や幼若ホルモン様物質などの薬剤（IGR剤）が使用される．

ヒトノミ	学　名：*Pulex irritans* 英　名：human flea
ニワトリフトノミ	学　名：*Echidnophaga gallinacea* 英　名：sticktight flea

●分類・形態●

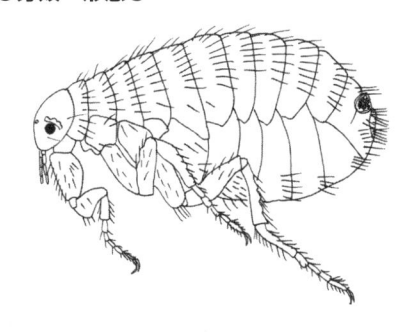

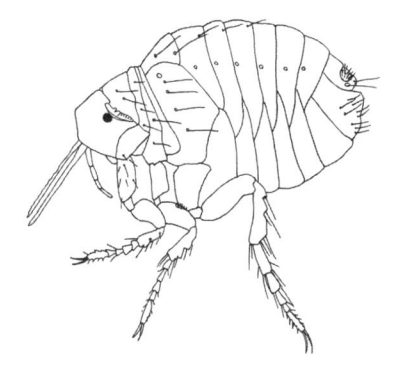

ヒトノミ（雌）[Neven-Lemaire から参考作図]　　　ニワトリフトノミ[Patton から参考作図]

　ヒトノミは，体長が雄は約 2 mm，雌は約 3 mm，ニワトリフトノミは約 1 mm．ニワトリフトノミは胸部背板長が著しく短縮し，頭部が角張っている点が特徴である．いずれも頭部と前胸に棘櫛がなく，イヌノミ，ネコノミと区別できる．

●分布●　ヒトノミは全世界に分布する．ニワトリフトノミはおもに熱帯に分布するが，亜熱帯および日本を含む温帯にも見られる．

●生態●　ヒトノミの宿主範囲は広く，ヒトのほか，ネズミ，イヌ，キツネ，イタチ，アナグマなどの野生動物や家畜（とくにブタ）に寄生する．ニワトリフトノミはすべての家禽のほか，ネコ，イヌ，イエウサギ，ウマ，ヒトなどに寄生する．ニワトリフトノミの成虫は，寄生部位を定めて口部を刺入すると原則的に生涯そこにとどまる．好寄生部位はニワトリでは眼の周囲，肉垂，とさか，肛門など，哺乳類では腹部，口唇，眼周囲，耳介，陰嚢，趾間など被毛の少ない箇所である．ヒトノミは湿度が高ければ 7〜10℃で採食せずに 125 日間生存できるという．ヒトノミは動物から動物へ伝播するが，ニワトリフトノミは汚染域に動物が入って感染する．

●病害・対策●　ニワトリフトノミの雌の口器は宿主の皮膚に深く差し込まれるため，激しい刺激，局所の浮腫，潰瘍を起こし，ひいては貧血，産卵低下をきたすことがある．吸血開始後は他宿主へ移動しないため，実質的に病原体を伝播しない．ヒトノミの病害はネコノミ・イヌノミと同様．対策はネコノミ・イヌノミに準ずる．

ケオプスネズミノミ	学　名：*Xenopsylla cheopis* 英　名：oriental rat flea, tropical rat flea, Indian rat flea
ヨーロッパネズミノミ	学　名：*Nosopsyllus fasciatus* 英　名：brown rat flea, northern rat flea, European rat flea

●**分類・形態**●　ケオプスネズミノミは，イヌノミやネコノミと同じ大きさであるが，色がやや琥珀色で，頬部と前胸背板の棘櫛がない．ヒトノミに似るが，触角窩後縁に3本の剛毛があり，さらに頭部後方に剛毛列が存在する．ヨーロッパネズミノミは，体長が1.5〜2.5 mmで細長く，琥珀色が強い．他種との鑑別点は，頬棘櫛がなく前胸棘櫛があること，およびその棘の数の違いである．

●**分布**●　両種とも全世界に分布するが，前者は北アフリカからインドが原産で，後者はヨーロッパに多い．

●**生態**●　両種とも幼虫が宿主の巣にだけ見られる点を除けば，イヌノミと同様である．宿主はともにドブネズミ，クマネズミ，ヨーロッパハツカネズミのほか，野生の齧歯類に寄生する．都市部，港湾部のネズミにとくに多い．

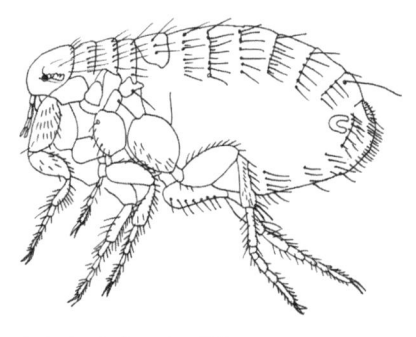

ケオプスネズミノミ（雌）

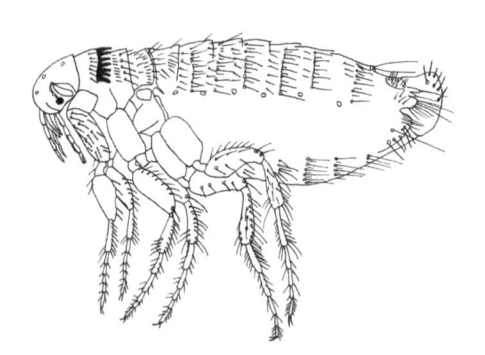

ヨーロッパネズミノミ（雌）［Pattonから参考作図］

●**病害・対策**●　縮小条虫，小形条虫の中間宿主となるほか，とくにケオプスネズミノミはペスト菌と発疹熱リケッチアの伝播者として重要である．ノミに吸われた血中のペスト菌は，前胃と中腸で増殖して栓状物を形成し，食物の通過を妨げるため，次の吸血の際に菌を含む消化管内容が宿主血中に逆流して感染が起こる．そのほかケオプスネズミノミはネズミのトリパノソーマ（*Trypanosoma lewisi*）も媒介する．対策はネコノミ・イヌノミに準ずる．

ヤマトネズミノミ	学　名：*Ceratophyllus anisus* シノニム：*Monopsyllus anisus*
メクラネズミノミ	学　名：*Leptopsylla segnis* 英　名：European mouse flea

●分類・形態●

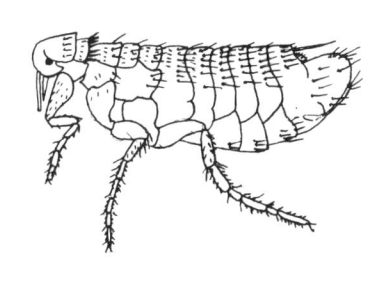

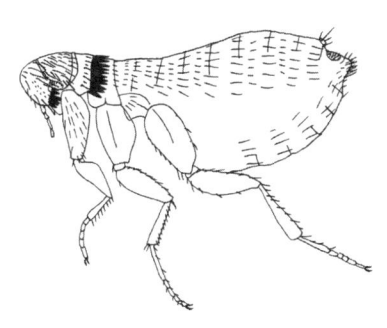

ヤマトネズミノミ　　　　　　　メクラネズミノミ

　両者とも体長は雄が約 2.0 mm，雌が約 2.5 mm．ヤマトネズミノミは前胸背板後縁にだけ棘櫛がある．メクラネズミノミは前胸背板後縁の棘櫛のほか，頬にも 4 本の棘櫛があり，これに加え額部側面の棘状剛毛が特徴である．

●分布●　ヤマトネズミノミは，日本，朝鮮，中国，アメリカなどに分布し，メクラネズミノミは全世界に分布する．

●生態●　ヤマトネズミノミはネズミ，リス，ネコなどに寄生し，メクラネズミノミはマウスやラットに寄生する．ともにヒトを襲うことは少ない．幼虫期は宿主の巣で過ごす．

●病害●　自然宿主への害は不明．縮小条虫，小形条虫の中間宿主である．リケッチアを伝播するが，ペスト菌伝播者としての意義は低い．

●対策●　ネコノミ・イヌノミに準ずる．

スナノミ

学　名：*Tunga penetrans*
英　名：sand flea, chigoe, jigger

●**分類・形態**●　雌の体長は，吸血前は 1.0 mm ほどであるが，吸血開始後は宿主皮内で腹部第 2 および第 3 節がクチクラの新生を伴って大幅に伸張し，体が膨化して頭尾方向に扁平な空豆様の外観を呈するようになる．成熟すると 7.0 mm に達する．雄の体長は 0.5 mm で，皮膚内穿孔性はない．雌雄ともに棘櫛をもたない．

●**分布**●　西インド，マダガスカルを含むサハラ周辺，中南米に分布する．

●**生態**●　雌は宿主皮膚にとりつくと，口部を皮膚に刺入して切り裂き，宿主皮膚内に侵入する．宿主皮膚の反応性増生も相まって，最終的には尾節を外界と連絡させるのみで，体全体が皮膚内に埋没するが，吸血に伴って皮下織を押し広げるようにして腹部を発達させる．雄は徘徊性で，皮膚外に露出した雌の尾節に交接刺を挿入して交尾し，立ち去る．雌は 2〜3 週間の間に数千個の卵を尾端から産出する．幼虫は 2 齢幼虫から蛹になり，早ければ卵から 20 日弱で成虫となる．

●**病害**●　ヒト，イヌ，ネコ，ブタ，ネズミなどが宿主となる．ヒトでは，雌成虫は足の裏，とくに爪先や爪先と爪の間の皮膚に侵入することが多い．侵入時および雌の皮下における発育過程で，掻痒の後，強い痛みが生じる．局所の炎症，皮膚潰瘍のほか，二次感染，とくに破傷風や壊疽が問題となる．南米では飼育豚で被害が大きく，仔豚の斃死も認められる．病原体の媒介は知られていない．

●**対策**●　汚染地域の土や砂の上を素足やサンダルで歩かない．皮膚内に侵入した雌に対しては，外科的除去のほか，イベルメクチンや有機リン剤の外用が有効である．

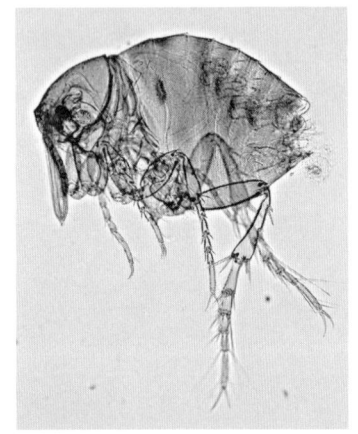

スナノミ成虫

3.5.4 ハエ類 Diptera（双翅類）

　昆虫類のうちでも70科以上を含むかなり大きな一群で，衛生昆虫としての意義をもつ種類も多い．成虫はほとんどのもので後翅が退化しており，一見して1対のみの翅を有するように見える．退化した後翅は平均棍（halter）として残り，ジャイロスコープ様器官としての役割を果たしている．前翅および中胸は一般によく発達しており，飛翔力に優れている（図3.52）．一部のものでは，寄生生活に適応して翅をまったく欠くものもある．

図3.52　双翅類の代表的昆虫イエバエ

　衛生昆虫として重要な双翅類には次のようなものがある．

(1) カ科　　　　　　Culicidae
(2) ヌカカ科　　　　Ceratopogonidae
(3) ブユ科　　　　　Simuliidae
(4) アブ科　　　　　Tabanidae
(5) イエバエ科　　　Muscidae
(6) クロバエ科　　　Calliphoridae
(7) ニクバエ科　　　Sarcophagidae
(8) ヒツジバエ科　　Oestridae
(9) シラミバエ科　　Hippoboscidae

これらのうち，(5)以下はいわゆる「ハエ」とよばれるものであるが，ハエの仲間は40科以上を含む大きな集団である．

　発育は完全変態で，卵→幼虫→蛹→成虫の各発育期をもつ．卵は一般にバナナ形で卵殻はやわらかいものが多い．幼虫は無脚の「ウジ」である．

　寄生生活をするものの多くは一時寄生者（temporary parasites）で，成虫のみが宿主を襲うものがほとんどであるが，ウマバエ，ウシバエのように幼虫期のみ寄生生活を送るものもある．成虫が吸血を行うものでは，雌雄ともに吸血するサシバエ類を除き，卵巣を発育するために雌のみが吸血する．この場合の宿主特異性は概して低く，さまざまな動物を吸血する．

A. カ類 Culicidae

英名を mosquitoes といい，きわめて普通に見られる昆虫で，それゆえ衛生昆虫のなかでも被害が大きいもののひとつである．吸血によるストレスを宿主に与えるとともに，伝染病や寄生虫病の媒介者（vector）としての意義も大きい．分類学的にはカ科（Culicidae）に属し，ハマダラカ亜科（Anophelinae）とナミカ亜科（Culicinae）に分けられるが，ナミカ亜科はイエカ類（*Culex*）とヤブカ類（*Aedes*）に区分される．

●形態●

完全変態を行い，卵，幼虫，蛹，成虫の各期がある（図3.53）．

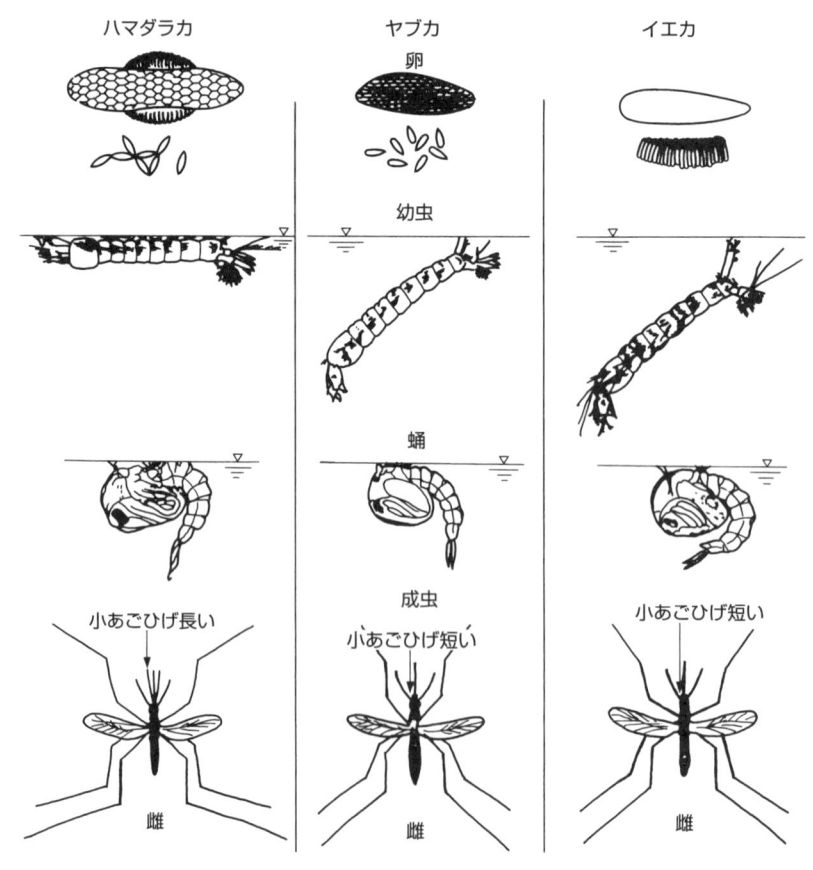

図3.53 ハマダラカ，ヤブカ，イエカ各期の比較（WHO，1972）

成虫：体長は 3 〜 10 mm 程度であるが，5 mm 内外のものが多い．体は細長く，脚は 3 対とも長い．中胸後部に 1 対の翅をもつ．翅はイエカ類，ヤブカ類では透明であるが，ハマダラカ類には斑紋がある．後胸には平均棍をもつ（図 3.54）．雄の触角は毛が長く密生して羽毛状であるが，雌の触角の毛は粗で短い（図 3.55）．口器は細長い針状の吻が前方に伸びている（図 3.56，図 3.57）．雌では下唇の溝のなかに上唇，舌状体，大あご，小あごを入れているが，雄では大あごと小あごは退化している．

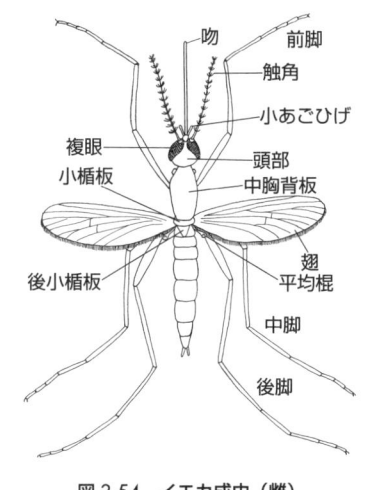

図 3.54　イエカ成虫（雌）

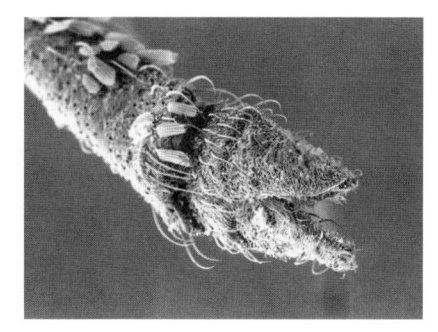

図 3.55　カの触角（WHO, 1972）

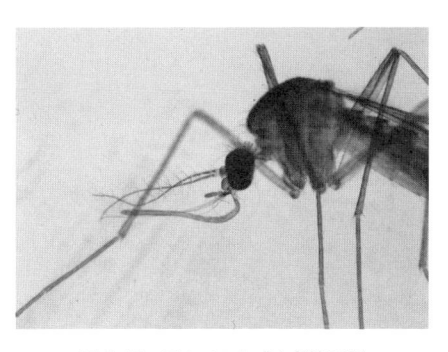

図 3.56　アカイエカ成虫（雌）頭部

図 3.57　ヤブカの吻先端の SEM 像

卵：楕円形を呈するが，ハマダラカの卵には両側に浮き袋がついている．ハマダラカ，ヤブカの卵はばらばらに水面に産みつけられるが，イエカでは卵塊として産みつけられ，細長い卵舟を形成する．

幼虫：カの幼虫はボウフラとよばれる．1〜4齢がある．頭部，胸部，腹部よりなり，胸部の幅がもっとも広い．頭部には触角，眼，口器がある．口器の前方には口刷毛をもつ．腹部の尾端には呼吸管，尾葉がある（図3.58，図3.59）が，ハマダラカの幼虫は呼吸管を欠いている．コガタアカイエカの呼吸管は長く，ヤブカでは短い．

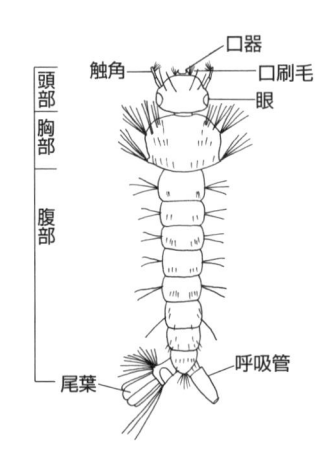

図3.58 カの幼虫（ボウフラ）

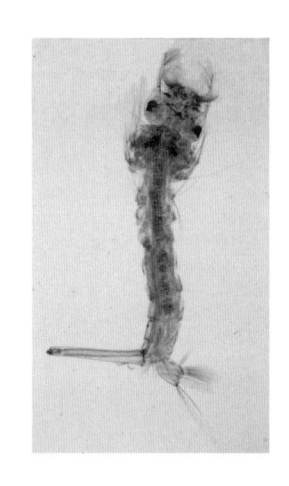

図3.59 コガタアカイエカの幼虫

蛹：頭胸部は融合しており，腹部は腹方に湾曲しコンマ状を呈する．頭胸部の背面に1対のラッパ状の呼吸角をもつ．尾端には1対の遊泳片があり，比較的活発に運動する．オニボウフラとよばれる（図3.60，図3.61）．

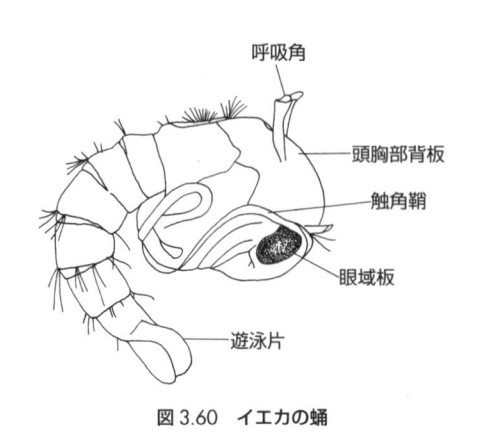

図3.60 イエカの蛹

図3.61 コガタアカイエカの蛹

●発育●

　卵はほとんどの場合水面に産みつけられ，幼虫（ボウフラ），蛹（オニボウフラ）は水中で生活する．幼虫の発育は水温に左右され，たとえばアカイエカでは20～25℃が至適温度で，10℃ではまったく発育しない．高温域では30℃を超えると死亡率が高くなる．塩分濃度に対する耐性は種によって異なり，多くの種ではNaCl濃度が0.9%を超えると生存が困難であるが，トウゴウヤブカ，オオクロヤブカの幼虫などではさらに高濃度でも発育することができ，そのため，海水が混じるような汚水域での発生が多い．発育に適当な環境下では幼虫期間は約1週間である．蛹の期間は通常2～3日で，成虫は水面で羽化する．

　自然界における発育日数は環境条件によって左右されるが，夏季では卵から成虫までの期間はおよそ10～20日である．成虫の寿命は1～2か月といわれている．

●生態●

発生源：カはさまざまな水域から発生するが，種によって発育に好適な水域がやや異なっている．すなわち，シナハマダラカ，コガタアカイエカ，キンイロヤブカなどは広くて比較的きれいな水域から発生し，ヤブカの代表であるヒトスジシマカは空き缶に溜まった雨水のように狭くて小さな水域を好む．一方，アカイエカは畜舎や鶏舎にある下水溝のような有機物の多い水域から発生し，オオクロヤブカはさらに有機物の多い汚い水域が発生源となる．ただし，これらは絶対的なものではない．

成虫の行動：羽化した成虫は，成熟するまでに雄では十数時間，雌では1～2日を要する．成熟した雌のみが宿主を吸血する．宿主特異性はほとんどなく，ヒトも普通に吸血される．活動時間帯は種により異なり，一般に昼間活動型（ヤブカ類）と夜間活動型（イエカ類，ハマダラカ類）に区分されるが，トウゴウヤブカのように夜間活動型のヤブカも存在する．雌が吸血すると3～4日で卵巣が発育して産卵可能となる．産卵が終わると再び吸血活動を行う．雌の行動範囲は風などの影響にもよるが，1日数kmといわれている．マンションのような高層ビルの上階にもカが侵入することが知られているが，自力で飛翔してくるというよりはエレベーターの介在が考えられている．

季節消長：一般に気温が15℃を超えると成虫の活動が活発になる．したがって，西日本では活動時期が長く，北日本では短い．ビル内で発生するチカイエカのようなものでは1年中活動が見られる．

●病害●

　吸血による直接的な障害と，伝染病や寄生虫病の媒介者となる間接的な障害がある．

　カに吸血されると多くは強い痒みが見られ，刺咬部位は発赤，腫脹を起こす．家畜が大量のカに襲われると，泌乳量，増体量，産卵量などに影響して，生産性が著しく低下する．

　疾病の媒介者としての意義は，ヒトに対するマラリアの媒介（ハマダラカ）やバンクロフト糸状虫の媒介（イエカ類，ハマダラカ）がもっとも重要かつ著名であるが，それ以外にも次に示すようなさまざまな医学・獣医学上重要な疾病を媒介する．

　　犬糸状虫症：ヒトスジシマカ，トウゴウヤブカ，アカイエカ，コガタアカイエカ，
　　　　　　　　シナハマダラカなど
　　セタリア症：トウゴウヤブカ，シナハマダラカ，オオクロヤブカ，ネッタイシマカ
　　日本脳炎：コガタアカイエカ，アカイエカ，シナハマダラカ，ヒトスジシマカなど
　　アカバネ病：キンイロヤブカ
　　馬伝染性貧血：アカイエカ
　　鶏痘：ネッタイイエカ
　　豚コレラ：ネッタイシマカ（？）
　　西ナイル熱：アカイエカ，コガタアカイエカ，ヒトスジシマカなど

●対策●

　カは成虫の生活環境とその他の発育時期の生活環境がまったく異なっているので，防除には成虫対策と，いわゆる発生源対策が必要である．

発生源対策： カの発生源となる水域の環境整備が基本である．産業動物の畜舎では排水溝や浄化槽の清掃，幼虫殺虫剤の施用など，また，伴侶動物においては，周辺の不要な水溜まりを除去すること，水槽や池などにメダカ，グッピー，金魚などの捕食者を飼うことなどがあげられる．

成虫対策： 畜舎や家屋の入り口や窓に網戸を設置することが行われるが，網戸をくぐり抜けるカもおり，万全ではない．産業動物の畜舎ではライトトラップも用いられる．家屋内のカの防除には一般にピレスロイド系の殺虫剤（いわゆる蚊とり線香や電気蚊とり器）が用いられている．屋内に侵入してくるカは，活動時間以外は屋外や天井の隅などで休息している．ヒトが野外で活動するときのためにディートや天然植物抽出物質を用いた忌避剤が市販されているが，近年イヌ・ネコ用忌避剤も市販されるようになってきている．

シナハマダラカ

学　名：*Anopheles sinensis*

●**形態**●　成虫は体長5～6 mmで，暗灰褐色を呈する．吻は暗褐色．小あごひげは吻とほぼ同長で4つの白帯がある．翅には黒白のまだらがあり，前縁外側に2個の白斑を有する．幼虫は呼吸管を欠いている．

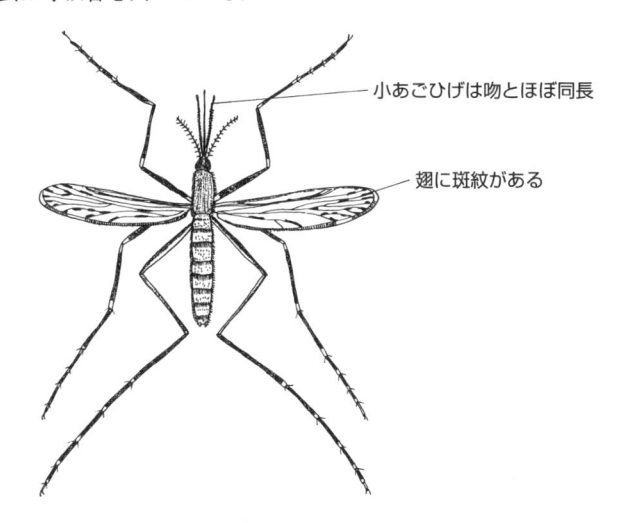

― 小あごひげは吻とほぼ同長
― 翅に斑紋がある

●**分布・生態**●　北海道，本州，四国，九州，沖縄，朝鮮半島，台湾，中国大陸に分布する．成虫は春早くから出現し，5～7月に多い．農村部に多く見られ，ウシなどを好んで吸血する．夜間吸血性で，9～12時頃がもっとも活動が盛んである．静止時には尾端を高く上げる．幼虫は水田，排水溝，湿原，池沼などに多く生息する．

●**病害**●　三日熱マラリア原虫，日本脳炎ウイルス，指状糸状虫の媒介者となる．かつて日本にもマラリアが存在しており，本種が媒介していた．温暖化に伴って再び日本にマラリアが侵入すれば，本種が媒介者として働く危険性がある．

●**近縁種**●

オオツルハマダラカ（*Anopheles lesteri*）：シナハマダラカに酷似するが，翅の斑紋や小あごひげの形態で区別される．北海道，本州，九州，沖縄，朝鮮半島，中国南部，東南アジアに分布し，かつての日本のマラリアは本種が媒介していたとの説もある．日本にはほかにもヤマトハマダラカ（*A. lindesayi japonicus*）やコガタハマダラカ（*A. minimus*）などの分布が知られている．

アカイエカ

学　名：*Culex pipiens pallens*

●**形態**●　成虫は体長 5 〜 6 mm で，胸部は淡赤褐色，腹部背面は黒褐色を呈する．吻は暗褐色．翅は透明．幼虫の呼吸管は長く，長さは幅の約 5 倍．

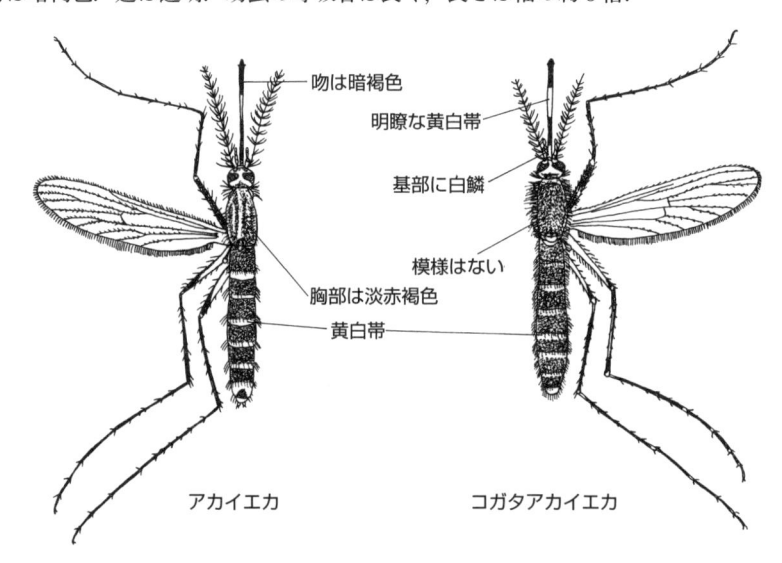

（図：アカイエカ　ラベル：吻は暗褐色／胸部は淡赤褐色／黄白帯　　コガタアカイエカ　ラベル：明瞭な黄白帯／基部に白鱗／模様はない）

●**分布・生態**●　日本全土を含む北半球温帯域に分布する．汚水に発生する代表的な種で，動物舎や人家周辺の下水，堆肥置き場近くの窪地，水槽，人工容器などから発生する．ヒト，ニワトリに対する嗜好性が強いが，種々の家畜，伴侶動物，小鳥類などのほか，ヘビ，カエルなども吸血する．夜間吸血性で，午後 9 時 〜 午前 4 時頃が活動期．とくに真夜中の午前 0 時 〜 2 時頃の活動が盛んである．昼間は物陰などの暗所で休息する．

●**病害**●　日本脳炎ウイルスの重要な媒介者である．ほかに犬糸状虫，馬伝染性貧血ウイルス，地方によってはヒトのバンクロフト糸状虫（*Wuchereria bancrofti*）の媒介者となる．

●**近縁種**●

チカイエカ（***Culex pipiens molestus***）：形態はアカイエカとほとんど区別できない．しかし，第 1 回目の産卵を無吸血で行うこと，休眠はせず冬季でも吸血活動を行う点でアカイエカと異なる．ヒトに対する嗜好性が強い．ビルの地下水溜まり，地下鉄構内の浄化槽，古井戸などに発生する．北海道，本州，四国，九州の都市部に多

く見られる．近年アメリカで問題となった西ナイルウイルスを媒介する危険性も指摘されている．

ネッタイイエカ（*Culex pipiens fatigans*）：成虫は体長5mm内外で，体色は黄褐色を呈する．吻は暗褐色で，中央下面は黄白色をなす．世界の熱帯，亜熱帯に広く分布し，日本では小笠原，南西諸島，九州に見られる．幼虫は一年中見られ，冬眠はしない．汚水から多く発生する．夜間吸血性で，ヒトを好んで吸血する．犬糸状虫症，鶏痘，日本脳炎の媒介者となる．

コガタアカイエカ（*Culex tritaeniorhynchus summorosus*）：普通に見られるカで，コガタイエカともいう．アカイエカに比べてやや小形，成虫の体長は4〜5mm．体色は茶褐色をなし，吻の中央に明瞭な黄白帯がある．また，脚の各間接に白帯を有する．幼虫は水田，灌漑溝，窪地，湿地，池沼など比較的大きな溜まり水に多い．成虫で越冬し，本州では4月はじめから活動をはじめるが，盛夏に大発生することがある．夜間吸血性で，ウシ，ブタ，ウマなどを好んで吸血する．昼間は草木の茂みや水田などで休息する．日本全土に分布し，農村地帯に多い．日本脳炎ウイルスの媒介者としてもっとも重要なものであるが，ほかに犬糸状虫，バンクロフト糸状虫をも媒介する．西ナイルウイルスの媒介者となる危険性も指摘されている．

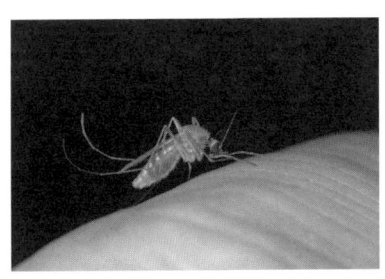

アカイエカ 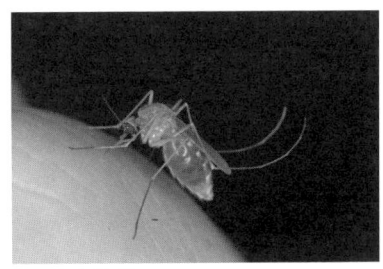　　　　　　　　　　ネッタイイエカ

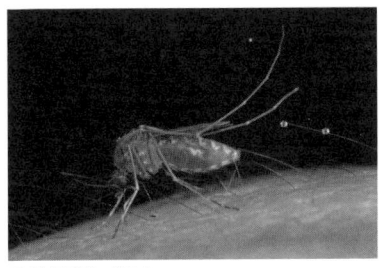

コガタアカイエカ

[国立感染症研究所昆虫医科学部提供]

ヒトスジシマカ

学　名：*Aedes albopictus*

●**分類・形態**●　*Stegomyia* 属とする説もある．成虫は体長5mm内外で，体色および吻は黒色を呈する．胸部背面の正中には1本の明らかな銀白縦線があり，その後方に逆M字形の白線がある．幼虫の呼吸管は太く短い．

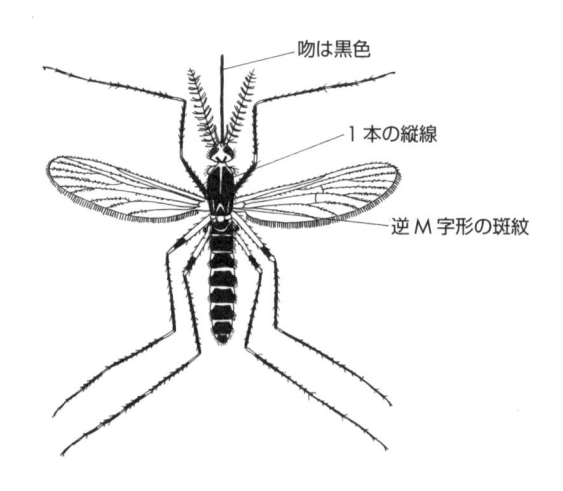

- 吻は黒色
- 1本の縦線
- 逆M字形の斑紋

●**分布・生態**●　もっとも代表的なヤブカで，東北地方以南，東南アジア，オーストラリア，アフリカなどに分布する．日本では関東以西に多い．やぶ，墓地などに多く，昼間から薄暮に激しくヒトや動物を襲う．家屋内にも侵入し，夜間電灯下でも吸血活動を行う．幼虫は墓地の花立て，竹の切り株，水槽，空き缶，バケツなどの小水域に多い．

[築地琢郎氏提供]

●**病害**●　犬糸状虫，日本脳炎ウイルスの媒介者となる．熱帯地方ではデング熱の媒介者として重要で，西ナイルウイルスの媒介者となる恐れも指摘されている．

トウゴウヤブカ

学　名：*Aedes togoi*

●**分類・形態**●　*Finlaya* 属とする説もある．成虫は体長 6 mm 内外．体は黒褐色で黄白の斑点がある．吻は黒色．胸部背面には黄白色の曲がった 3 対の縦線をもつ．

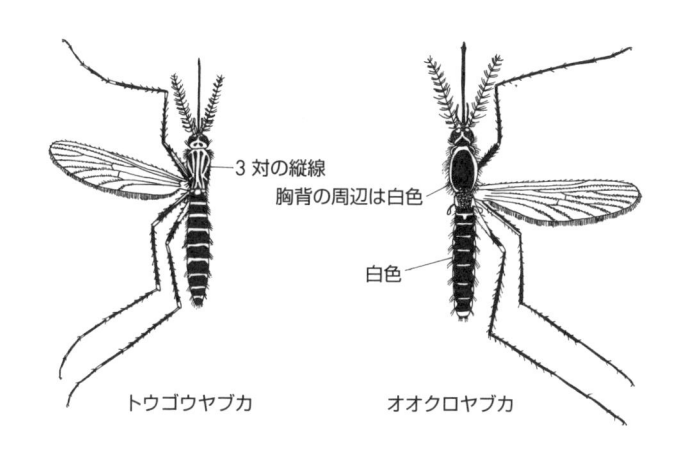

```
3 対の縦線
胸背の周辺は白色
白色
トウゴウヤブカ　　　　オオクロヤブカ
```

●**分布・生態**●　日本全土，台湾などに分布し，日本では本州以南の海岸地帯に多い．やぶ，墓地，林緑などでヒトや動物を襲う．ヤブカ類であるが昼間よりは夜間のほうが活動が盛んである．幼虫は淡水から海水より高濃度の潮溜まりまで幅広い生息域をもつため，日当たりのよい海岸地帯で多数発生が見られる．

●**病害**●　犬糸状虫の媒介者として重要である．ほかに，セタリア（*Setaria* spp.），また地域によってはヒトのマレー糸状虫（*Brugia malayi*）を媒介する．

●**近縁種**●

オオクロヤブカ（***Armigeres subalbatus***）：大形のカで，体長 6～7 mm．体は黒色であるが，胸背の周辺，腹の側面，脚の腿節，脛節の下面と末端が白色．西日本に多く分布し，昼夜を問わず吸血活動を行う．とくに薄暮時に多い．セタリア症の媒介を行う．幼虫は非常に汚い水域（肥料溜めなど）に生息する．

キンイロヤブカ

学　名：*Aedes vexans nipponii*

●**形態**●　成虫は体長 5.5 mm 内外．体色は黒褐色で，黄白色斑がある．一見コガタアカイエカに類似するが，腹部背面に黄白線がある点で区別できる．

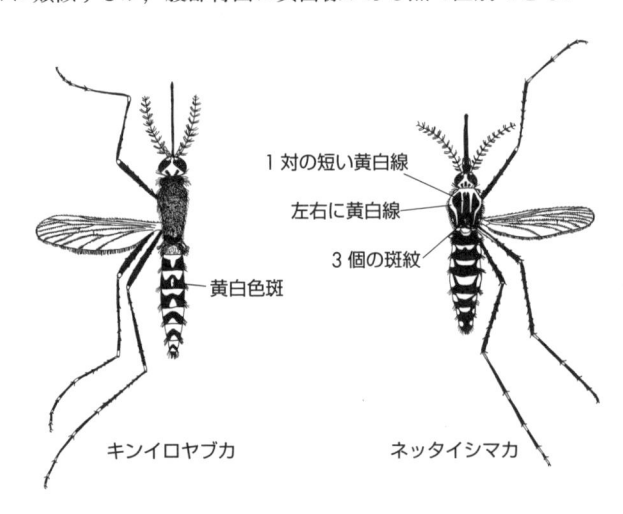

（図：キンイロヤブカ　黄白色斑／ネッタイシマカ　1 対の短い黄白線，左右に黄白線，3 個の斑紋）

●**分布・生態**●　日本全土を含む北半球に広く分布し，日本では北海道と関東以北に多い．春早くから水田，窪地，湿原，排水溝などに発生する．成虫は6月頃にもっとも多く，草原，山林，竹やぶなどに生息する．昼間および薄暮に吸血活動を行う．
●**病害**●　アカバネ病の媒介者といわれている．また，西ナイルウイルスの媒介者となる恐れも指摘されている．
●**近縁種**●
ネッタイシマカ（*Aedes aegypti*）：*Stegomyia aegypti* とする説もある．体長 3.3〜4.8 mm で，体色は褐色を帯び，胸背の左右に1線，前方に短い黄白線，後方に3個の黄白斑がある．南方系の種で，沖縄，小笠原に生息が見られたが現在は確認されていない．昼間吸血性で，ヒトの黄熱およびデング熱の媒介者として著名である．

B. ヌカカ類 Ceratopogonidae

ヌカカは，ヌカカ科（Ceratopogonidae）に属する体長1〜4 mmの小形の昆虫で，世界中で約80属4,000種あまりが知られており，日本には11属約300種が分布する．これらの大半は，雌成虫が他の昆虫の体液を吸う吸汁性であり，雄と一部の種の雌は花蜜を栄養源としている．雌成虫が家畜・家禽を吸血するのは *Culicoides* 属，*Forcipomyia* 属，*Leptoconops* 属などに限定される．吸血性のヌカカの英名は biting midge である．

● 形態 ●

Culioides 属の成虫は体長が1〜2 mmで，きわめて小形．頭部は球形に近い．双翅目の成虫の両複眼は，雌では左右に離れ（離眼的：dichoptic），雄では互いに接する（合眼的：holoptic）のが一般的であるが，*Culicoides* 亜属のニッポンヌカカ（*C. nipponensis*）やホシヌカカ（*C. punctata*）では，雌でも複眼が接し，種の同定に有用．触角は14環節からなり，先感覚毛（distal sensory pit, olfactory pit）が長く密生しているのが雄成虫であり，雌雄鑑別ができるのはカと同様．口器は吸汁に適した刺咬型である（図3.62）．

胸部には1対の翅があり，静止時には2枚の翅は上下に重なる．一般に翅は暗褐色の地に白色の明斑を有し，翅の第2径室（cell R_2）がまったく暗色か，その一部

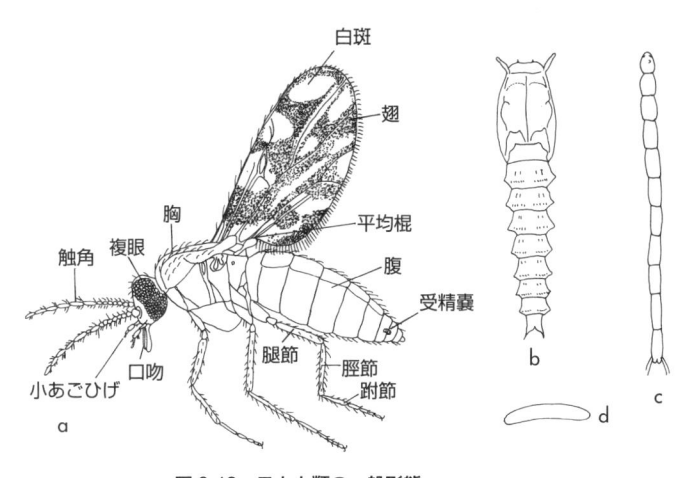

図 3.62　ヌカカ類の一般形態
a：成虫　b：蛹　c：幼虫　d：卵
[a, b：北岡から参考作図]

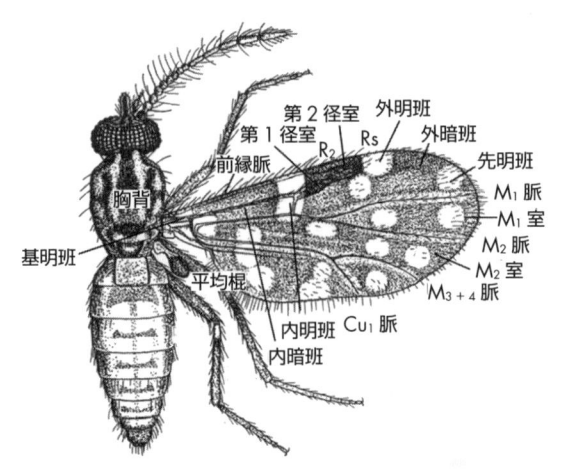

図 3.63 ニワトリヌカカの翅のおもな部分の名称

が白斑に含まれるかによって日本産 *Culicoides* 属は，翅の第2径室の一部が白斑に含まれるグループ（*Avaritia* 亜属，*Culicoides* 亜属，*Trithecoides* 亜属）と，第2径室が暗色のグループ（*Beltranmyia* 亜属，*Monoculicoides* 亜属，*Oecacta* 亜属）の2つに大分される（図3.63）．

腹部は10環節からなり，雌では受精嚢（spermatheca）の数と形が，雄では外部生殖器（genitalia）の形状が種の同定に重要である．

●生活環●

Culicoides 属の未成熟期は，水田，家畜の排泄物，海岸の砂地，樹洞など，さまざまな環境で生活している．卵，1～4齢の幼虫，蛹，成虫の発育期をもつ完全変態を行う．ニワトリヌカカでは，卵は黒色のバナナ状であり，夏季では2～3日で孵化する．幼虫は細長いウジ虫状で，第4齢幼虫の大きさは5～6mm，蛹は頭胸が大きく，腹部はまっすぐ伸びていて，活発に運動するが摂食はしない．

●生態●

吸血は雌のみが行い，雄は吸血しない．雌の吸血活動は日没30分頃～日の出30分前頃までが多い．日中は樹林ややぶに潜んでいる．家畜別の吸血嗜好性は低いが，鶏舎ではニワトリヌカカ，ウスシロフヌカカ，キブネヌカカなどが，また牛舎や豚舎ではウシヌカカ，ミヤマヌカカ，ホシヌカカ，ニッポンヌカカなどが多く見られる．

● **病害** ●

　場所によっては，一晩に数万〜数十万のヌカカの飛来攻撃があり，防虫網をすり抜けるため，動物に騒覚（annoyance）と痛痒覚（irritation）による強いストレスを与える．このため不安，不眠となり，成長率や産卵率が低下する．*Culicoides* 属の雌は，吸血した血液中の余剰な水分を唾液と尿として排泄することによって濃縮し，実際には飽血体重の2倍以上の血液を宿主から摂取する．この唾液分泌によって宿主にアレルギー性の皮膚炎（allergic dermatitis；ウマの夏癬）を起こすほか，種々の疾病の媒介にも重要な役割を演じている．日本以外の報告も含めると，*Culicoides* が生物学的あるいは機械的に媒介する病原体は，*Leucocytozoon caulleryi*, *Haemoproteus*, *Hepatocystis*, *Trypanosoma bakeri*, *Dirofilalia*, *Onchocerca*, *Tetrapetalonema* などの寄生虫，およびブルータング，アカバネ，チュウザン，アフリカ馬疫，鶏痘の各ウイルスなど多種多様なものがある．

ニワトリヌカカ

学　名：*Culicoides arakawae*

●**分類・形態**●　第2径室が暗色のグループである *Beltranmyia* 亜属に帰属する．成虫の翅長は1.16 mmで，体色は黄褐色ないし帯褐色を呈する．雌の両複眼は離眼型（dichoptic）で，左右に離れている．翅の外明斑が，2個の小円斑からなり，1個の小円斑は前縁脈を覆う三角形である点が特徴である．受精嚢は単一で大きく，楕円形である．

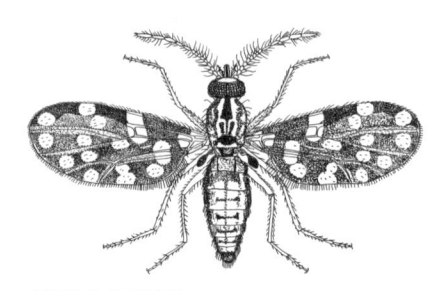

［北岡から参考作図］

●**分布**●　日本全土，朝鮮半島，台湾，中国，東南アジア，インドに分布する．

●**生態**●　代表的な鳥類嗜好性（ornithophilic）のヌカカであるが，牛舎にも多く飛来する．成虫は4〜11月に活動し，とくに6〜7月の大発生時には，毎晩数万〜数十万の個体がニワトリを激しく襲う．夜間活動性（nocturnal）であるが，日中も鶏舎に出没して吸血する．水田の土壌表面に産卵し，孵化した幼虫は水田（表層から1 cm以内の泥に多い）の有機物や微生物を食べて，1〜4齢の幼虫，蛹を経て羽化する．年3〜4回水田から発生し，冬季は3齢期の幼虫として湿田の表土中で越冬する．

●**病害**●　膨大な数の飛来と吸血によって，ニワトリは，掻痒，不安，不眠，失血などの強いダメージを受け，増体や産卵率が低下する．*Leucocytozoon caulleryi* による鶏ロイコチトゾーン症の生物学的な媒介者としてもっとも重要である．鶏痘ウイルスやウシのギブソン糸状虫（*Onchocerca gutturosa*）の伝播も知られている．

●**対策**●　水田で発生する幼虫の対策は難しく，鶏舎や畜舎に飛来する成虫対策が重要である．成虫対策として残効性のある殺虫剤を処理した防虫ネットなどを使用する．狭い空間内であれば殺虫剤散布も有効であるほか，ヌカカは雄雌ともに明かりに誘引されるので，ブラックライトによる物理的集虫も防除効果がある．

●**近縁種（鶏舎で多く採取される種類）**●

ウスシロフヌカカ（*Culicoides pictimargo*）：ニワトリヌカカとともに鶏舎への飛来が多く，鑑別が必要．北海道，本州，九州に分布する．日没後と日の出前（薄暮薄明：crepuscular）に活動のピークがある．雌成虫の翅長は1.34 mm．第2径室が暗色の *Oecacta* 亜属に帰属し，翅は斑紋が薄く，全体に毛深くないこと，外明斑は単一

であること，受精嚢は2個あることでニワトリヌカカやウシヌカカと識別できる．
キブネヌカカ（***Culicoides kibunensis***）：*Oecacta* 亜属のニワトリ嗜好種であり，全国的分布をもつなど，ウスシロフヌカカに似た特性を有するが，雌の翅が先明斑などの多くの白斑を欠くので区別できる．成虫の翅長は 1.15 mm．

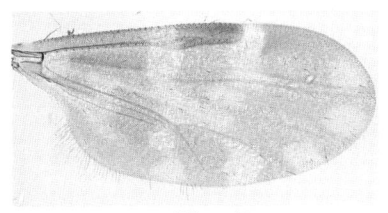

ウスシロフヌカカ（雌）の翅

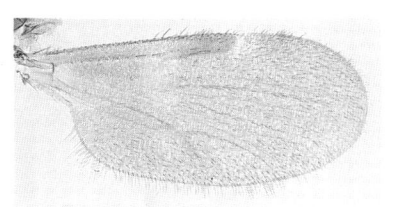

キブネヌカカ（雌）の翅

セマダラヌカカ

学　名：*Culicoides homotomus*

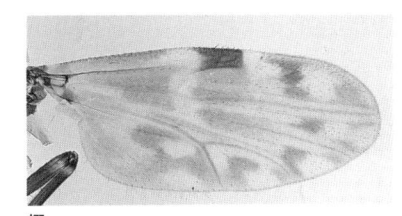

●**分類・形態**●　成虫の翅長は 1.62 mm．体色は暗褐色．第2径室が暗色のグループである *Monoculicoides* 亜属に分類され，雌の両複眼は広く離れる．受精嚢はニワトリヌカカと同じく1個であるが，長茄子形を呈し，リングがないこと，翅は白っぽい地に暗色の斑紋があり（暗斑よりも明斑が多い），外明斑が1個であることなどの違いがある．アメリカのブルータング媒介者として有名な *Culicoides variipennis* の近縁種である．

翅

●**分布**●　本州，九州，台湾，朝鮮半島，中国，カンボジア，マレーシア，タイに分布する．
●**生態**●　成虫はウシ，スイギュウに対して吸血嗜好性が強い．
●**病害**●　ウマの頸部糸状虫（*Onchocerca cervicalis*）の中間宿主となる．ミクロフィラリアは胸筋で発育し，吻に集まった感染幼虫がヌカカの吸血時に馬体に侵入する．

ウシヌカカ

学　名：*Culicoides oxystoma*

● 分類・形態 ●

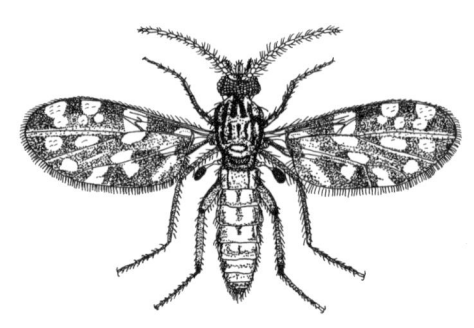

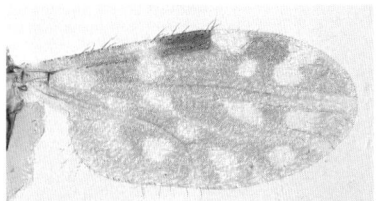

ウシヌカカの翅

　第2径室が暗色のグループである *Oecacta* 亜属に帰属し，同亜属のウスシロフヌカカやキブネヌカカに共通する特徴を有する．成虫の翅長は 1.00 mm で，体色は黒褐色．近縁種とは，翅の外明斑が2個の小円斑からなり，先明斑は外側中央がくびれており，外明斑と先明斑が全体として V 字状を示すなどの点で区別できる．

● 分布 ●　関東以西の本州，九州，沖縄，台湾，中国，東南アジア，インド，アフガニスタン，中近東，ニューギニア，オーストラリア北部に分布する．

● 生態 ●　雌成虫は家畜に対する吸血嗜好性が強く，とくにウシを好んで吸血する．夜間活動性であるが，日中も舎飼い牛を吸血することが珍しくない．ウシの下半身を好んで吸血する．吸血後は，ニワトリヌカカと同様に水田の泥，あるいは有機物が少ない畜舎近くの排水溜の沈泥などに産卵する．

● 病害 ●　本種はウシ嗜好性が高く，牛舎でもっとも多く採取されるヌカカである．OIE リスト A のブルータング，アフリカ馬疫をはじめ，アカバネ病，アイノウイルス感染症，イバラキ病，チュウザン病などのウシのさまざまなウイルス性の重要疾病を媒介する．九州の牛舎に飛来したヌカカ成虫のプール材料から分離されたブンヤウイルス科 *Orthobunyavirus* 属の Simbu 群に帰属する Shamunda, Peaton, Sathuperi ウイルスの媒介者としても疑われている．ウシのギブソン糸状虫の媒介も可能．

● 近縁種（牛舎で多く採取される種類）●

ニッポンヌカカ（*Culicoides nipponensis*）：成虫の翅長は 1.36 mm．鶏舎にも多い．北海道，本州，九州に分布する．*Culicoides* 亜属であり，雌では，翅の第2径室の一部が白斑に含まれ，両複眼は合眼型（holoptic）で，約1個の小眼（複眼を形成する個眼）の長さで接する．受精嚢は2個あり，痕跡的なリングも存在する．翅は

外明斑が外暗斑に三角形に切り込む形をしている点が特徴である．ウシを好んで吸血する．

ホシヌカカ（*Culicoides punctatus*）：成虫の翅長は 1.25 mm．鶏舎にも多い．日本全国，中国，ヨーロッパに分布する．*Culicoides* 亜属に分類される．雌では，翅の M4 室の白斑の中央部に暗斑をもつことが特徴である．ウシを好んで吸血する．アイノウイルス，イバラキウイルスが分離されている．

ミヤマヌカカ（*Culicoides maculatus*）：成虫の翅長は 1.03 mm．体色は淡褐色．北海道から沖縄，台湾に分布する．*Avaritia* 亜属であり，両複眼が相接し，個眼間に微毛はない．受精嚢は 2 個．翅は R_5 室が末端部までひとつの大きな先明斑で占められるのが特徴である．ウシを好んで吸血する．

マツザワヌカカ（*Culicoides matsuzawai*）：成虫の翅長は 1.00 mm．北海道，本州，九州に分布する．*Trithecoides* 亜属に分類され，雌では，翅の第 2 径室は白斑に接触し，両複眼は長く接する．受精嚢は 3 個あり，リングも存在する．翅は先明斑が大きな半月状であり，M_1 脈と M_2 脈を垂直に横断する点が特徴である．ウシを好んで吸血する．

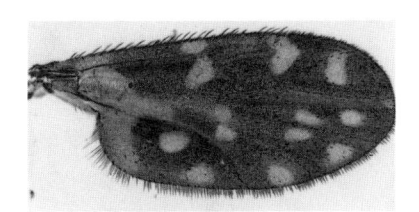

ニッポンヌカカの翅

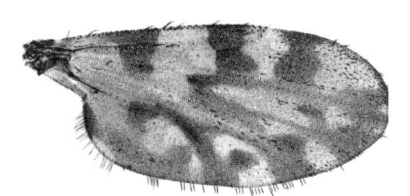

ホシヌカカの翅

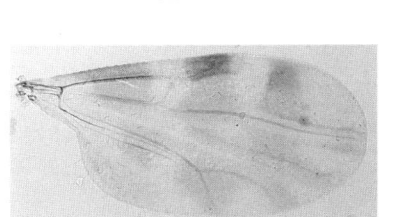

ミヤマヌカカの翅

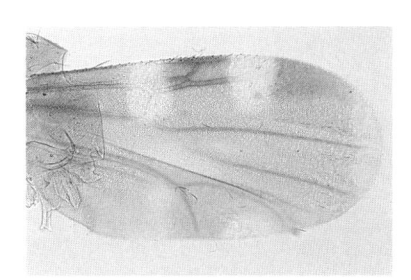

マツザワヌカカの翅

C. ブユ類 Simulidae

英語では black fly, buffalo gnat, turkey gnat などとよばれ，漢字では「蚋」と書く．ブユ科（Simulidae）に属する小形の吸血性昆虫で，日本では約 40 種類が知られている．

●**形態**●

完全変態を行い，卵，幼虫，蛹，成虫の各期がある．

成虫：体は小さく，ずんぐりした形をもち，体長は 1～5 mm 程度である．体色は一般に薄黒いものが多いが，黄色や橙色を呈するものや，黒，白その他の色が帯状になっているものもある．頭部には大きな複眼と角状の触角をもつ．吻は雌では吸血のためによく発達するが，カのように細長い刀身状ではなく，短い短刀状をなしている．吻の両側にある 1 対の小あごひげは長い．胸部の背面は著しく隆起し，前方に向かって曲がる．翅は幅広くて大きく，透明で斑紋をもたない．通常は無色である．脚は体の割には強大で，中脚は他に比べてやや短い（図 3.64）．

卵：長楕円形を呈し，大きさは長径が約 0.3 mm．一端がやや太い．

幼虫：形は円筒形で，中央部がやや細く，尾端は太くなり後端部に後部吸盤をもつ．1～6 齢があり，1 齢幼虫は 0.5 mm，6 齢（終齢）幼虫では最大 15 mm に達する．体色は種によって異なり，全体が黒色のものや，帯黄色で各節に淡黒色の横帯をもつものなどがある．頭部は大きく，2～3 個の眼点と触角を備えている．頭部背面前方左右側部には口刷毛があり，長毛が密生している．胸部と腹部の境界は不明瞭である．前胸部腹面には，斜め前方に突出した 1 本の擬脚がある（図 3.65）．

蛹：蛹は繭のなかで形成される．蛹の大きさは 3～6 mm で，頭部は大きく前方に突出し，中胸背は著しく背面に隆起している．前胸背の背面前縁の両側には 1 対の呼吸器があり，その基部から多数の呼吸糸が出ている．繭は一般に円錐形であるが，呼吸糸の分岐数や繭の形は種により異なっている（図 3.66）．

●**発育**●

卵は水面あるいは水面直下にある岩石やごみ，植物の葉などに卵塊として産みつけられる．通常 2～3 日で孵化すると，擬脚を用いて近くの物体を探し，後部吸盤で付着する．付着した状態で口刷毛により微生物を摂取して生活するが，擬脚を用いて移動することもある．幼虫期は 3～6 週間で，終齢幼虫は糸を吐いて繭をつくりそのなかで蛹化する．蛹期間は通常 1～3 週間である．

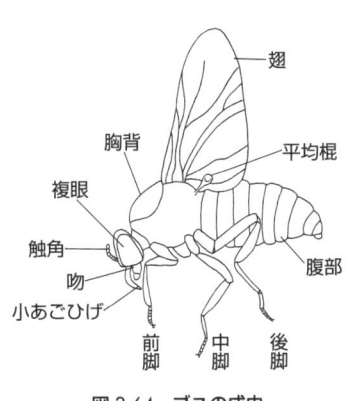

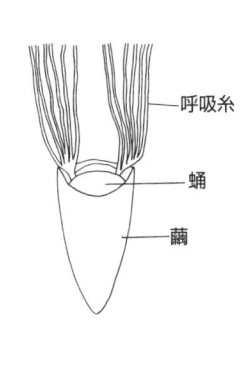

図 3.64 ブユの成虫　　　図 3.65 ブユの幼虫　　　図 3.66 ブユの蛹(繭)

●生態●

発生源：流れが速い清澄な川に生息するものが多いため，山間地域での発生が多いが，種によっては池などの止水で発生するものもあり，平地でも成虫が見られる．

成虫の行動：雌のみが吸血する．活動時間帯は早朝と夕方で，日中は地上近くの草葉の裏などで休息している．直射日光の当たらない場所では昼間でも吸血活動を行うが，カのように夜間に吸血することはない．吸血は，皮膚の表面を傷つけ浸出してくる血液を吸いとる方法による．宿主嗜好性は弱く，ヒトやさまざまな動物を襲う．雌は交尾後に吸血活動を行い，2～3日後に産卵する．

●病害●

ブユの吸血による宿主の搔痒は著しく，そのため，放牧地のウシやウマはブユの襲来を極端に嫌い，狂奔するため思わぬ事故を起こすことがある．ブユは吸血に際して皮膚の表面を傷つけるため，刺咬部には小出血が見られ，丘疹や小水疱が生じる．ヒトが刺咬を受けると，通常非常に強い痒みと発赤を伴う丘疹が生じ，治癒するまでに数日を要する．間接的な害としては，日本ではウマの咽頭糸状虫症の媒介者として働き，海外ではヒトの回旋糸状虫症やアヒル，シチメンチョウのロイコチトゾーン病の媒介者となっている．

●対策●

成虫はほとんどの場合，野外に潜んでいるので，殺虫剤を用いた有効な手段はない．ヒトの場合は忌避剤を用いるのがもっとも効果的である．また，幼虫対策としては，ブユの生息する河川に殺虫剤を流す方法があるが，河川の生態系を破壊する恐れがあるので，現在はほとんど用いられない．

ツメトゲブユ

学　名：*Simulium ornatum*
シノニム：*Simulium iwatense*

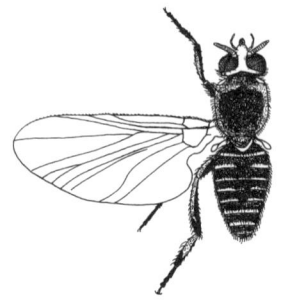

●概説●　成虫の体長は 3 〜 4 mm. 頭部は白く，胸背は褐色で，前方に白く光る斑紋をもつ. 本州（北方）の低地から山地にかけて分布し，ウシ，ウマを好んで吸血する. 幼虫，蛹は低地から山岳地帯にかけての流れの比較的緩やかな川に生息する. 近縁のものにアオキツメトゲブユ（*S. aokii*）があり，北海道，本州，四国，九州の平地から山地にかけて分布する. 両種とも，ウシの咽頭糸状虫（*Onchocerca gutturosa*）を媒介する.

ヒメアシマダラブユ

学　名：*Simulium venustum*
シノニム：*Simulium arakawae*

●概説●　成虫の体長は 2 〜 3 mm. 頭部は黒灰色，胸背は灰色がかった光沢ある黒色で，条紋はない. 各脚は黒色と黄色のまだらである. 本州，九州の山すそから平地にかけて広く分布し，人獣を激しく襲う. 発生量が多く被害が大きい. 近縁のものに山間，高地に多いアシマダラブユ（*S. japonicum*）がある. 本種では胸背に 3 本の黒縦条紋がある.

| ウマブユ | 学　名：*Simulium salopiense*
シノニム：*Simulium takahashii* |

●概説●　成虫の体長は 1.8〜2.2 mm．体は灰黒色を呈し，胸背は帯灰色で3本の明瞭な褐色縦条を有する．本州，四国，九州に分布し，とくに暖地の平地に多い．成虫は6〜9月に多く発生し，ウシ，ウマ，ヤギなどを激しく襲い吸血する．幼虫，蛹は平地の比較的大きな川幅1〜5 m の緩やかな川に生息する．

| キアシオオブユ | 学　名：*Prosimulium yezoense* |

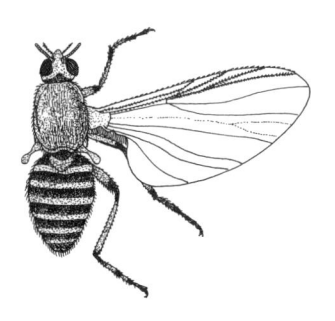

●概説●　大形のブユで，体長は 3.4〜3.6 mm．体色は黄褐色で，背面には黄金色の細毛を密生する．典型的な山地性の種で，北海道，本州，九州の山間部に普通に見られる．成虫は春に出現し，薄暮前にウシ，ウマ，ヒトなどを襲い吸血する．幼虫，蛹は山間の川幅の狭い急流に生息する．

D. チョウバエ類 Psychodidae

　ハエ目（Diptera）長角亜目（Nematocera）チョウバエ科（Psychodidae）に属し，分節した細長い触角をもつ．名称にハエの句が含まれるが，ハエ目のなかでも短い触角をもつ短角亜目のハエやアブとは離れた分類学的位置にあり，カ，ユスリカ，あるいはブユなどに近縁のグループである．成虫は，翅を水平に広げたり，胴体上で屋根型に前縁を揃え，たたんで休息するため，一見チョウやガのように見える．また体表は，翅を含め微細な毛に覆われており，これがガとの類似性をさらに高めている．こうした形態がチョウバエの名のゆえんである．世界的には500種ほど，日本では75種が知られている．

　ほとんどの種は原則的に自然界の湖沼や湿地周辺，あるいは急流近くの湿潤区に生息し，幼虫は水泥中の生物遺体や微生物を餌として発育し，蛹を経て成虫になる．しかし，オオチョウバエやホシチョウバエなどのごく一部の種は，幼虫の発育において高い有機物濃度を好むため，人獣の生息環境中の汚水や汚泥中に発生し，不快動物（nuisance）とみなされる．汚泥中で運動する幼虫を犬が好奇心から摂食し，それが糞便に形態を保ったまま排泄され，糞便検査で検出されることもある（図3.67）．

図3.67　イヌの糞便検査（浮游法）で検出されたホシチョウバエ幼虫（ガムクロラール液封入標本）

　また，国外では，産卵のため雌成虫のみが吸血するサシチョウバエ類が知られているが，刺咬による掻痒のほかに，各種病原体媒介者として重要であり，とくにリーシュマニア原虫のベクターとして流行地では大きな問題となる．

オオチョウバエ

学　名：*Telmatoscopus albipunctatus*
英　名：moth fly, drain fly

●**分類・形態**●　成虫の体長は3〜5mm.「ハエ」の名があるが，ハエ目のなかでも，カやユスリカなどと同じ長角亜目で，チョウバエ科を形成する．休息時に翅を広げ，翅を含む全身が細かい毛で覆われていてガに類似することからチョウバエの名がある．翅の辺縁部に8個の白点がある．幼虫は細長いウジ虫状で尾端に呼吸管を有し，各体節背面に黒褐色の肥厚板をもち，最大10mmほどまで成長する．

成虫

●**分布・生態**●　世界各地に分布する．幼虫は有機物の多い水中に生息し，屋内外のわずかな水で発育可能．屋外では湿地や浄化槽等の汚泥（スカム）から，また家屋内では種々の水まわりから発生する．

●**病害**●　不快動物であるほか，病原体を機械的に伝播する可能性がある．まれに幼虫が動物の粘膜などに寄生することがある．

●**対策**●　幼虫対策が重要で，家屋内では発生源の有機物を除去する．成虫対策として防虫ネットなどを使用するほか，配水管からの進入対策も必要となることがある．狭い空間内であれば殺虫剤散布も有効なほか，ハエとりシートなどの物理的防除法も有効である．

●**近縁種**●

ホシチョウバエ（*Psychoda alternata*）：成虫の体長は1.3〜2.0mmと小形で翅の辺縁部に5〜6個の黒点がある．幼虫は最大8mm程度．分布・生態はオオチョウバエに同じ．

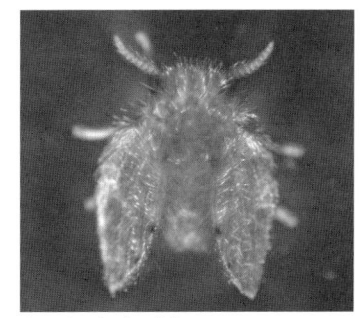

ホシチョウバエ成虫

サシチョウバエ

学　名：*Phlebotomus* spp., *Lutzomyia* spp. など
英　名：sand fly

●**分類・形態**●　チョウバエ科サシチョウバエ亜科に6属1,000種あまりが存在するが，そのなかでも人獣を吸血し，病原体を媒介するものとして*Phlebotomus*属と*Lutzomyia*属が重要である．成虫は体長が1.5〜3.5 mmで，翅を含め全身に微細な長毛が密生し，長い脚をもつ．雄は尾端に1対の大きな把握器をもつ．非吸血性のものは休息時，翅が胴体にかぶさる形となるが，吸血性のものは翅と胴体が40度以上の角度をなす．卵は0.3〜0.4 mmと小さい．幼虫は，成熟すると3〜6 mmで，体表全面にマッチ棒状の剛毛がまばらに派生し，尾端に2本ずつの長毛を1対もつ．

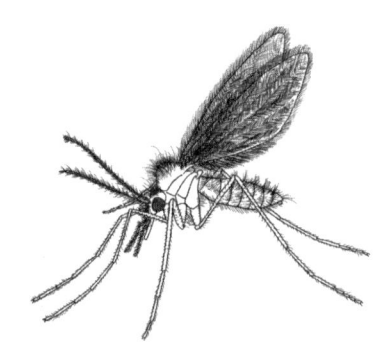

Phlebotomus papatasi 成虫（雌）

●**分布**●　サシチョウバエ亜科は世界的に分布するが，*Phlebotomus*属は旧世界の温帯から熱帯のやや乾燥した地域に分布する．一方，*Lutzomyia*属は新世界の中南米の森林地帯に分布する．温血動物に病原体を媒介する種は日本には分布しないが，非病原性のニホンサシチョウバエ（*Phlebotomus squamirostris*）が日本で記載されている．

●**生態**●　成虫は樹液や甘露を餌とするが，吸血種は雌成虫のみが産卵のため吸血する．吸血は原則的に薄暮時から夜間に行われるが，薄暗い場所では昼間でも活動する．口吻が短いため，ヒトに対して衣類の上からは刺咬できない．卵は有機物が多く，湿度が高いさまざまな場所に産みつけられるが，生涯にわたり水中で生活することはない．孵化幼虫は腐植物や動物糞便などの環境中の有機物を摂取し，4齢を経てオニボウフラ様の蛹となる．

●**病害**●　刺咬に対しアレルギーが成立すると強い痒みが生じる．媒介病原体としては，リーシュマニア原虫（*Leishmania* spp.），バルトネラ菌（*Bartonella bacilliformis*），およびパパタチ熱（pappataci fever）ウイルス群が知られており，とくに齧歯類やイヌなどの保虫者から，リーシュマニア類原虫をヒトに伝播する媒介者として重要である．

●**対策**●　殺虫剤に対する感受性が高いため，屋内では殺虫剤を使用する．屋外活動の際には，ディートなどの忌避剤を使用し皮膚の露出を避ける．網戸や蚊帳を使用する場合は，成虫が小さいので，網目が細かいものを使用する．

E. アブ類 Tabanidae

多くの科を含むが，アブ科（Tabanidae）に属するものが吸血性で，英語では horse fly, deer fly などとよばれ，漢字では「虻」と書く．おもに昼間ウシやウマを襲う．非吸血性のものとして，ミズアブ科（Stratiomyiidae），ハナアブ科（Syrphidae）などがある．

●形態●

完全変態を行い，卵，幼虫，蛹，成虫の各期がある．

成虫： 体は吸血昆虫のなかでは大形で，体長30 mmに達するものもある．一見ハチに類似するが，ハチの翅が2対であるのに対し，アブでは1対である．体は頑丈でやわらかい毛が密生し，強力な翅と大きな複眼を有している．体色は黄褐色，黒色など種類によってさまざまである．頭部は大きく，半円形で前方は丸みを帯び，後頭は扁平か内方にやや湾曲する．幅は胸部の幅と同じかやや広い．頭部の大部分を占めているのは複眼で，生時には緑，青，褐色などの光沢を示すものが多いが，死ぬと黒褐色に変わる．雌の複眼は互いに離れており，そのなかに額瘤とよばれるこぶがある（図3.68）．額瘤の形態は種の同定に用いられる．雄の複眼は左右が相接して合眼となっている．単眼はキンメアブ亜科では

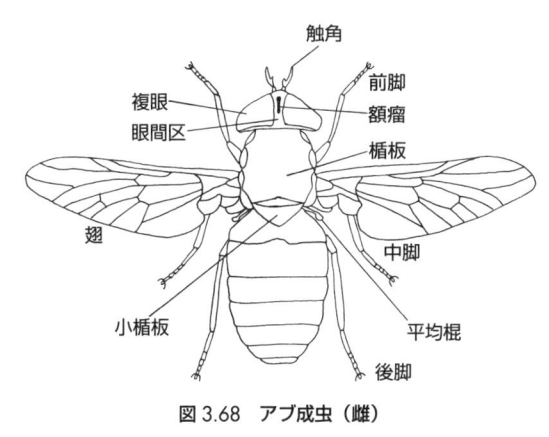

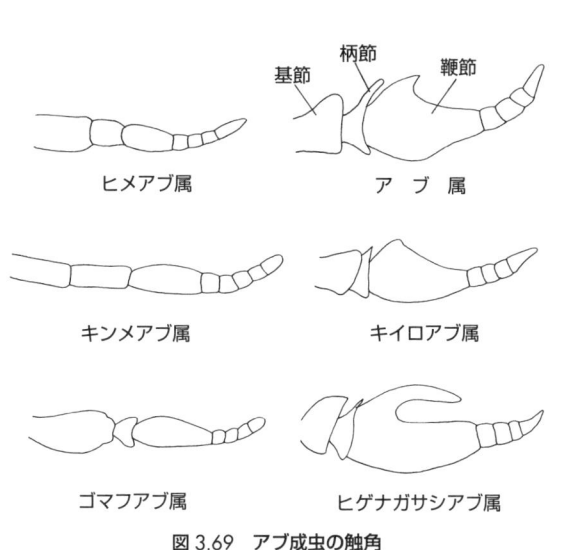

図3.68　アブ成虫（雌）

図3.69　アブ成虫の触角

よく発達しているが，アブ亜科では欠いている．

　触角は頭の前方に突き出しており，図3.69のように属によって形態が異なる．雌の吻は上唇，1対の大あごおよび小あご，舌状体，下唇よりなり，動物の皮膚を切り裂き出血してくる血液を吸いとる構造になっている．吻の脇に1対の小あごひげがある．胸部には1対の翅，1対の平均棍，および3対の脚がある．翅は一般に透明であるが，キンメアブ類など種類によって横帯や斑紋を有するものもある．腹部は一般に太く，8節からなる．

卵：紡錘形ないし円筒形を呈し，大きさは1.1〜2.7×0.2〜0.5 mmで淡白色あるいは淡褐色であるが，産卵後日数が経過すると暗色になる．多くの場合，種により特徴的な形の卵塊を形成する（図3.70）．

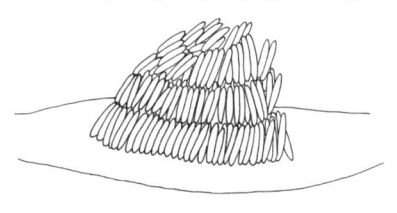

図3.70　ニッポンシロフアブの卵塊

幼虫：細長い円筒状を呈し，両端はやや細くなる．大きさは終齢幼虫では20〜45 mmに達する．体色は多くは白色であるが，黒褐色や赤色のものもある．体表面には一般に縦溝とよばれる細い縦条がある．頭部には触角，口器，ひげを備えている．口器は大あごが発達し，土中の昆虫やミミズなどを捕食して生活する．腹部各節には末節を除いて擬足がある（図3.71）．

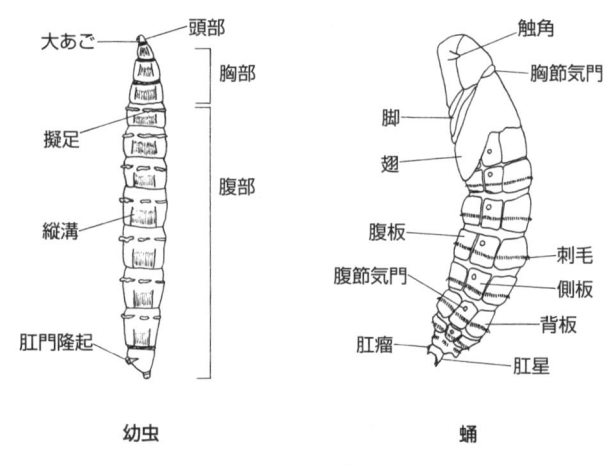

図3.71　アブの幼虫と蛹

蛹：裸蛹で円筒形を呈し，やや腹側に湾曲している．大きさは13〜35 mm．体はかたいキチン質の外皮で覆われ，色は淡黄色ないし濃褐色のものが多い．胸部には翅および脚の原基がある（図3.71）．

●**発育**●

　卵は草の裏側や苔，木の葉などに多くは卵塊として産みつけられる．通常1週間前後で孵化して幼虫となる．幼虫は水中や草地で生活するものもあるが，多くは土

表3.4 アブ幼虫の生息場所（早川）

生息場所	アブの種類
有機質の多い湿地の泥中	アカアブ，カトウアカアブ
水田の畦畔	キノシタシロフアブ，シロフアブ，ギシロフアブ
山林内の渓流沿いの砂泥中	アカウシアブ，ニセアカウシアブ，シロスネアブ
溜池の水中や水辺の泥中	キンメアブ，クロキンメアブ，ヨスジキンメアブ
滝沿いの湿った苔中	キンイロアブ，オオツルアブ
森林の土中	ヤマトアブ，アオコアブ，ジャーシーアブ，ゴマフアブ
森林内の朽木や苔中	イヨシロオブアブ
開けた草地の土中	ニッポンシロフアブ，ホルバートアブ

中で生活する（表3.4）．幼虫期間は非常に長く，短いものでも数か月，通常は1〜3年を要する．この間，多くの種の幼虫は9回の脱皮をくり返して終齢幼虫となる．蛹の期間は短く，10日ないし2週間程度である．羽化した成虫は空中で交尾し，雌は吸血のため宿主を求めて放牧地や畜舎に飛来する．吸血後産卵し，再び吸血に向かう．1匹の雌アブの産卵回数は1〜3回といわれている．成虫の生存期間は約3週間で，羽化後3〜5日で吸血を開始し，十分に吸血するとその後3〜5日で産卵する．

●生態●

吸血活動を行うのは他のほとんどの双翅類昆虫と同様，雌成虫のみである．アブの吸血はブユと同様で，鋭い吻で皮膚の表面を傷つけ浸出してくる血液を吸いとる方法による．1回の吸血量はアブ体重の1〜1.5倍で，その量は60〜500 mg程度である．また，1回の吸血に要する時間は2〜8分である．宿主嗜好性は弱いが，おもにウシやウマなどの大形動物を襲い，ヒトが襲われることもあるがその機会は多くない．ウシやウマを襲うアブは種によって吸血部位がかなり異なっており，アカウシアブは背部に多く，クロキンメアブは顔面，キンイロアブは臀部に多い．また，シロフアブ，ウシアブ，キスジアブ，キイロアブ，キンメアブなどは下腹部や四肢に多く襲来する．吸血活動は一般に真夏の昼間が盛んであるが，種によっては日の出とともに活動をはじめるものもある．吸血部位は出血するため，非吸血性のハエが周囲にいることが多い（図3.72）．

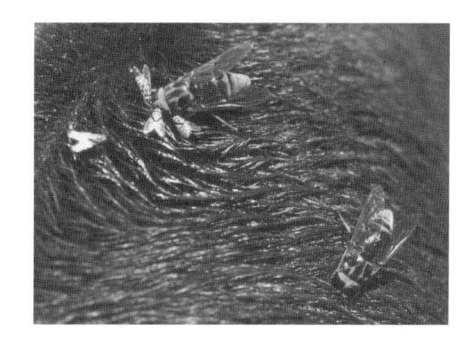

図3.72 ウシの体上で吸血中のアカウシアブとイエバエ類

吸血時以外は草木の幹や葉，家屋の軒下などで休息している．雄は吸血せず，果汁，樹液や花の蜜などを摂取している．吸血は卵巣の発育を促し，産卵するための行動であるため，雌も雄と同様の行動をとることがある．通常，放牧地には多種類のアブが飛来する．

●病害●

アブは大形であるため，吸血の際に宿主に与える疼痛が大きく，翅音も大きいため，ウシやウマは常にその飛来に怯え，頭を振ったり，休みなく尾を振ったり，また四肢で自分の体を蹴り上げるなどの行動を示す．搾乳中のウシではミルカーを破壊することもある．ときには狂奔して思わぬ事故につながることもある．アブの吸血量は多いので，小さな動物では貧血が起こりうる．また，病原体の媒介者(vector)となることも知られており，馬伝染性貧血，水疱性口内炎，豚コレラ，炭疽，野兎病などを媒介することが知られている．とくに熱帯地方では，エバンストリパノソーマ (*Trypanosoma evansi*)，ロア糸状虫 (*Roa roa*) の媒介者として重要である．なお，アブは宿主の皮膚を傷害して出血を起こさせるため，それを摂取しに飛来するハエなどによる細菌の二次感染を受ける恐れもある．

●対策●

幼虫は群生はせず，広範囲の場所に点在して生息しているため，一般に対策は困難である．成虫対策としては，アブトラップによる誘因捕虫があげられる．これは，放牧地などに蚊帳を張り，そのなかにドライアイスを置いてそこから発生する二酸化炭素によりアブを誘因し，捕殺する方法である．しかし，この方法は手間と経費がかかり，広い放牧地では実用的でない．ウシの体に殺虫剤を散布する方法も行われているが，アブは一時寄生者であるため，大きな効果は上げておらず，今後の研究によるところが大きい．

キンメアブ

学　名：*Chrysops suavis*

[早川博文博士提供]

●概説●　成虫の体長は 8 〜 10 mm．翅に大きな褐色の斑紋をもつ．胸背は黒く，中央に 2 本の灰色縦線があり，腹部には独特な黄色の模様を有する．日本各地に分布する普通種で，北方地方に多い．

クロキンメアブ

学　名：*Chrysops japonicus*

クロキンメアブ
[早川博文博士提供]

ヨスジメクラアブ
[早川博文博士提供]

●概説●　成虫の体長は 8 〜 10 mm．胸部，腹部，脚ともに光沢ある黒色を呈する．翅は透明で，黒褐色の横帯紋を有する．北海道，本州，四国，九州に分布する．初夏に出現し，平地に普通に見られる．近縁のものにヨスジキンメアブ（*C. vanderwulpi yamatoensis*）があり，体は黄色で胸背に 3 本の黒色縦条をもつ．日本全土に普通に見られる．

| **ウシアブ** | 学　名：*Tabanus trigonus* |

[早川博文博士提供]

●概説●　成虫の体長は 23 〜 28 mm. 体は灰褐色ないし灰黒色で単眼を欠く．胸背は青黒く，黄灰色の 3 縦線がある．腹部は灰褐色で，各節中央には灰黄色の明瞭な三角紋を有する．脚は黄褐色で，翅は著しく褐色を帯びる．日本全土に分布する普通種で，成虫は 6 〜 9 月に出現する．似たものにアカアブ（*T. sapporoenus*）があり，腹部は橙色が強い．

| **アカウシアブ** | 学　名：*Tabanus chrysurus* |

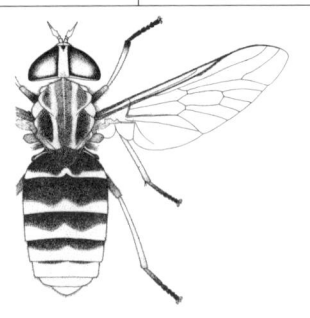

[早川博文博士提供]

●概説●　大形のアブで，体長は 23 〜 33 mm. 頭部，触角，小あごひげは橙黄色．胸背は暗褐色で，5 本の黄褐色の縦線があり，黄色毛が密に覆っている．腹部は黒褐色で，各節に橙黄色の幅広い横帯がある．脚は黒褐色．日本全土に分布する普通種で，成虫は 7 〜 9 月に出現する．

| シロフアブ | 学　名：*Tabanus trigeminus* |

［早川博文博士提供］

●概説●　成虫の体長は 15 〜 19 mm．体は灰黒色ないし黒色で，胸背には灰色の 5 本の縦線がある．腹部中央には第 2 節以下に灰色の三角紋が，また第 2，第 3 節にはその両側に灰色の長三角形の斑紋がある．日本各地に分布する．近縁のものにギシロフアブ（*T. takasagoensis*）があり，本種では腹背第 2 節以下に 3 本の灰白色の縦斑紋を有する．

| キスジアブ | 学　名：*Tabanus fulvimedioides* |

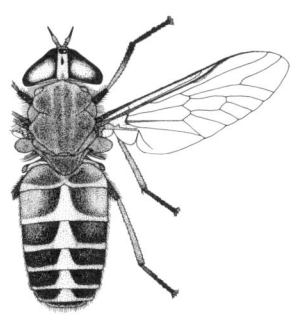

［早川博文博士提供］

●概説●　成虫の体長は 12 〜 15 mm．胸背は灰色ないし灰黄色を呈し，腹部は光沢のある黒褐色．背面中央に灰黄色の明瞭な縦線をもつ．日本全土に分布する．

イヨシロオビアブ

学　名：*Tabanus iyoensis*

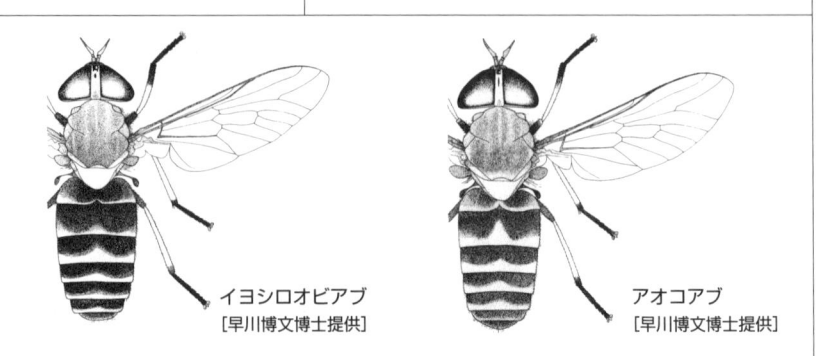

イヨシロオビアブ
[早川博文博士提供]

アオコアブ
[早川博文博士提供]

●概説●　成虫の体長は 11〜14 mm．体は黒色を呈する．腹背各節に白い後縁体があり，第 3，第 4 節でもっとも幅が広い．胸背は灰褐色を呈し，小楯板は白色．脚は前脚脛節の半分と中・後脚脛節の大部分が白色で，他は黒色をなす．日本各地に分布し，成虫は 8 月に出現する．近縁種にアオコアブ（*T. humilis*）があるが，本種の腹背の白色帯は第 2 節でもっとも広い．

ホルバートアブ

学　名：*Atylotus horvathi*

[早川博文博士提供]

●概説●　本属のアブはいずれも頭部が胸部より幅広い．本種は中形のアブで，成虫の体長は 15〜16 mm．体色はほぼ灰黄色であるが，腹背第 1〜第 5 節の側部は淡橙黄色を呈する．腹部中央の縦斑は第 2 節のものがほかに比べて狭い．日本全土に分布し，平地に普通に見られる．

コウカアブ

学　名：*Ptecticus tenebrifer*

●形態●　短角亜目（Brachycera）ミズアブ科（Stratiomyiidae）に属し，成虫の体長は 15 〜 20 mm．体色は主として黒色で，弱い光沢がある．体形は細長く，すす色を帯びた大きな翅をもつ．腹部は根元でくびれており，末端は尖る．腹部第 2 節には乳白色紋がある．幼虫は細長く扁平で，細い頭部と 11 節の体節よりなる．体節には背面，側面，腹面に剛毛がある．終齢幼虫は体長 20 mm に達する．

幼虫

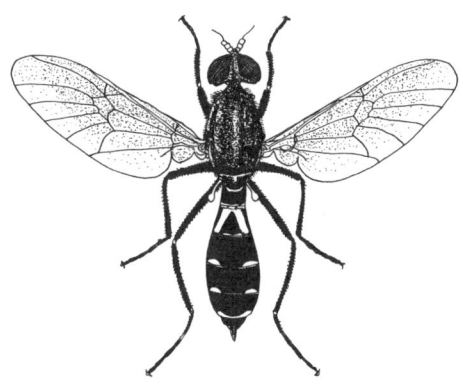

[素木から参考作図]　　　[築地琢郎氏提供]

●分布・生態●　日本全土，台湾，朝鮮半島，中国大陸に分布する．成虫は 5 〜 9 月に出現し，常に便所や不潔な畜舎や鶏舎内を飛翔している．幼虫は畜・鶏舎周囲の汚水，排水溝，ごみ溜め，便池などに生息しており，ときにウシなどの飼料に見られることもある．

●病害●　動物に対する直接的な害はないが，畜・鶏舎環境の良否の指標となる．

●近縁種●

アメリカミズアブ（*Hermetia illucens*）：成虫，幼虫ともにコウカアブにきわめて類似した形態をもつ．成虫では腹部第 2 節の白色紋の色，形態で，幼虫は第 1 体節にある前方気門の大きさが大きいことで区別できる．本州，四国，九州，沖縄に分布する．

3.5　衛生動物として重要な昆虫類

ハナアブ

学　名：*Eristalomyia tenax*
英　名：drone fly

●**形態**●　短角亜目（Brachycera）ハナアブ科（Syrphidae）に属するアブで，成虫の体長は 14 〜 15 mm．体は黒色であるが，頭部は黄灰色粉で，胸背は暗色粉で覆われる．腹背には橙黄色の紋と横帯を有する．多くの近縁種がある．幼虫は大形で，白くやわらかい体を有し，尾端に長い呼吸管をもつ．この呼吸管は尾のように見えるので，オナガウジとよばれる．

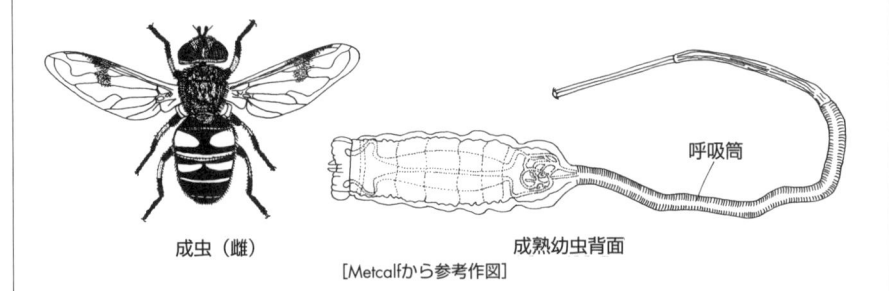

成虫（雌）　　　　　　成熟幼虫背面　　呼吸筒
[Metcalfから参考作図]

●**分布・生態**●　世界各地にきわめて普通に分布する．成虫は 4 〜 10 月に出現し，屋外で花粉や花の蜜を摂取する．動物へは寄生しない．幼虫は水分の多い便所，尿溜め，湿った堆肥，下水などに生息し，蛹化するときには乾いた場所に移動する．

●**病害**●　コウカアブと同様，直接的な害はないが，オナガウジが畜舎や鶏舎内を徘徊することはヒトに不潔感を抱かせるとともに，畜・鶏舎環境が悪いことを示している．

花にきたハナアブ成虫

F. イエバエ類，クロバエ類，ニクバエ類

英語では housefly（イエバエ類），blowfly（クロバエ類），fleshfly（ニクバエ類），green bottle（キンバエ類）とよばれ，漢字では「家蠅」，「黒蠅」，「肉蠅」と書く．

ハエ類は世界で120,000種が知られているが，実際にはその2倍以上の種が生息していると考えられており，コウチュウ目，ハチ目に次いで種類が多い昆虫である．日本にはおよそ60科3,000種ほどが分布するが，獣医衛生にとって重要なのはこのうちの100種程度である．多くは非刺咬性であるが，イエバエ科のサシバエ亜科のように吸血性のものもある．

ハエ類はハエ目（双翅目）の短角亜目（ハエ亜目：Brachycera）に分類され，3節からなる棍棒状の短い触角をもつ．短角亜目にはハエとともにアブ類も含まれるが，アブ類では羽化時に蛹が縦に裂開するタイプ（直縫群 Orthorrhapha の特徴）であるのに対して，ハエ類では蛹の先端が環状に裂けるタイプ（環縫群 Cyclorrhapha の特徴）であることで区別される．

環縫群のハエ類は，さらに「節(Section)」のレベルで有額嚢節(Section Schizophora)と無額嚢節(Aschiza)に2大別される．有額嚢類は，成虫が羽化する際に用いる額嚢(ptilinum)をもつグループである．額嚢は羽化時に体液で風船状に膨れる嚢状の器官であり，成虫が蛹の蓋(hemispherical cap)を押しあけたり，土中から脱出するために土を押しのけたりする目的で用いられる．額嚢は地上脱出後は頭部に格納され，外骨格の硬化によって二度と反転突出することはない．無額嚢類は額嚢をもたない原始的なグループであり，ノミバエ科（Phoidae）やハナアブ科（Syrphidae）が含まれる．また，有額嚢節は，「亜節(Subsection)」のレベルで成虫の平均棍（halter）の上に膜状の鱗弁（alura）をもつ有弁翅亜節（有弁類：Calyptratae）と，鱗弁をもたない無弁翅亜節（無弁類：Acalyptratae）に2分類される．有弁翅類にはシラミバエ科（Hippoboscidae），ツェツェバエ科（Glossinidae），イエバエ科（Muscidae），クロバエ科（Calliphoridae），ニクバエ科（Sarcophagidae），ヒツジバエ科（Oestridae）などの重要な衛生害虫が多く含まれ，無弁翅類にはショウジョウバエ科（Drosophilidae）などのコバエ類が含まれている．

有弁翅類に属するイエバエ科（Muscidae），クロバエ科（Calliphoridae），ニクバエ科（Sarcophagidae）の特徴の概要は次のとおりである．

(1) イエバエ科：一般に小形〜中形のハエで，体色は灰黒色あるいは黒褐色．金属光沢のない種類が多い．幼虫は動物の糞や植物性腐敗物で発生する．イエバエの近縁種には，成虫は大形草食獣の体表で涙や滲出液を摂取し，草食獣の糞に産卵

し，幼虫は糞で成長する種が多い．
(2) クロバエ科：中形～大形のハエで，体色は青黒色，青緑色あるいは金緑色．金属光沢のある種類が多い．動物の糞や腐敗物などで繁殖するが，動物質を食べるものもある．オオクロバエ，ケブカクロバエ，ミドリキンバエなど．
(3) ニクバエ科：大きさはさまざまであるが，形はやや細長く，色は灰白色で，胸背部に3本の黒い縦線がある．腹部は黒と白の斑紋が市松模様に分布する．肉食性．センチニクバエ，ナミニクバエなど．

● 形態 ●

ハエはハエ目を代表する典型的な形態をもつ．成虫は1対の翅と3対の歩脚を有し，複眼は大きく，口器も発達している（図3.73）．完全変態で発育し，卵，幼虫，蛹，成虫の各齢期によって形態は著しく異なる．成虫以外は翅と歩脚をもたず，卵はバナナ状で，幼虫には細身のもの（maggot）とずんぐりしたもの（bot, grub, warble など）の2タイプがある．蛹はビール樽状の形態を示す．

成虫：体長4～15 mm．体は頭部，胸部，腹部が明瞭である．体色は種類によって異なるが，暗褐色，灰褐色が多く，金属光沢の有無は種の分類に重要である．頭部には複眼（coumpound eye），単眼（ocelli），触角（antenna），小あごひげ（palp），および口器がある．ハエの複眼は大きく，雄の複眼は雌の複眼より大きい．雄が合眼的で左右の複眼が接近し，雌が離眼的で左右の複眼が離れていることは，雌雄の区別に有用である．複眼の間には額（frons）が存在する．頭頂（vertex）の三角部には3個の単眼がある．触角は複眼の間に1対あり，それぞれ3節からなり，第3節がもっとも長く，中央付近に端刺（arista）とよばれる付属刺がある．端刺は気圧受容器として機能し，属や

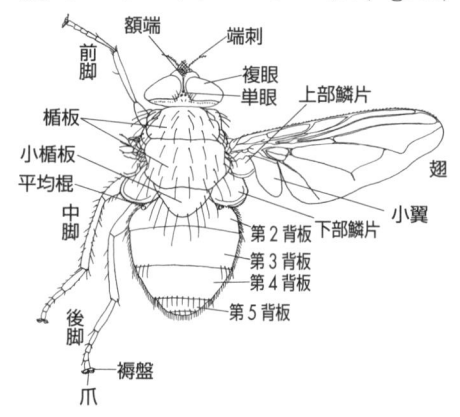

図3.73 ハエの成虫背面

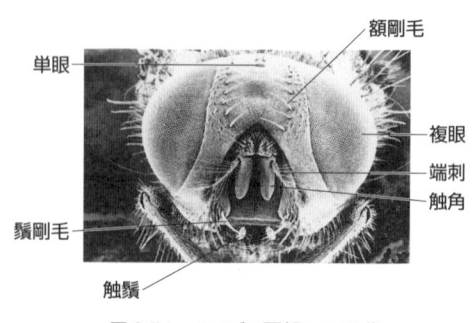

図3.74 イエバエ頭部のSEM像

種によって異なる糸状，鞭状，羽毛状などの形状をもつ（図3.74）．また，触角第3節にある小さなくぼみのなかの感覚毛は，ハエの嗅覚の受容器である．

　非刺咬性のハエでは，口器は伸縮自在の吻よりなり，餌をなめるときには吻を伸ばすが，それ以外のときは縮めている．吻は吻基（rostrum），吸部（haustellum）および唇弁（labella）の3部分で構成され，吻基には1対の小あごひげが生じる．唇弁は吻の先端にある心臓形をした1対の大きなやわらかい肉状物であり，その下面には多数の偽気管（pseudotrachea）とよばれる隆起線が並行して走っている（図3.75）．偽気管は直径が $3 \sim 4 \mu m$ の管で，液状の餌や微細な固形物は偽気管を通して吸部に送られる．吸部は大きな下唇（labium）と細長い舌状体（hypopharynx）および上唇（labrum）よりなり，大あごと小あごはない．管状の下唇のくぼみのなかには上唇と舌状体が収められている．舌状体には唾液腺管があり，唾液を分泌する．吻基は頭部についていて咽頭および唾液腺管がある．

　胸部はかたく，剛毛で覆われ，前胸，中胸，後胸よりなるが，前胸（prothorax）と後胸（metathorax）は退化して小さく，上からは見える胸部の背面はほぼすべて中胸（mesothorax）の背板である．中胸背板は楯板（scutum）と小楯板（scutellum）の2つに分画される（図3.73）．発達した中胸からは強力な翅が1対生えている．翅の起始部の下側には，飛翔時にハエ特有のブンブン音（buzzing sound）を出すための棍棒状の構造（greater ampulla）がある．翅は膜状でよく発達し，種によって異なる脈相がある．後胸には後翅が退化してできた平均棍（halter）があり，飛翔中の平衡を保っている．胸部側面には気門（spiracle）が2対（前方気門と後方気門）開口する．

　歩脚は同じ形であり，基部から基節，転節，腿節，脛節，跗節よりなる．跗節の先端には2本の爪（claw），毛状の爪間板（empodium），花弁状の褥盤（pulvilli）

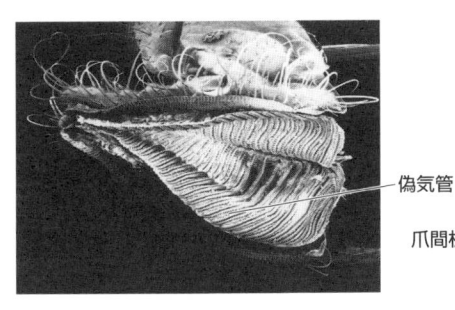

図3.75　イエバエの唇弁

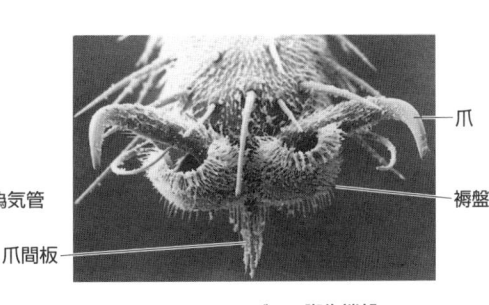

図3.76　イエバエの脚先端部

がある（図 3.76）．褥盤からは粘液が分泌され，ハエはガラスや天井にも静止できる．また，ハエは脚にも舌をもつといわれるように，口吻と同じように覚・嗅覚を感知できる長さ 30 〜 300 μm の毛状の感覚器を褥盤に備える．ハエが常に脚をこすり合わせるのは，この褥盤のごみ落としのためである．「蠅」という漢字は，この様子を「縄をなっている動作」に見立てたことに由来する．

腹部の体節（腹節）は背板と腹板よりなる．腹部は前腹部と後腹部に区分され，前腹部は第 5 腹節までであり，第 1 背板は見えない．後腹部は第 6 腹節から後端までであり，外部生殖器を備える．雌の生殖器は第 6 節より先が産卵管となっているが，ニクバエの雌は卵胎生のため産卵管を欠く．

卵：乳白色のバナナ状で，長さは約 1 mm である．

幼虫：幼虫は一般に乳白色か黄白色である．卵から孵化した直後の 1 齢幼虫の大きさは約 1 mm であるが，3 齢幼虫では 10 〜 14 mm にもなるものがある．形は円筒形，無脚で，いわゆる「ウジ」型をしているものが多いが，ヒメイエバエの幼虫と蛹は，体表に多くに肉質突起を生じ，体色も褐色である．（図 3.77）．

幼虫の体節は 12 節よりなり，第 1 節は頭部で，第 2 〜 4 節が胸部，残りの第 5 〜 8 節は腹部である．第 1 節には口はあるが，頭蓋などの頭部器官はほとんど退化し，その代わりに黒色の咽頭骨格（pharyngeal skelton, cephalopharyngeal sclerite）がある（図 3.78）．咽頭骨格の先端には発達した口鉤(こうこう)（mouth hooks）があり，底部には沪過器官（pharyngeal filter）が見られる．口鉤は大あごに起源し，幼虫はこれを基物にひっかけて，歩行，腐敗有機物の撹拌，動植物組織の破壊，宿主の皮膚の穿孔などを行う．咽喉骨格の形態は種により特徴的で，分類の有力な指標となる．幼虫は双気門式呼吸（amphipneustic respiration）を営み，第 2 節に前方気門（anterior spiracle），第 12 節には後方気門（posterior spiracle）を備える．前方気門は掌状であり小さいが，後方気門は円形または不整楕円形であり，容易に確認できる．後方気門には裂孔があり，幼虫の齢期によって裂孔の数は異なり，1 齢幼虫では裂孔が 1 個，2 齢幼虫は 2 個，3 齢幼虫は 3 個である（図 3.79）．なお 1 齢幼虫に前方気門はない．3 齢幼虫は脱皮後 4 〜 5 日経つと，摂食を中止して動きが止まる前蛹期（prepupa）に移行する．

蛹：ハエ類では，前蛹期の 3 齢幼虫の皮膚がそのまま強く硬化・収縮して，蛹の殻として利用されることが特徴であり，これは囲蛹（puparium）とよばれる．囲蛹で形成された殻のなかで蛹は発育する．このため，囲蛹は蛹を保護するカイコガやノミの繭形成（cocoon）に相当する機能をもつプロセスであるといえる．殻のな

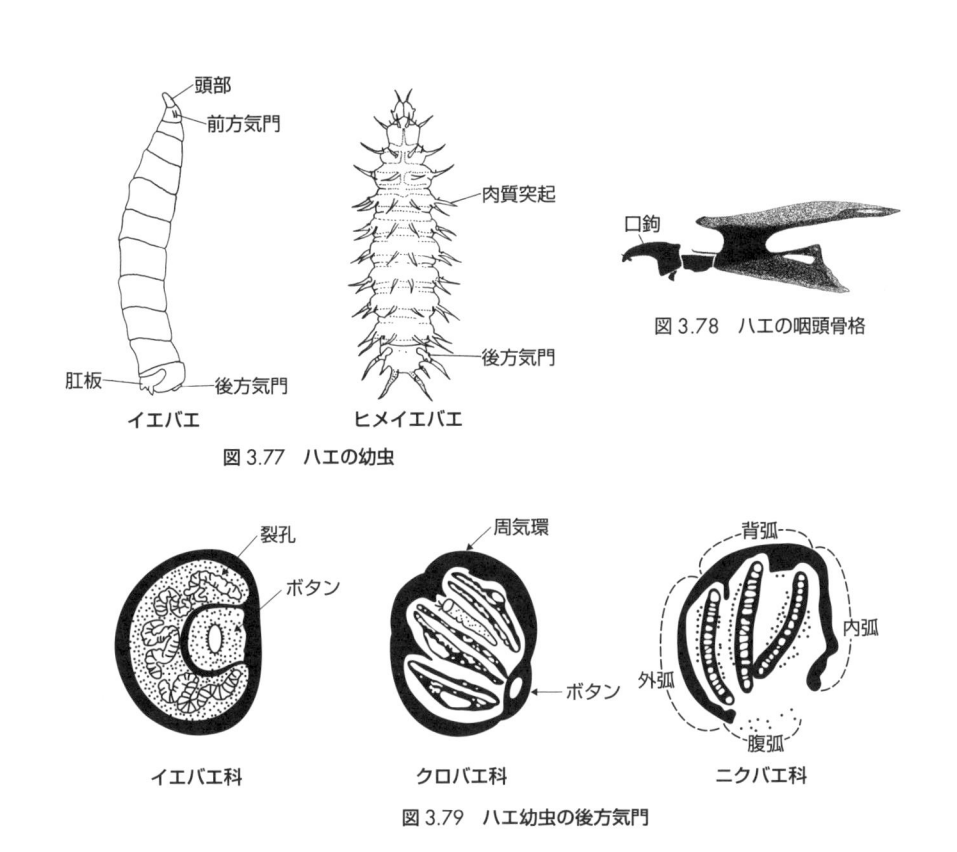

図3.77 ハエの幼虫（イエバエ：頭部、前方気門、肛板、後方気門／ヒメイエバエ：肉質突起、後方気門）

図3.78 ハエの咽頭骨格（口鉤）

図3.79 ハエ幼虫の後方気門（イエバエ科：裂孔、ボタン／クロバエ科：周気環、ボタン／ニクバエ科：背弧、内弧、外弧、腹弧）

かの蛹は，3齢幼虫期の気門板を呼吸用に使用できないため，第5体節と第6体節の間を貫通した蛹角（pupal horn）とよばれる呼吸管で呼吸する．蛹は一般に前後両端が丸みを帯びた亜円筒形で，殻の色は初期は乳白色で，日時の経過とともに赤褐色～黒褐色に変わる．

● 発育 ●

ハエ類の発育速度は，周囲の温度や湿度，栄養物の多少によって大きく左右されるが，25℃および28℃の恒温条件におけるイエバエの発育日数を表3.5に示した．雄は羽化後ただちに交尾可能であるが，雌の交尾活動は羽化後3日目にもっとも活発となるため，雌が雄よりも早く羽化する雌早発現象が認められる．雌は交尾後2日目には産卵を開始する．雌成虫の寿命は1～2か月であり，その間に10日くらいの間隔で毎回50～150（平均120）個の卵を4～5回産み，生涯の産卵数の合計は500個前後である．卵は乾燥に弱く，低湿度では孵化率が極端に低下する．また

3.5 衛生動物として重要な昆虫類

表3.5 イエバエの発育日数

温度	卵	幼虫			蛹	卵－成虫	成虫の生存日数	発表者
		1齢	2齢	3齢				
25℃	0.5日	1日	1日	3~8日	4~11日	10~22日	雄20日 雌30~60日	緒方
28℃	0.5~1.0日	4~6日			4~5日	9~12日	15~30日	大塩

40℃以上の温度，あるいは15℃以下の温度下では死滅しやすい．卵から孵化した1齢幼虫は盛んに摂食し，約1日で2齢幼虫になる．2齢幼虫も約1日で3齢幼虫になり，著しく大きくなる．3齢幼虫の末期の前蛹期になると，摂食を止めて比較的乾燥した場所に移動し，囲蛹を形成する．

●生態●

発生源：ハエ類の発生源は，幼虫が生息しやすく，幼虫の餌となる有機物が豊富にある場所である．これらの場所は，自然環境よりも人為的な環境によってつくり出されることが多い．一般にハエ類の発生源は，生ごみ（厨芥）系列，糞尿系列（便池，野つぼ），家畜系列（畜舎・鶏舎，堆肥），その他（動物死体，野糞，漬物桶）の4つに区分されるが，環境衛生の管理が比較的いき届いている日本でハエが常時発生する環境は，ごみ処理場，大規模畜産経営，放牧地，その他（イヌ・ネコの糞，動物の死体，ビニールハウスなど）にほぼ限定されている．これらのうち，家畜や家禽の多頭羽飼育に伴って排泄される糞便の量は莫大であり，日本のハエ発生源としてもっとも主要な場所は畜舎や鶏舎である．畜舎周辺ではイエバエ，ヒメイエバエ，オオイエバエ，サシバエなどの発生が多いが，糞便の種類や状態，建物の構造，季節によって，発生するハエの種類（ハエ相）は変化する．優先種は一般に牛舎や豚舎ではイエバエであり，鶏舎ではヒメイエバエであるが，糞の処理の仕方では牛舎や豚舎でもヒメイエバエが優先種に変わる．放牧地のハエ相は，ノイエバエ，クロイエバエ，ウスイロイエバエ，ノサシバエなどが多く，畜舎周辺とは異なる．

成虫の活動場所：ハエ類は一般に春から秋にかけて盛んに飛翔活動をし，冬季は少数のハエが建物の物陰に隠れて越冬し（成虫越冬：adult hibernation），小春日和のような暖かい日中に出没する．ハエは活動場所の違いによって，主として建物のなかで活動する屋内性のハエ（outdoor fly）と，野外で活動する屋外性のハエ（indoor fly）に区別される（表3.6）．屋内性のイエバエ，ヒメイエバエ，オオイエバエなどは人家や畜舎などの建物内に侵入し，餌となるヒトの食べ物や家畜の飼料などに群がり，屋外性のクロバエ，ニクバエ，サシバエなどはごみ捨て場や堆肥置き場な

表3.6 ハエの活動場所と休息場所

区 分	屋内性のハエ	屋外性のハエ
種 類	イエバエ，ヒメイエバエ，オオイエバエなど	クロバエ，キンバエ，ニクバエ，サシバエ，ノイエバエ，クロイエバエ，ウスイロイエバエなど
活動場所	食卓，台所，餌場，畜体，厨芥，家畜糞便，堆肥など	ごみ捨て場，堆肥，地表面，畜体など
休息場所	主として天井，壁，ひも，針金，ときにより木，草の幹や葉の上	樹木，草の幹や葉の上

どで活動していることが多い．また，ノイエバエ，クロイエバエ，ウスイロイエバエなどはおもに放牧地の牛体周辺で活動する．しかし，この区分は厳密なものではなく，畜舎のなかで屋外性のクロバエ，ニクバエ，サシバエなどが飛翔することも多い．ハエの活動は気温や明るさによって左右され，イエバエの成虫の活動適温は25～28℃であり，30℃以上や10℃以下の日には活動が鈍る．一般にハエは晴天の日に活発に飛びまわり，雨天や曇天の日には静止していることが多い．

幼虫の習性： ハエの雌は幼虫の餌になるものに産卵する．卵の形で産む卵生（oviparity）が一般的であるが，ニクバエやクロイエバエでは，雌の体内で卵を孵化し1齢幼虫の形で産下する卵胎生（幼生生殖：larviparity）が行われる．幼虫は乾燥と高温に弱く，暗いところを好む．イエバエやヒメイエバエの幼虫は厨芥，家畜の糞便，堆肥のなかなどに生息しているが，水分の非常に多いところにはいない．一方，クロバエやニクバエは水分の多い有機物中で生育する．

図3.80には，ハエの各発育期における活動の適温と，活動と生存の可能な温度を示した．卵が生存可能な温度は10～40℃であるが，幼虫は氷点下から40℃以上の高温まで生存が可能である．活動の適温は卵で35～36℃，1齢幼虫で30～37℃，2齢幼虫で35℃前後，3齢幼虫で36～42℃，蛹で15～30℃であり，卵から3齢幼虫では30～40℃が適温であるが，3齢幼虫後期から前蛹にかけてはこれよりもやや低い温度を好んで活動する．

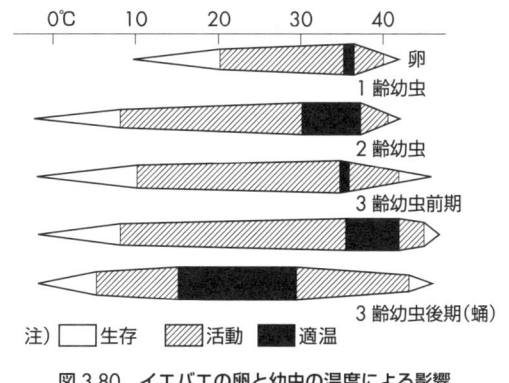

図3.80 イエバエの卵と幼虫の温度による影響（多くの報告により抜粋）

●病害●

獣医衛生におけるハエの害は次のように大別できる.

(1) 間接的な病原体の媒介：動植物の死骸からタンパク質を摂取するハエは，糞便などの汚物とヒトや動物の食物の双方を摂食する．汚物の摂食によって寄生虫卵や病原体を体に付着させたハエが食物を摂食する際に病原体の拡散と流行を引き起こす．この食物を通じた病原体伝播の例としては，ヒトではポリオウイルス，赤痢菌，サルモネラ，赤痢アメーバ，O-157大腸菌，回虫卵，鞭虫卵などの媒介がある（表3.7）．1996年の腸管出血性大腸菌O-157による集団食中毒の発生の際には，患者発生施設の内外で採取されたイエバエの0.5％が保菌状態にあり，4日間は菌を排泄することが確認されている.

(2) 直接的な病原体の媒介：ヒトや動物の個体間で，直接病原体を媒介するもので，この例としては表3.7に示すように，サシバエが小口馬胃虫（*Habronema majus*）の中間宿主となり，炭疽，ブルセラ，*Trypanosoma evansi*，馬伝染性貧血ウイルスの機械的媒介者となることや，ツェツェバエによるアフリカトリパノソーマ（*Trypanosoma brucei*）の媒介，涙からタンパク質を摂取するメマトイが東洋眼虫を媒介することなどがあげられる．また，詳細は不明であるが，ケブカクロバエとオオクロバエの消化管から高病原性鳥インフルエンザウイルスが分離され，疾病流行時にクロバエ類が伝播にかかわる可能性が示唆されている．クロバエ類は季節的な標高差移動，海上飛翔などの長距離移動を行うことから，本症の媒介が立証されれば，疫学上の危険性はきわめて高いことになる.

表3.7 寄生虫や病原体の中間宿主または媒介者となるハエ類

ハエ	寄生虫または病原体
イエバエ	ハエ馬胃虫，スクリアビン眼虫，クリプトスポリジウム，コクシジウム原虫各種，腸管出血性大腸菌O-157，ポリオ，赤痢
イエバエ，ウスイロイエバエ	大口馬胃虫
ウスイロイエバエ	沖縄糸状虫
ノイエバエ，クロイエバエ	ロデシア眼虫
サシバエ，ノサシバエ	炭疽，ブルセラ，ウマ伝染性貧血ウイルス，トリパノソーマ
クロイエバエ	*Thelazia gulosa*
オオクロバエ	高病原性鳥インフルエンザウイルス
ケブカクロバエ	高病原性鳥インフルエンザウイルス
メマトイ	東洋眼虫

(3) ハエウジ症（myiasis）：クロバエ科やニクバエ科などのハエの肉食性幼虫がヒトや動物の生体内に寄生した場合のことで，ハエ幼虫症，ハエ症，蛆症ともよばれる．ハエウジ症は，ウシ，ヒツジ，ブタ，ウマ，イヌ，ネコ，ヒトを含む多くの動物で全世界的に広く認められる人獣の重要疾病であり，新興感染症としても重要である．ハエウジ症は，寄生できないと生活環が完了しない真性（偏性）ハエウジ症（obligatory myiasis）と，寄生が偶発的で生活環の完成に必須ではない偶発性（不偏性，条件的）ハエウジ症（facultative myiasis）の2種類に区分される．また，ハエ幼虫の寄生部位の相違に基づいて，皮膚ハエウジ症（dermal (cutaneous) myasis），鼻咽頭ハエウジ症（nasopharyngeal myasis），消化器ハエウジ症（intestinal myasis），泌尿生殖器ハエウジ症（urinogenital myasis），あるいは創傷性ハエウジ症（wound myiasis）などに分類される．

(4) 不快害虫（nuisance）：イエバエ，ヒメイエバエ，オオイエバエなどの屋内性のハエは，畜舎周辺から不特定多数の住宅内に侵入して社会問題化することも少なくない．

●対策●

日本の畜産においては，殺虫剤抵抗性が発達しているイエバエと，幼虫対策剤が有効でなく，成虫が移動分散するヒメイエバエが，もっとも防除が困難なハエ類である．しかし，いずれのハエの場合も，幼虫の発生場所を少なくするための発生源対策と，飛来する成虫を防除するための成虫対策として，殺虫剤，忌避剤，不妊剤などによる化学的防除，防虫カーテンやハエとりリボンなどによる物理的・機械的防除，あるいは畜舎内外の清掃や適切な糞尿処理などといった生態的防除などを適切に組み合わせた総合的防除が不可欠である．とくに最近は，食の安全を高める見地から，国内外でハエ類の天敵となる微生物，昆虫，ダニを活用した生物学的防除（biocontrol）の活用が注目されており，一部では実用化が図られている．

生物学的防除のために用いる生物農薬としての可能性が検討されている天敵の昆虫は，ハエの卵と幼虫を餌にするガイマイゴミムシダマシ（*Alphitobius diaperinus*），クロチビエンマムシ（*Carcinops pumilio*），ハエダニ類（Macrochelidae）のほか，蛹を餌にする *Spalangia endius* などの寄生蜂（parasitic wasp）である．また微生物についても，マダニと同様の *Metarhizium* 属などの昆虫病原糸状菌の応用が図られており，とくにイエバエでは *Entomophtora muscae* が研究されている．

広範な地域で発生するハエウジ症の対策としては，コバルト60照射によって作出した不妊雄を1億匹の規模で定期的に流行地に放って，卵の孵化を阻止し，ハエ

を撲滅する不妊虫放飼法(SIT;Sterile Insect technique)が効果的である.この方法は,1960年代から新世界ラセンウジバエ対策としてアメリカで実用化され,大成功を収めた.沖縄と南西諸島におけるミバエ対策にも応用されている.

イエバエ

学　名：*Musca domestica*
英　名：house fly, common housefly

●**分類・形態**●
　イエバエ科（Muscidae）は約4,000種のハエを含み，イエバエ（*Musca*）属は，オオイエバエ（*Muscina*）属，サシバエ（*Stomoxys*）属，ノサシバエ（*Haematobia*）属などとともにイエバエ亜科（Muscinae）に帰属する．
　イエバエの成虫は，体長6mm内外で体色は暗褐色〜黒灰色．胸背に明らかな4本の同じ長さの黒い縦線をもつ（ときに内側の2本が短いものがある）．複眼が雄は合眼的，雌は離眼的である．雌は腹部が雄に比べて太く，腹面から見ると先端まで黄白色．雄は腹面先端近くに黒斑がある．吻は伸縮自在で，口器は「なめる」型．

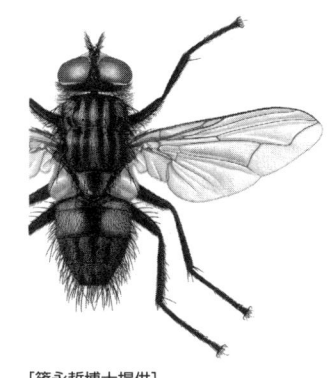

[篠永哲博士提供]

●**分布**●　日本全土を含む世界各地にきわめて普通に分布する．

●**生態**●　屋内性のハエで，人家や畜舎内に好んで侵入する．日中はヒトの食物や家畜の飼料などを摂取して活動し，夜は天井などに静止している．活動の盛期は北海道では7〜8月であるが，暖かい地方では四季を通じて発生し，盛夏にはやや減少する二峰性の発生パターンを示す．幼虫は畜舎・鶏舎，ビニールハウス，堆肥，厨芥，ごみ処理場などに生息する．原始イエバエの発生源は馬糞であり，次第に草食獣全般の糞に発生源を広げ，堆肥，厨芥にまで幼虫の生息場所を拡大したと考えられている．

●**病害**●　幼虫，成虫がときに爆発的に大発生し，不快害虫（nuisance）として社会問題化する．また，成虫はウマのハエ馬胃虫（*Habronema muscae*），大口馬胃虫（*Draschia megastoma*）の中間宿主となることが古くから知られている．近年は，*Eschelichia coli*, *Staphylococcus aureus*, *Campylobacter* spp, *Yersinia enterocolitica*, *Pseudomonas* spp, *Chlamydia* spp., *Klebsiella* spp.などの細菌，ポリオ，コクサッキーなどのウイルス，*Sarcocystis* spp., *Toxoplasma gondii*, *Isospora* spp., *Giardia* spp., *Entamoeba histolytica*, *Cryptosporidium parvum* などの原虫の機械的媒介にかかわることが明らかにされている．とくに熱帯地域では，ヒトの院内感染症の伝播を担うことが実証された．イエバエは，これらの病原体を，外表皮からの病原体の脱落・除去，排糞，嘔吐（regurgitation）の3つのメカニズムで機械的に媒介するとされている．

クロイエバエ	学　名：*Musca bezzii* 英　名：Asian face fly
ノイエバエ	学　名：*Musca hervei*

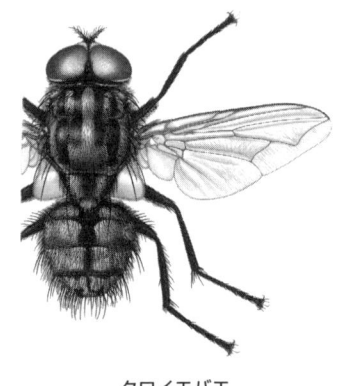

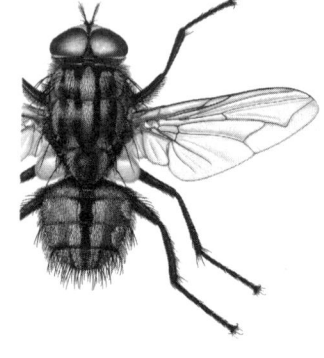

　　　　　クロイエバエ　　　　　　　　　　　ノイエバエ
　　　　　　　　　　[篠永哲博士提供]

●概説●　クロイエバエはイエバエよりやや大形で，体長 6.5〜8.0 mm．複眼は近接し，胸背に4本の黒縦線がある．雄の第3，第4腹板は黄色であるが，雌の腹面は全部黒色．牧場の牛糞がおもな発生源であり，1齢幼虫を産む卵胎生．とくに雌が牛体に集まり，頭部や背部に多く，涙や傷口の滲出液をなめる．日本全土に分布するが，とくに北海道や本州の山岳地の牧場に多い．北海道の牧場では5〜10月まで活動し，8月上旬に発生数が減少する二峰性の消長を示す．ウシのロデシア眼虫（*Thelazia rhodesi*）と *Thelazia gulosa* の中間宿主であり，アメリカでは近縁の *Musca autumnalis* が，*Moraxella bovis* 菌に起因する伝染性角結膜炎（IBK）を媒介することが確かめられている．

　ノイエバエは体長6〜8 mm．雄の腹部は褐色の市松模様で，背板の側縁と腹板は黒色．クロイエバエ同様，牧場の牛糞から発生し，成虫はウシの涙や血液をなめる．ウスイロイエバエとともに血液嗜好性が高い種類であり，アブやサシバエなどが吸血した後の滲出血液に集まる傾向がある．卵は有柄で，牛糞に1個ずつ刺し込むようにして産みつけられる．日本全国の牧場に普通に認められ，北海道の牧場では6〜9月まで活動し，7月下旬に発生数が減少する二峰性の消長を示す．ウシにロデシア眼虫とスクリアビン眼虫（*Thelazia skrjabini*）を媒介する．

ウスイロイエバエ	学　名：*Musca conducens*
オオイエバエ	学　名：*Muscina stabulans* 英　名：false stable fly, greater housefly

ウスイロイエバエ　　　　　　　　オオイエバエ

[篠永哲博士提供]

●**概説**●　ウスイロイエバエは小形のハエで，雄の腹部は黄色，雌は黒色を呈する．前脚の脛節の後腹部には1本の剛毛がある．ウシやスイギュウの糞から発生し，成虫は牛体に集まり，雌はアブなどの刺咬部位から流れる血液をなめる．熱帯性で，沖縄，伊豆七島，南九州に分布し，沖縄では放牧場のウシに集まるハエの大部分が本種で周年発生する．沖縄糸状虫（*Stephanofilaria okinawaensis*）の中間宿主である．

　オオイエバエ（*Muscina*）属はイエバエ亜科に属し，日本には5種が分布する．本種はイエバエよりやや大形で，体長7～9 mm．体は黒褐色でイエバエよりやや黒っぽい．胸背に4本の黒縦線をもち，腹背には黒色の中央線がある．脚の脛節と腿節の先端1/3が赤褐色．小楯板の先端も赤褐色を示すのが特徴．日本全土を含む北半球に分布するが，熱帯には少ない．屋内性のハエで，豚舎・鶏舎で異常発生することがあり，5～6月にとくに多い．発生源はイエバエに比べて動物質に富むところで，摂取する食物の範囲もイエバエより広い．3齢幼虫が他のハエの幼虫を襲って食べることもある．

ヒメイエバエ

学　名：*Fannia canicularis*
英　名：little housefly, lesser housefly

●**分類・形態**●　本種は，イエバエ科，ヒメイエバエ亜科（Fanniidae），ヒメイエバエ（*Fannia*）属に分類される．ヒメイエバエ亜科は4属285種からなる小グループであり，おもに北半球と南米温帯地域に分布する．亜科の大半（220種）を占めるヒメイエバエ属のハエは，日本には50種以上が分布する．動物の糞などで発生し，幼虫が他のハエの「ウジ」と異なり，背腹に扁平で，背面・側面には多数の肉質突起（lateral process）をもち，蛹も3齢幼虫と同形であるのが特徴である．

［篠永哲博士提供］

　ヒメイエバエはイエバエと並んで代表的な屋内性のハエであるが，イエバエより小形で，体長は6～7mm内外．体形は細長く，胸背に3本の黒縦線もち，腹部第2～第4節の背面には黄色紋がある．

●**分布**●　北半球に分布し，日本全国にもきわめて普通．季節消長はイエバエと同様であり，本州以南の各地では5～6月と9～10月に多い二峰性，北海道では盛夏時をピークとする一峰性を示す．

●**生態**●　発生源は非常に広範囲で，畜舎・鶏舎，堆肥，便池，厨芥，動物の死体，漬け物桶などさまざまである．成虫は人家内や畜舎・鶏舎に多く，大発生が社会問題化することがある．イエバエと相違する習性として，静止するときに左右の翅を腹部の上に重ねてとまり，雄は屋外や屋内の空間を絶えず輪を描くように飛翔する輪舞（swarm）を行うことがあげられる．

●**病害**●　畜舎周辺から多数発生して不特定の住宅内に侵入し，不快動物（nuisance）になるとともに，ニューカッスル病の伝播者として働く．

●**近縁種**●

コブアシヒメイエバエ（***Fannia scalaris***）：幼虫の生息場所はヒメイエバエにほぼ同じであるが，人獣の糞をより好む傾向があり，英名は latrine fly（掘り込み便所のハエ）という．

セジロハナバエ

学　名：*Morellia saishunensis*

●概説●　セジロハナバエ（*Morellia*）属は，イエバエ亜科に属し，日本では4種類が放牧牛に寄生する．体長6〜8 mm．胸背には明瞭な2本の広い黒色縦線がある．クロイエバエ，ノイエバエ同様に牧場の牛糞から発生する．とくに雌はウシに集まり，涙や汗をなめる．本種は，北海道から九州まで多くの牧場で見られるが，北海道にはエゾセジロハナバエ（*M. anescens*）とキタセジロハナバエ（*M. hortorum*），沖縄にはミナミセジロハナバエ（*M. hortensia*）が分布する．

［篠永哲博士提供］

オオクロバエ

学　名：*Calliphora lata*

●概説●　日本におけるクロバエ科のハエは，クロバエ亜科（Calliphorinae），オビキンバエ亜科（Chrysomyiinae），ツマグロキンバエ亜科（Rhiniinae）の3亜科に帰属する60種が分布するが，全世界では多数の亜科と150属1,000種以上が知られている．クロバエ亜科の成虫は，体色が青藍色で金属光沢をもつ種が多いことから，黒蠅，蒼蠅（blow-fly）とよばれる．クロバエ（*Calliphora*）属のハエは日本には6種が分布する．なお，オビキンバエ亜科に，幼虫がラセンウジバエ（screw worm）とよばれるグループが含まれる．

［篠永哲博士提供］

　オオクロバエは大形黒色のハエで，体長は11〜15 mm．体は丸みを帯び，斜め後方からみると胸背部は灰白色の粉で覆われている．このため，胸背の模様が著明ではない．腹部は鈍い青黒あるいは緑黒色．日本全土に普通に見られる世界共通種．便池，堆肥，ごみ溜め，魚や動物の死体などから発生する．平地では春秋に見られ，夏に姿を消すが，涼しい山地帯では盛夏にも見られる．成虫越冬し，沖縄では2〜3月に成虫が見られる．しばしば人家内に侵入し，食中毒原因菌の運搬者となることが古くから知られていたが，最近，高病原性鳥インフルエンザウイルスが，本種とケブカクロバエの消化管から分離され，媒介者としての可能性が疑われている．

ケブカクロバエ

学　名：*Aldrichina grahami*

●概説● クロバエ亜科のケブカクロバエ（*Aldrichina*）属は，ケブカクロバエ1種のみからなる．日本全国に普通であり，中国，シベリア，北米にも分布する．体長10 mm内外．胸背はほとんど青みがなく，灰色と黒色のまだらを呈し，腹背は青黒色．雄の複眼は互いに離れている．鱗弁は暗褐色．発生源は動物死体，糞便，堆肥，ごみ溜めなど．習性，生態，発生消長などがオオクロバエに類似するが，本種の雌は，後方から見て胸背の黒縦線が明瞭であ

［篠永哲博士提供］

り，そうでないオオクロバエとは区別できる．都市化の進行でオオクロバエは都心から姿を消したが，ケブカクロバエは都市の中心部に生息し，真冬でも暖かい日にはじっと日光浴する姿が見られたりする．本種とオオクロバエの消化管から高病原性鳥インフルエンザウイルスが分離され，疾病流行時にクロバエ類が伝播にかかわる可能性が示唆されている．

ミドリキンバエ

学　名：*Lucilia illustris*
英　名：green bottle fly

●概説● キンバエ（*Lucilia*）属は，オオクロバエ（*Calliphora*）属とともに，クロバエ科，クロバエ亜科のキンバエ（metalic calliphorinae）群に分類され，日本には10種が分布する．ミドリキンバエは，体長6〜8 mmで，体は黄緑色の金属光沢をもつ．雄の両眼はやや離れる．鱗弁は白色．日本全土の平地にきわめて普通に見られ，人獣の糞や動物死体に集まる．発生源は，人獣の糞，動物の死体，ごみ溜めなど．近縁のキンバエ（*Lucilia caesar*）は山地に多く，鱗弁が褐色である点で区別できる．また，ヒロ

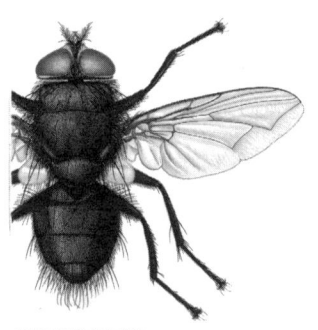

［篠永哲博士提供］

ズキンバエ（*L. sericata*）は畜舎，ごみ処理場，一般家庭の台所の生ごみなどから発生するが，無菌的に飼育した幼虫はヒトでの潰瘍や壊疽部分を食べさせる治療（maggot therapy）に用いられる．ハエウジ症（myiasis）の原因となることがある．

センチニクバエ

学　名：*Sarcophaga peregrina*
シノニム：*Boettcherisca peregrina*

●**分類・形態**●　ニクバエ類は汎世界的に分布し，国内でも110種が知られているが，ニクバエ科の分類については諸説があり，亜科の数も2〜4の相違があるなど，多少の混乱がある．3亜科とする考え方では，ニクバエ亜科（Sarcophaginae），ヤチニクバエ亜科（Paramacronychiinae），ヤドリニクバエ亜科（コバネニクバエ亜科）を設けて，約100属2,000種を包含させる．現在，おもな分類法では，本種を含めて，日本産の種の大半が *Sarcophaga* 属の亜属に降格された．このため，ここでも学名は *Sarcophaga peregrina* としているが，*Boettcherisca peregrina* が復活する可能性も残っている．

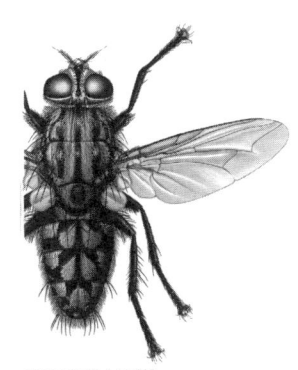

[篠永哲博士提供]

センチニクバエの体長は10〜12 mmで，体色は灰色．胸背に明瞭な3本の黒縦線がある．腹部には黒色と灰色の市松模様がある．頬には黒毛と白毛が混在する．「センチ」とは「せっちん（雪隠）」が音変化したもので便所の意味である．人獣の糞，畜舎，動物の屍体などから発生し，肉も好む．

●**分布・生態**●　日本全土にきわめて普通に分布する．成虫は7〜8月の盛夏に多く発生する．屋外性のハエであるが，豚舎や鶏舎のなかでもしばしば認められる．ニクバエ類はすべて卵胎生で1齢幼虫を産むため，ハエウジ症（myasis）を起こすことがある．発生源は水分の多い便池や堆肥，ごみ溜め，動物の死体など．蛹で冬を越すので（蛹越冬：pupal hibernation）冬季に成虫は見られない．なお，本種は昆虫の自然免疫を担う各種の抗菌ペプチドの研究で有名である．

●**近縁種**●

ナミニクバエ（*Parasarcophaga similis*）：センチニクバエに似るが，頬の毛が黒い．ほかにも数種の近縁種があるが，外部生殖器以外では成虫の種同定は困難である．

G. サシバエ類 Stomoxyini

英語では biting fly とよばれる．サシバエ類はイエバエ科（Muscidae），イエバエ亜科（Muscinae），サシバエ族（Stomoxyini）に属するハエであるが，他のものが非刺咬性であるのに対し，サシバエ類は刺咬性で，生存のために吸血を必要とする．そのため，他の吸血性ハエ目昆虫とは異なり，雄，雌ともに吸血する．日本では表3.8に示すようなサシバエ類の分布が知られているが，サシバエ，ノサシバエ以外の発生数は少ない．

表3.8 日本におけるサシバエ類の分布

種類	北海道	本州	四国・九州	奄美諸島・沖縄
サシバエ *Stomoxys calcitrans*	○	○	○	○
インドサシバエ *Stomoxys indica*		○	○	○
チビサシバエ *Stomoxys uruma*				○
ミナミサシバエ *Haematobosca sanguinolenta*	○	○	○	○
ノサシバエ *Haematobia irritans*	○	○	○	

成虫，卵，幼虫，蛹ともに形態はイエバエと類似するが，口器が著しく変形し，細長い針状になっている．イエバエの口器は伸縮自在の唇弁であるが，サシバエの口吻は伸縮はできない（図3.81）．口吻は上唇，舌状体，下唇よりなり，下唇の先端には唇弁がある．大あご，小あごはなく，吻の基部には1対の小あごひげがある（図3.82，図3.83）．体長はほぼイエバエと同様であるが，ノサシバエ成虫はやや小

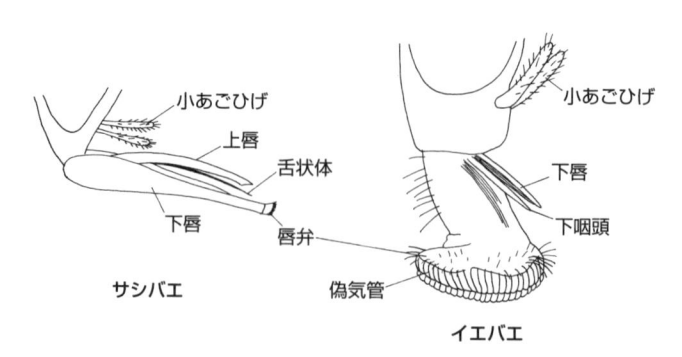

図3.81 サシバエとイエバエの口器模式図

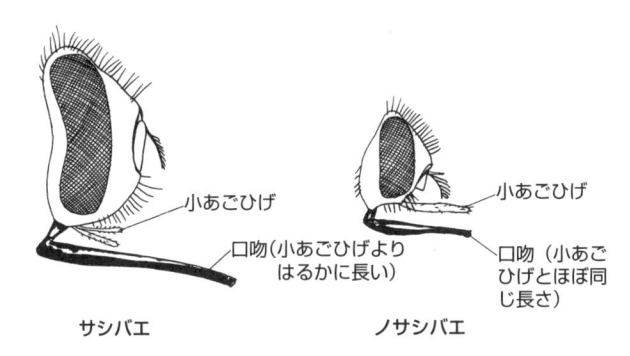

図 3.82 サシバエとノサシバエの小あごひげと口吻

(サシバエ:小あごひげ、口吻(小あごひげよりはるかに長い))
(ノサシバエ:小あごひげ、口吻(小あごひげとほぼ同じ長さ))

図 3.83 ノサシバエの口吻先端部の唇弁

形である．幼虫はイエバエとは後方気門の形態が異なる．

　発生源はイエバエと同様，家畜の糞便，堆肥などで，夏季では1～2日で孵化し，幼虫期間（1～3齢），蛹期間ともおよそ1週間であるが，ノサシバエの卵巣発育には，より高温が必要とされる．

　成虫の生態はサシバエとノサシバエではかなり異なる．

| サシバエ | 学　名：*Stomoxys calcitrans*
英　名：stable fly
別　名：刺蝿 |

● 形態 ●

[篠永　哲博士提供]

畜舎の壁にとまって休息する
吸血後のサシバエ

　成虫の体長は 5.0〜6.5 mm. 体色は灰色で, 胸背に 4 本の縦線が, 腹背に 3 個の丸い暗色の斑紋がある. 一見イエバエに似るが, 口吻が非伸縮性の針状である点で容易に区別される. 小あごひげは吻の長さよりはるかに短い. 休息するときには翅をやや開いてとまる.

● 分布・生態 ●　　全世界に分布し, 日本にも普通に見られる. 雄雌成虫はウシ, ウマ, ブタ, イヌなどに飛来して吸血する. ときとしてヒトを襲うこともある. しかし, ニワトリを吸血することはほとんどない. 本種は牛舎内外に多く, 放牧地のウシにはほとんど見られない (これに対してノサシバエは放牧牛に多く, 舎飼いのウシにはほとんど見られない). 通常は牛舎内外で飛翔しており, 吸血時のみ牛体に寄生する. 吸血活動は気温が 15〜30℃で活発で, 14℃以下では吸血しない. また, 35℃を超えると涼しい場所に移動する. 吸血に際しては, カと同様に口吻を宿主の皮膚内に刺し込んで血液を直接摂取する. 吸血時間は日中よりも朝夕が多い. 吸血は毎日行い, 生存と産卵のために利用する. 1 個体のサシバエの吸血量は雄で約 4.8 mg, 雌で約 6.2 mg といわれている. 宿主嗜好性は厳密ではないが, ウシ, ウマを好んで吸血する. 吸血を終了したサシバエは宿主を離れ, 樹木や草の葉の裏, 建物の陰などに潜む.

●**発育**● 家畜の糞便，堆肥などに産卵された卵は夏季では1～2日で孵化し，幼虫となる．幼虫は約1週間で1～3齢を経て蛹となり，約1週間で羽化する．羽化後約5日で交尾を行い，雌は8～15日後に産卵をはじめる．成虫の寿命は10～27日で，この間毎日吸血し，一生の間に1回100～200個の卵を3～4回産卵する．卵はばらばらに産みつけられる．越冬はおもに蛹の状態で行われ，成虫は春から晩秋にかけて，とくに9～10月に活動する．

●**病害**● ウシ，ウマに対して強い喧噪感(annoyance)と刺咬による痛痒感(irritation)を与える．多数のサシバエが寄生すると，とくに幼若な動物では貧血，削痩を起こす．サシバエ寄生による生産性の低下例として，乳牛泌乳量の10～20％減少，体重の10～20％減少例が報告されている．

媒介者としては，小口馬胃虫（*Habronema majus*）の中間宿主となるほか，エバンストリパノソーマ（*Trypanosoma evansi*）や，炭疽菌，ブルセラ菌，サルモネラ菌，馬伝染性貧血ウイルスなどの機械的伝播者になることが知られている．

●**対策**● サシバエの発生源はイエバエと同様である．したがって，発生源対策は家畜の糞便処理がもっとも重要である．糞便に殺虫剤を散布する場合には，微粒剤あるいは粉剤を用いて，糞便と殺虫剤を交互に積み上げる「サンドイッチ方式」が効果的である．

成虫対策は，物理学的防除法としてハエとりリボン，電撃殺虫器などが用いられるほか，牛舎への殺虫剤の散布も行われるが，劇的な効果はない．近年，畜舎の壁に塗布して比較的長期の効果を狙った殺虫剤も開発されている．

ノサシバエ

学　名：*Haematobia irritans*
英　名：horn fly
別　名：野刺蝿

●**形態**●　成虫の体長は 3.5〜5.0 mm．体色は灰褐色で，胸背の正中に 1 本の黒縦線がある．口吻は非伸縮性の針状．小あごひげは吻の長さとほぼ同じ．休息するときには左右の翅を体上に重ねてとまる．

●**分布・生態**●　世界各地に分布する．日本では本州以北に分布し，とくに東北，北海道に多い．主としてウシを吸血するが，ウマ，ロバ，スイギュウ，まれにヒツジ，イヌ，ヒトも吸血する．牛舎より放牧地に多い．雄雌ともに宿主依存性が高く，サシバエが吸血時にのみ宿主に飛来し，普段は宿主を離れているのに対し，ノサシバエは昼夜，天候を問わず宿主体表またはその周囲にいることが多い．宿主から離れるのは産卵時のみで，産卵が終わるとただちに宿主に戻る．吸血部位は胴腹部が多く，頭部を地表に向けて静止する習性があるので，他のハエと容易に区別できる．高温，高湿を好み，盛夏の頃に発生数が多い．

［篠永　哲博士提供］

●**発育**●　雌は昼夜を問わず新しい牛糞に産卵する．卵は長さ約 1.5 mm で，25〜34℃，湿度ほぼ 100％では 24 時間以内に孵化する．幼虫は牛糞内で発育し，3 齢の幼虫期を経て蛹となる．蛹は牛糞の下の土壌にいる．越冬は蛹で行う．

●**病害**●　成虫は常に宿主の体上あるいはその周辺にいるため，宿主に対して著しい喧噪感と痛痒感を与える．ウシが尾で追い払っても，体を離れるのは一時的で，すぐ牛体に戻る．幼若動物では多数寄生により貧血，削痩が起こる．

●**対策**●　ノサシバエの発生源は広大な牧野に点在する牛糞であるため，発生源対策は困難である．一方，牛体上の成虫は常時ウシの体にいることが多いので，殺虫剤による防除は効果が高い．殺虫剤の粉剤を入れた袋にウシを接触させるダストバッグ法や殺虫剤を練り込んだ耳標（イヤータッグ）が用いられていたが，現在はイベルメクチンの注射またはポアオンが用いられるようになってきている．

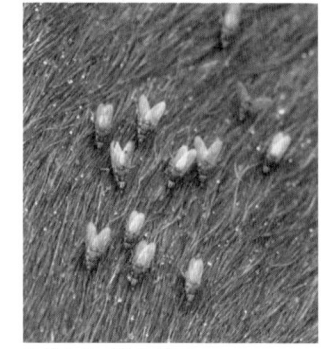

牛体上のノサシバエ

ツェツェバエ

学　名：*Glossina* spp.
英　名：tsetse fly

●**分類・形態**●　ツェツェバエ類は短角亜目（Brachycera），環縫群（Cyclorrhapha），ツェツェバエ科（Glossinidae）に属するハエの総称で，成虫の体長はイエバエよりやや大きく，6～14 mm．多くの種を含み，現在までに23種が記載されている．体色は褐色で，口吻は針状で直線をなし，末端部は歯とやすりになっている．口吻の脇には同長の小あごひげをもつ．静止時には左右の翅は互いに重なり，腹部末端を超えて後方に伸びる．

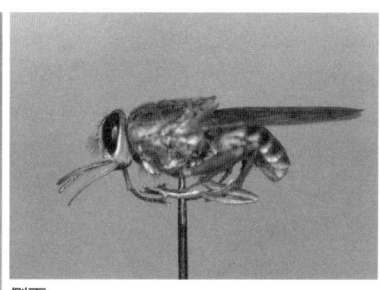

背面
側面

●**分布・生態**●　アフリカ大陸の北緯15度から南緯25度の地域に分布する（tsetse belt）．生息環境は種により異なる．サシバエと同様，雄雌ともに吸血活動を行い，哺乳類や鳥類を襲う．昼間活動性である．

●**発育**●　幼虫期は1～3齢であるが，卵から幼虫期間のほとんどを雌体内の子宮で過ごし，雌は老熟した3齢幼虫を倒木の幹の下や地中，草の根元などに産出する．産出された幼虫はただちに地中にもぐって蛹となり，30～40日で羽化する．雌は一生のうち6～8回の幼虫産出を行うといわれている．

●**病害**●　口吻が長いため，刺咬を受けた動物やヒトは強い痛痒感を受ける．しかし，ツェツェバエのもっとも重要な病害はトリパノソーマ病の媒介で，各種哺乳類のナガナ（*Trypanosoma brucei brucei* による），ヒトのアフリカ睡眠病（*Trypanosoma brucei gambiense* および *T. brucei rhodesiense* による）の媒介者として著名である．

●**対策**●　雌は一生のうち数個体しか幼虫を産出しないので，個体数を減らすための殺虫剤による駆除は効果があるが，撲滅は難しい．家畜への残効性の高い殺虫剤の散布もしくはポアオン，誘因剤による捕殺などが試みられている．

H. ショウジョウバエ類 Drosophilidae

　ショウジョウバエ（猩猩蠅）は，ハエ目，短角亜目，環縫群額嚢節（Schizophora），無弁翅亜節（Acalyptrate），ミギワバエ上科（Ephydroidea），ショウジョウバエ科（Drosophilidae）に分類されるハエ類で，世界で3,000種以上が知られており，その生活は，果物食，草本食，キノコ食，肉食（ブユの幼虫を食べる）など，きわめて多様である．

　日本に分布するショウジョウバエ科（Drosophilidae）は，カブトショウジョウバエ亜科（Steganinae）と，ショウジョウバエ亜科（Drosophilinae）の2亜科に分類される．

　カブトショウジョウバエ亜科には，眼虫症を媒介するメマトイ（*Amiota*）属（タカメショウジョウバエ属ともいう）が含まれる．メマトイ属のハエは，胸背の肩部に乳白色の斑点があり，ヒトや動物の眼のなかに飛び込んでくる習性をもつ．ショウジョウバエ亜科のショウジョウバエ（*Drosophila*）属には，生物学のモデル生物として重要なキイロショウジョウバエ（*Drosophila melanogaster*）など，日本産のショウジョウバエの大部分（118種）が含まれている．

●生態●

　キイロショウジョウバエでは，25℃の場合，世代間隔は10日，雌の寿命は2か月で，1日に50個前後の卵を産む．卵，幼虫（第1～3齢），蛹，成虫の4発育期をもつ完全変態昆虫であり，卵期は1日，第1齢と第2齢の幼虫はともに1日，第3齢の幼虫は2日，蛹期は5日である．実験室では，成虫・幼虫とも，乾燥酵母，コーンミール，ショ糖などを寒天で固めた餌を入れた試験管内で飼育できる．なお，ショウジョウバエ類の大半は，糞便や腐敗動物質などの汚物には近づかない．このため，メマトイ類を除けば，病原体媒介とのかかわりは薄い．

マダラメマトイ

学　名：*Amiota okadai*
シノニム：*Drosophila variegata*
英　名：eye fly
別　名：マダラショウジョウバエ

●分類・形態●

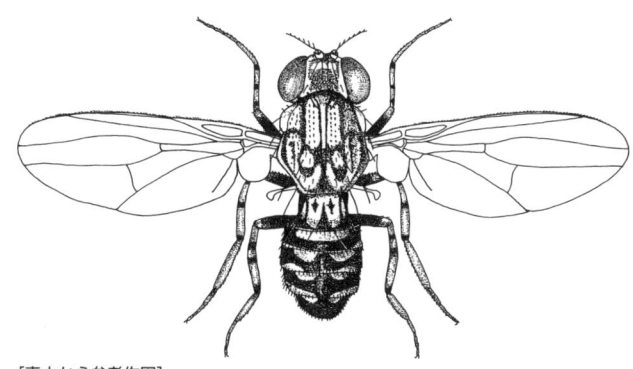

[素木から参考作図]

　古くは *Amiota variegata* とよばれていた．成虫の体長は 4.0 〜 4.5 mm．体色は黄灰色ないし灰褐色．胸背は灰白色の粉で覆われ，黒褐色の斑紋を有する．またマダラメマトイ亜属の特徴として，腹背は黒色斑が明瞭であり，歩脚は淡黄色で，脛節には黒色の帯がある．翅は透明である．

●分布●　日本全土，ヨーロッパ，中国，台湾，スマトラなどに分布する．

●生態●　非吸血性であるが，「メマトイ」の名前のごとく，とくに雄がヒトや動物の眼の周囲にうるさく「まとわり」ついて涙を吸う．幼虫は樫，栗などの樹液を餌にして生育し，跳躍する習性をもつ．成虫もこれらの樹液に集まることが多い．夏季に活発に活動する．

●病害●　ヒトや各種動物に喧噪感を与えるとともに，イヌ，ネコ，ヒトの結膜嚢に寄生する東洋眼虫（*Thelazia callipaeda*）の中間宿主となる．日本で東洋眼虫の中間宿主となることが判明したメマトイ類としては，本種のほかにカッパメマトイ（*Amiota kappa*），オオマダラメマトイ（*A. magna*），ナガタメマトイ（*A. nagatai*）がある．

I. ウマバエ類，ウシバエ類，ヒツジバエ類 bot fly

　いずれもヒツジバエ科（Oestridae）に属し，既述のクロバエ科，ニクバエ科とともにヒツジバエ上科（Oestroidea）を構成する．ヒツジバエ上科のハエ類は，幼虫が動物の生体に寄生してハエウジ症を起こすため，衛生動物としての重要性が世界的に大きい．次にハエウジ症を起こす重要なハエ類をまとめた．

ヒツジバエ上科　Oestroidea
　　ヒツジバエ科　Oestridae
　　　　カワモグリバエ亜科　Cuterebrinae
　　　　　　　　Cuterebra 属
　　　　　　　　Dermatobia 属
　　　　ヒツジバエ亜科　Oestrinae
　　　　　　　　ヒツジバエ　*Oestrus* 属
　　　　　　　　Rhinoestrus 属
　　　　　　　　Cephenemyia 属
　　　　　　　　Cephalopina 属
　　　　　　　　Gedoelstia 属
　　　　　　　　Pharyngobolus 属
　　　　　　　　Tracheomyia 属
　　　　ウマバエ亜科　Gasterophilinae
　　　　　　　　ウマバエ　*Gasterophilus* 属
　　　　ウシバエ亜科　Hypodermatinae
　　　　　　　　ウシバエ　*Hypoderma* 属
　　　　　　　　Przhevalskiana 属
　　クロバエ科　Calliphoridae
　　　　クロバエ亜科　Calliphorinae
　　　　　　　　オオクロバエ　*Calliphora* 属
　　　　　　　　キンバエ　*Lucilia* 属
　　　　　　　　コブバエ　*Cordylobia* 属
　　　　　　　　Auchmeromyia 属
　　　　オビキンバエ亜科　Chrysomyinae
　　　　　　　　Cochliomyia 属

オビキンバエ *Chrysomya* 属
ニクバエ科 Sarcophagidae
　ニクバエ亜科 Sarcophaginae
　　ニクバエ *Sarcophaga* 属
　　Wohlfahrtia 属

　ヒツジバエ科に属するウマバエ亜科，ウシバエ亜科，ヒツジバエ亜科の幼虫はずんぐりした外観を示し，grub あるいは bot とよばれ，maggot とよばれるイエバエ科，ニクバエ科，クロバエ科の細身の幼虫とは容易に区別される．亜科では，カワモグリバエ亜科の幼虫の後方気門は，深い溝のなかに位置し，3本の直線上の裂孔をもつこと，ヒツジバエ亜科の幼虫の後方気門は，無数の小孔をもつ大きな板状であること，ウマバエ亜科の幼虫の後方気門は，浅いくぼみ内にあり，3本の曲がった裂孔によって開口することなどの形態の相違がある．

●病害●

　ウマバエ亜科，ウシバエ亜科，ヒツジバエ亜科の幼虫による真性ハエウジ症に対しては，日本でも古くから届出伝染病（ウシバエ類）などの衛生対策が立てられている．しかし，日本国内に多くの種類が分布するクロバエ亜科のなかにも，先進諸国で新たなハエウジ症として問題化しているものが少なくない．
　たとえば，キンバエ属の *Phaenicia* 亜属に分類されるヒツジキンバエ（*Lucilia cuprina*（英名：Australian sheep blowfly））とヒロズキンバエ（*L. sericata*（英名：common green bottle fly））は日本でも普通のキンバエであるが，ヒツジキンバエはオーストラリアで，またヒロズキンバエは欧米で，それぞれ幼虫がヒツジの体表に寄生して細毛を食害するとともに表皮の組織融解を起こす皮膚ハエウジ症（sheep strike）を起こし，実害が問題になっている．また，クロバエ属についても，ミヤマクロバエ（*Calliphora vomitoria*）とホホアカクロバエ（*C. vicina*）は，二次的寄生によってハエウジ症の原因となることが確認されている．一方，日本国内では，ヒロズキンバエが，分娩直後の腟，肛門などに産卵して家畜やイヌに偶発性のハエウジ症（facultative myiasis）を起こす．また，成虫はポリオウイルスを伝播する可能性が示されている．さらに，近年の国際交易の飛躍的な拡大と空路の発達による迅速化によって，幼虫の寄生したヒトや動物が分布地域外で検出される事例が増加していることも，医・獣医学上大きな問題である．ヒトでは，サブサハラ地域の皮

膚ハエウジ症の原因となるヒトクイバエ（*Cordylobia anthropophaga*（英名：Tumbu fly））をヒトやイヌとともに流行地の外に持ち出す例が頻発しており，日本でも複数の発見例がある．また，愛玩動物や野生動物の輸入時に，北米や中南米からは新世界ラセンウジバエ（*Cochliomyia hominivorax*（英名：New World screw worm fly））が，またアジア・アフリカ地域からは，旧世界ラセンウジバエ（*Chrysomya bezziana*（英名：Old World screw worm fly））が持ち込まれる危険性がある．これらはともに広範な宿主域をもつため，土着すれば経済と生態系に甚大な被害を及ぼす可能性がある．

ウマバエ	学　名：*Gasterophilus intestinalis* 英　名：armed horse botfly, horse botfly, common botfly
アトアカウマバエ	学　名：*Gasterophilus haemorrhoidalis* 英　名：rectal horse botfly, bot fly, nose botfly, lip botfly
ムネアカウマバエ	学　名：*Gasterophilus nasalis* 英　名：throat bot fly, Linnaeus' horse botfly, chin botfly 別　名：ノドウマバエ，アゴウマバエ
ゼブラウマバエ	学　名：*Gasterophilus pecorum* 英　名：dark-winged horse botfly, cattle botfly 別　名：セアカウマバエ，アカウマバエ

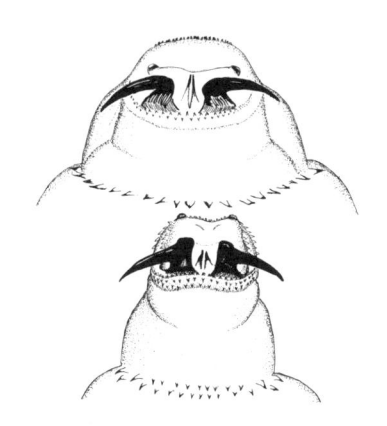

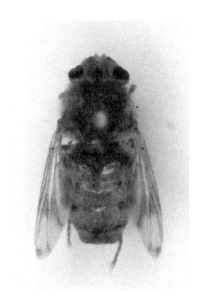

ウマバエ類幼虫の頭部の鉤
上：ムネアカウマバエ　　下：ウマバエ

ウマバエ　　　アトアカウマバエ

3.5　衛生動物として重要な昆虫類

●**形態**● 成虫はいずれもミツバチあるいはそれよりやや小形で，体長 10〜17 mm．口器が退化し摂食することはない．外観もミツバチに似て多毛であるが，腹部はハエ類の平均よりも多くの体節を有し，特徴的に腹側に曲がる．体色はウマバエが黄褐色，アトアカウマバエは暗褐色．ムネアカウマバエは胸部が黄褐色，腹部が黒色で光沢がある．ゼブラウマバエは胸部が淡褐色，腹部が黒色である．卵は種によって特徴があり，ウマバエとムネアカウマバエは暗色，ゼブラウマバエは光沢のある黒色である．ウマバエとムネアカウマバエの卵は，それぞれ長さの半分もしくは全長におよぶ鍔状の部分で被毛に膠着し，アトアカウマバエの卵には長い柄状の部分がある．ウマバエ属の幼虫が動物の消化管内に寄生したものは，タケノコムシ（stomach bots）とよばれるが，幼虫も形態による種鑑別が可能である．ムネアカウマバエは幼虫の各体節の前縁の棘の列が1列であるが，その他の種は2列である．また，アトアカウマバエの3齢幼虫の棘は鋭く尖るが，ウマバエでは鈍である．

●**分布**● ウマバエ亜科は，元来は旧北区と熱帯アフリカ区にのみ分布していたが，ウマの移動に伴い現在では全世界で見られる．5属18種から構成され，アフリカゾウ，インドゾウ，サイの寄生種も知られている．日本のウマからは前出の4種が報告されているが，ウマバエが分布が広く重要である．

●**生態**● 雌成虫は羽化後すぐに交尾し，ウマの周囲を飛びながら被毛に卵を産みつける．産卵場所は種で異なり，ウマバエはおもに前肢内面，アトアカウマバエは口唇部，ムネアカウマバエは下あご下面の被毛，ゼブラウマバエは牧草の葉などに産卵する．卵は自然に孵化するもの（ムネアカウマバエ）もあるが，孵化のためにウマがなめることによる湿気と温度の供給が必要なもの（アトアカウマバエ），湿気となめることによる摩擦が必要なもの（ウマバエ），ウマに摂食される必要があるもの（ゼブラウマバエ）などの別がある．

1齢幼虫はウマに摂取され，あるいは自力で口腔に入ると，舌（ウマバエ），歯肉や歯間の歯槽（ウマバエ，ムネアカウマバエ），口唇上皮および上皮下層（アトアカ

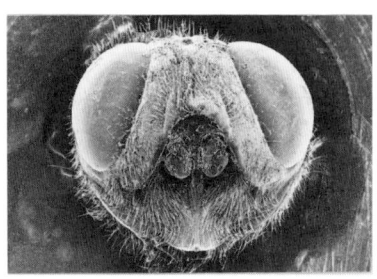

ウマバエの頭部　口器が退化している　　ウマの胃壁に寄生する多数のウマバエ幼虫

ウマバエ），頬部内面と軟口蓋（ゼブラウマバエ）の組織に侵入して発育した後に脱皮して，2齢・3齢幼虫として胃や腸に移行し，発達した口鉤を用いて消化管内に付着して発育を継続する．消化管内の寄生部位は種によって異なり，胃の噴門部（ウマバエ），胃の幽門部（ムネアカウマバエ），胃の底部と十二指腸に寄生するとともに3齢幼虫が肛門近くの直腸に再寄生（アトアカウマバエ）などの相違が見られる．3齢幼虫は寄生部位から脱落し，糞とともに排泄される．幼虫は糞塊の下の土中に潜って蛹化し，2週間〜2か月後に羽化するが，その期間は外界の気候条件に左右される．成虫の発生は温帯地方では年1回である．成虫は昼行性に活動し，他のヒツジバエ類と同様に大きな翅音（buzz）を立てる習性がある．成虫の寿命は短く，好条件でも生殖活動ができるのは1日のみである．

●**病害**● ウマバエ類の雌は，翅音を立てて馬体の周囲を飛びながら産卵するため，ウマは恐れて狂奔状態となり，骨折などの事故を起こす．また，1齢幼虫が口腔内の組織に侵入して刺激を与えると同時に潰瘍を形成する．胃内に幼虫が重度寄生すると，消化障害と慢性的胃炎，胃潰瘍などが起こり，増体重が減少する．胃穿孔，腹膜炎などによる死亡例もまれではない．とくにゼブラウマバエの加害性は高いとされる．ウマと接触の機会の多いヒトがアトアカウマバエ1齢幼虫の寄生を受けて，顔面の爬行性ハエウジ症（creeping myiasis）を起こすことがある．

ウマバエ類の生活環の比較

		ウマバエ	アトアカウマバエ	ムネアカウマバエ	ゼブラウマバエ
産 卵 部 位		前肢内側，躯幹	口周囲，頬部の被毛	下顎の間の毛	肢，蹄，牧草
卵 の 形 態		黄色，鍔状部あり	暗色，長い柄状部	黄色，鍔状部あり	光沢のある黒色
卵 期 間		5日	2日	5〜6日	5〜8日
1齢幼虫の寄生部位		舌粘膜内	口唇上皮および上皮下	歯肉，歯槽	頬部内面，軟口蓋
3齢幼虫の寄生部位		胃壁	胃・十二指腸→直腸	胃幽門部→十二指腸	胃壁
幼虫の形態	色	赤褐色	赤色	黄褐色	赤色
	鉤	口外に突出	口外に突出しない	わずかに口外に突出	口外に突出しない
	棘列	各体節に2列	各体節に2列	各体節に1列	各体節に2列
蛹 期 間		15〜60日	15〜20日	20〜24日	20〜26日
成虫の活動期間		7〜10月	6〜10月	5〜8月	4〜9月

ウシバエ	学　名：*Hypoderma bovis* 英　名：northern cattle grub
キスジウシバエ	学　名：*Hypoderma lineatum* 英　名：common cattle grub, heel fly
ヒツジバエ	学　名：*Oestrus ovis* 英　名：sheep botfly, sheep nasal botfly, sheep nostril fly

●分類・形態●

ウシバエ幼虫 　　　　　ヒツジバエ幼虫

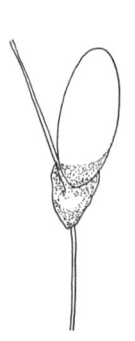

ウシバエ卵 　　キスジウシバエ卵

ウシバエ亜科は，主として偶蹄類，齧歯類，ウサギ類の皮膚に寄生するグループであり，11属32種から構成され，29種が旧北区，熱帯アフリカ区，新北区に分布する．ウシバエ（*Hypoderma*）属のウシバエとキスジウシバエの2種が牛寄生種としてもっとも重要であり，両種は北緯25～60度の北半球に広く分布する．ウシバエ成虫（体長13 mm）はキスジウシバエよりも大きく，両種とも外観はマルハナバチ（bumble bee）に似ており，腹部後端には赤黄色の軟毛をもつ．体表は多毛で覆われ，ウシバエは前楯板（pre-scutum）の毛が白黄または赤黄色で，楯板（scutum）の毛が黒色であるのと対照的．キスジウシバエの前楯板と楯板の毛はともには黄白色である．3齢幼虫は淡褐色～黒褐色で，体長30 mm前後，後方気門の形態はウシバエとキスジウシバエで異なり，種鑑別に重要である．後方気門はウシバエではロート状を呈し，ボタンと気門の間隙は小さいが，キスジウシバエでは三日月状であり，ボタンと気門の間にはかなりの間隙がある．これらによる牛バエ幼虫症は届出伝染病に指定される．
　ヒツジバエ亜科ヒツジバエ（*Oesturs*）属のヒツジバエは，元来は旧北区のみに分布する種であったが，現在では世界中のヒツジとヤギで寄生が認められる．ヒツジバエの成虫はミツバチに似るがやや小さく，体長は10～12 mm．3齢幼虫は黄白色ないし黄褐色で，体長は26～28 mm．各体節の背部に網状をした褐色の斑紋がある．

●**分布**● 日本でもウシバエとキスジウシバエの両種が輸入牛から発見されているが定着はしていない．中国のウシには *Hypoderma sinense* も寄生する．ヒツジバエは北海道で飼育されているヒツジで認められる．

●**生態**● 　ウシバエとキスジウシバエの成虫は口器が退化しているため，摂食はできない．羽化後すぐに交尾し，雌は牛体周囲を飛びながら被毛に産卵し，3～5日で死亡する．1本の被毛にウシバエは1個の卵を産むが，キスジウシバエは3～10個を1列に産みつける．成虫1匹の総産卵数は500～800個である．産卵嗜好部位はウシバエでは臀部や後肢上部であるが，キスジウシバエは四肢などの体下方部分に好んで産卵することから heel fly の名がある．卵は約4日で孵化し，1齢幼虫は毛嚢から皮膚に侵入し，体内移行を開始する．幼虫の侵入は痛みを伴い，侵入部位には痂皮が形成される．その後の体内移行経路は不十分にしか判明していないが，1～2か月後に米粒大の幼虫が，脊柱周囲の組織（ウシバエ）あるいは食道壁（キスジウシバエ）に観察される．これらの部位にしばらくとどまって約6倍に成長してから，両種とも最終寄生部位のウシの背部に移行する．背部皮下に到達した1齢幼虫はただちに2齢幼虫に変態して外界に通じる呼吸孔をつくる．2齢幼虫は体の向きを変えて頭を内側にして，小嚢状の腫瘤（warble）を形成する．約2か月後，腫瘤内で変態・発育した3齢幼虫が，前蛹となって呼吸孔から地上に落下し蛹化する．蛹期は3～10週間であり，羽化した成虫は気温18℃以上で活発に行動する．ヒツジバエの雌は卵胎生であり，

ウシバエ類，ヒツジバエの生活環の比較

	ウシバエ	キスジウシバエ	ヒツジバエ
産 卵 部 位	被毛.1被毛に1個ずつ	被毛.1被毛に3～10個	1齢幼虫を鼻孔に産みつける
1齢幼虫の寄生部位	脊柱周辺の脂肪組織	食道粘膜下組織	鼻粘膜
3齢幼虫の寄生部位	背部皮下	背部皮下	鼻道，前頭洞
幼 虫 の 寄 生 期 間	約10か月	8～10か月	8～11か月
蛹 期 間	20～60日	20～50日	約28日（夏季）
成 虫 の 活 動 期 間	6～7月	4～6月	8～9月

約500個の卵を成熟させ，宿主動物の外鼻孔（まれに眼，口，外耳孔）に幼虫を産みつける．鼻腔に達した幼虫はそこで約1か月間かけて発育した後，前頭部の上顎洞に移動する．約9か月後に3齢幼虫は外鼻孔近くに移動し，宿主のくしゃみとともに体外に排泄され，地中で蛹化する．蛹期は1～2か月である．

●病害●　産卵のため宿主の周囲をしつこく飛びまわるウシバエやヒツジバエは，翅音も大きい．このためウシが狂奔状態（gaddingとよばれる）となって骨折事故を起こしたり，ヒツジが鼻孔を隠すために集団で頭を内側にした円陣をくむなどの忌避行動をとり，採食ができなくなる．このため，体重減少や乳量低下をきたす．ウシバエでは背部に腫瘤が形成されると，肉と皮革の品質低下を招き，幼虫が体内移行した筋肉はゼリー状の痕跡が残るため廃棄処分の対象となる．また，体内移行中の幼虫の死亡が原因でアナフィラキシーショックが起こり，宿主動物が死ぬことも多い．ヒツジバエの病原性は比較的良性であり，ヒツジバエの寄生によって動物が死ぬことはほとんどない．しかし，幼虫の体表の棘や口吻，唾液などの分泌物による持続的な鼻粘膜刺激によって膿性の鼻汁が大量に出るため，鼻道呼吸が困難となる．

　流行地では，キスジウシバエとヒツジバエによるヒトの眼ハエウジ症（opthalmomyiasis），脳内ハエウジ症（intracerebral myiasis）も見られる．

J. シラミバエ類 Hippoboscidae

シラミバエ科（Hippoboscidae）に属する鳥類と哺乳類に外部寄生する吸血性の昆虫で，ハエに近縁であるが，外観上はマダニやシラミ，クモに類似する．体は背腹に扁平で，脚がよく発達する．口器は太く前方に突出し，翅は終生もたない種と，終生または一時期だけもつ種がある．卵，幼虫は雌成虫の卵管内で発育し，前蛹となって産出される（蛹生：pupiparous）．

ヒツジシラミバエ
学　名：*Melophagus ovinus*
英　名：sheep ked

蛹

成虫
ヒツジシラミバエ

シカシラミバエ

●**概説**● 成虫の体長は6 mm内外．翅はなく，腹部が幅広い．脚は頑丈である．全世界のヒツジ，まれにヤギに寄生する．雌は一生の間に15匹内外の前蛹を産出するのみである．前蛹は宿主の被毛に産出されたのち約6時間以内に蛹化する．蛹はおよそ3週間で羽化し，生活環は約5週間で完了する．冬季に寄生が多く，夏季では少ない．多数のシラミバエがヒツジに寄生すると，激しい掻痒感と貧血の原因となり，また羊毛生産量の減少とシラミバエの糞による汚染で羊毛の品質低下が起こる．

●**近縁種**●
ウマシラミバエ（***Hypobosca equina***）：英名は forest fly．成虫の体長は7〜9 mmで，1対の翅が終生存在する．日本を含むアジア全域，ヨーロッパ，アフリカに分布し，ウマに多いが，ウシ，イヌなどのほか，さまざまな野生鳥獣にも寄生する．
シカシラミバエ（***Lipoptena fortisetosa***）：英名は deer louse fly, deer ked．成虫の体長は3〜5 mmで，羽化時には翅をもつが，宿主に到達すると脱落して無翅となる．日本，ヨーロッパのシカから報告されている．

K. ゴキブリ類 Blattodea

ゴキブリ目（Blattodea）に属する昆虫で，英名は cockroach．ゴキブリという名称は「御器かぶり」に由来する．別名アブラムシともいうが，近年は用いられない．典型的な不快動物(nuisance)である．日本では50種あまりが報告されている．

●形態●

成虫の体長は10〜40 mm程度で，体は楕円形ないし長方形を呈し，細く長い触角をもつ．背腹に扁平で，体後方に1対の尾毛がある．大あごがよく発達し，食物をかじることにより摂食する．翅は原則として2対あるが，退化して無翅のものもある．

●分布・生態●

元来熱帯性の昆虫で，全世界の暖かい地方に分布する．かつて北海道には生息しないとされていたが，近年は定着が確認されている．野外性のものと屋内性のものがあり，野外性のものは森林の朽ち木や落ち葉にすみ，朽ち木の屑，菌類などを食べる．屋内性のものは雑食性で，家屋内の台所，洗面所，戸棚，床下などにすみ，動物小屋，ごみ箱などにも生息する．翅をもつものでも飛翔能力は低く，頑丈な脚を使ってすばやく歩く．主として夜に活動し，長い触角と尾毛を使って食物を探す．

●発育●

不完全変態を行い，蛹期をもたない．卵はガマグチ形の卵鞘のなかに数十個産み出される．チャバネゴキブリでは雌が卵鞘を保持したまま幼虫の孵化を待つ．幼虫の形態は成虫と類似しているが，翅をもたない．幼虫期には脱皮をくり返し，5〜8齢を経て成虫となる．1世代の期間は長く，6か月〜2年に及ぶ．

●病害●

食品を食害するとともに，代表的な不快動物である．また，非常に広い食性をもつため，各種病原体（とくにサルモネラ菌，赤痢菌などの食中毒菌）の機械的伝播者として働く．

●対策●

屋内性ゴキブリはヒトと生活圏を共有しているため，さまざまな防除法が試みられている．物理的防除法としては，粘着テープによるトラップがもっとも一般に使用され，粘着テープの中央にゴキブリの誘因物質を置いたものもある．殺虫剤成分を含まない泡を用いたトラップ剤もある．薬剤を用いた殺虫法としては，さまざまな剤型（スプレー剤，燻蒸剤，ベイト剤など）のピレスロイド剤，ヒドラメチルノン，フィプロニルなどが市販されている．また，ホウ酸団子の散布もよく用いられる．

チャバネゴキブリ

学　名：*Blattella germanica*
英　名：German cockroach

●**形態**●　小形のゴキブリで，成虫の体長は 10 〜 14 mm．翅は光沢のある淡黄褐色で，長さは体長より長い．胸背に縦に走る 2 本の黒条がある．幼虫の体色は黒色で，背面に大きな黄褐色斑をもつが，老熟幼虫になると胸背に幅広い黒色縦線を有するようになる．

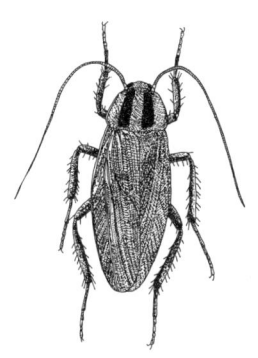

[Brit. Mus. から参考作図]

●**分布・生態**●　全世界の屋内にもっとも普通に見られる．成虫が排泄した糞には集合フェロモンが含まれているので，糞で汚れた場所に集合する性質がある．寒さには弱く，暖かいところを好むので，都市部のビル，飲食店などに多く，冬季は暖かい場所を求めてポットの蓋などにも潜む．

●**発育**●　卵は卵鞘のなかにまとまって産出され，雌は幼虫が孵化する直前まで卵鞘を保持している．卵期間は 3 〜 4 週間．孵化した幼虫は 6 齢を経て成虫となる．幼虫期間は 25℃で 60 日内外である．

●**病害**●　不快動物，食品の食害，各種病原菌の機械的伝播のほか，鶏の胃虫（*Gongylonema*, *Tetrameres* など）や，猫胃虫（*Physaloptera praeputialis*）の中間宿主となることが知られている．

●**対策**●　ゴキブリ類の対策に準ずる．

クロゴキブリ

学　名：*Periplaneta fuliginosa*
英　名：smokybrown cockroach

●**形態**●　大形のゴキブリで，成虫の体長は 30 ～ 40 mm．全身光沢のある濃い褐色 ～ 黒褐色を呈する．翅は雌雄とも腹端より長く，触角は体長よりやや長い．通常，背面からは頭部は前胸に隠れて見えない．若齢幼虫は黒色で，胸部，腹部，触角先端部に白色部分をもつ．老齢幼虫では体色は赤褐色を呈する．

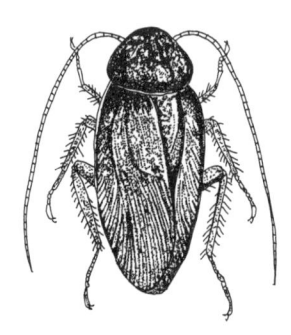

クロゴキブリ（雌）
[Brit. Mus. から参考作図]

ヤマトゴキブリ（雌）
[素木から参考作図]

●**分布・生態**●　日本では関東以西に多く生息する．ほかに台湾，中国，アメリカなどに見られる．主として家屋内にすむが，家屋から家屋へ灯火に誘因されて飛来することも多い．

●**発育**●　成虫は夏から秋にかけて産卵し，卵鞘には 25 個内外の卵が含まれる．卵鞘は紙の破片などで覆われていることが多い．卵期間は 25℃で 42 日，30℃では約 1 か月である．孵化した幼虫は 7 ～ 8 齢を経て成虫となる．幼虫期間は長く，100 ～ 200 日を要する．1 世代は 1 ～ 2 年．幼虫で越冬する．成虫の生存期間はおよそ 200 日．

●**病害**●　食品，壁紙，本の表装などを食害する．また，不快動物の代表であるとともに，各種病原体の運搬者として働く．

●**近縁種**●

ヤマトゴキブリ（*Periplaneta japonica*）：クロゴキブリに似るが，雌成虫は翅が短く，腹部中央にとどまる．雄の翅は尾端を超える．日本土着種で，東北地方から中国地方にかけての本州に分布する．農家の台所，納屋，街路樹の樹皮下，下水溝のなかなど，半野外生活性である．

ワモンゴキブリ

学　名：*Periplaneta americana*
英　名：American cockroach

●**形態**●　大形のゴキブリで，成虫の体長は 35 ～ 45 mm．体色は赤褐色であるが，胸背は中央部が褐色，辺縁部は淡黄白色の輪状紋をつくる．この輪状紋の幅には変異が多い．触角は長く，体長をはるかに超える．翅は雄では腹部の先端を超えるが，雌ではほぼ腹部と同長．

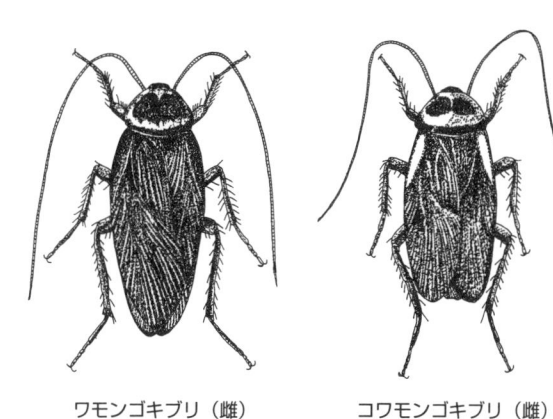

ワモンゴキブリ（雌）　　　コワモンゴキブリ（雌）
[Brit. Mus. から参考作図]

●**分布・生態**●　世界中の熱帯，亜熱帯に広く分布する．日本では九州以南で普通に見られるが，北進しつつあり，四国や本州に分布を広げている．これらの場所では暖かいところを好み，とくに暖房設備の整った都市部のビル，地下食品街などに多く生息する．暖地では屋外でも生活している．
●**発育**●　成虫は湿った物陰などに卵鞘を産みつける．卵は約 1 か月で孵化し，9 ～ 13 齢の幼虫期を経て成虫となる．幼虫期間はおよそ 7 か月であるが，低温下では延長する．成虫の生存期間は長く，2 年を超えるものがあるという．
●**病害**●　クロゴキブリに同じ．また，鶏に寄生するテトラメレス（*Tetrameres*）属線虫の中間宿主として働く．
●**近縁種**●
コワモンゴキブリ（***Periplaneta australasiae***）：英名は Australian cockroach．ワモンゴキブリに似るが，やや小形で，雌雄とも前翅の前縁部に明瞭な黄色条をもつ．熱帯，亜熱帯に広く分布し，日本では南西諸島，小笠原，伊豆七島に分布する．沖縄の農村部では優勢種となっている．

L. 食品・飼料害虫 food pests

　動物やヒトへの直接的な害はないが，ヒトの食品や動物の飼料などを食害し，産業的被害を与えるものである．また不快動物（nuisance）として公衆衛生学的な意義ももつ．

●分類・生態●

　食品や飼料中に発生する節足動物は，コナダニ，ホコリダニ，ツメダニ類などのダニ類（前出）のほか，種々の昆虫類があり，それらはおもにコウチュウ目（鞘翅目），チョウ目（鱗翅目）に属するものが多い．

コウチュウ目（鞘翅目：Coleoptera）：前翅がかたく，後翅はその内側に折りたたまれている．完全変態を行い，食品・飼料害虫では，おもに「イモムシ型」あるいは「ウジ型」の幼虫が穀類のなかにトンネルを掘り食害するが，成虫も同じ場所で生活していることが多い．幼虫は3対の胸脚をもつか，無脚である．ガの幼虫と異なり，穀類に糸を吐いて巣をつくることはしない．

チョウ目（鱗翅目：Lepidoptera）：チョウやガの仲間で，完全変態を行う．飼料害虫としてガが問題となるが，それらの多くは幼虫が糸を吐いて食品や飼料をつづり合わせ，巣や繭をつくる．幼虫は3対の胸脚と5対の腹脚をもつ．

その他の食品・飼料害虫：水分を含んで腐敗したような飼料ではイエバエ類やコウカアブ（前出）が発生することがある．また，大規模な食害は行わないが，よく見られるものにチャタテムシ類（チャタテムシ目：Psocoptera）があり，一見コナダニと間違えやすい．

●対策●

　対象がヒト，動物の口に入るものであるので，不用意に殺虫剤を使用することはできない．もっとも適切な対策はこれらの害虫が発生しないための保管，保存で，密閉保存，乾燥，加熱などが用いられる．害虫がすでに発生してしまったものは，小規模のものでは当該食品，飼料の廃棄を行う以外に対策はない．倉庫貯蔵飼料など大規模なものでは，メチルブロマイド（臭化メチル）や二酸化炭素などによるガス燻蒸を行うことがある．

コクヌストモドキ

学　名：*Tribolium castaneum*
英　名：red flour beetle

●**形態**●　成虫の体長は3〜4mm．体はやや扁平で，全体に鈍い光沢のある赤褐色を呈する．頭部は小形で，触角の先端3節は太い．頭胸部背面，鞘翅に微細な点刻がある．老熟幼虫は6mm内外，円筒状で，頭部は黄褐色，胴部は黄色を呈する．3対の胸脚と，尾端に1対の長い棘をもつ．

●**分布・生態**●　世界中に分布し，穀粉害虫としてもっとも普通である．小麦粉，トウモロコシ粉のような穀物粉やビスケット，チョコレートなどの菓子に多く見られる．成虫の寿命は長く，ほぼ1年．年間2〜4回発生する．低温には弱く，発育零点は17〜18℃．幼虫と成虫が同じ場所で見られる．

●**発育**●　卵は5〜6日で孵化し，穀物や菓子の粉を食べて成長する．幼虫は通常7〜8齢を経て蛹化するが，幼虫期間は食物の種類によって異なるが1か月〜数か月におよぶ．

●**病害**●　飼料の食害のほか，縮小条虫（*Hymenolepis diminuta*）の中間宿主となることが知られている．

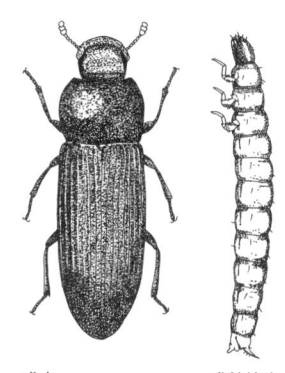

●**近縁種**●
ヒラタコクヌストモドキ（***Tribolium confusum***）：英名は confused flour beetle. 形態，生態ともコクヌストモドキに似るが，複眼が広く離れ，触角は先端に向かって徐々に太くなる点で異なる．

成虫　　　　　成熟幼虫
[右：林から参考作図]

配合飼料中に見られるヒラタコクヌストモドキ

ノコギリヒラタムシ

学　名：*Oryzaephilus surinamensis*
英　名：sawtoothed grain beetle

●形態●　成虫の体長は3mm内外．体色は光沢のない褐色で，短い毛が密生する．前胸背の両側縁に歯状突起を有する．老熟幼虫は体長4～5mm，体は扁平で，黄褐色を呈する．頭部と同長の触角をもつが，腹部末端に突起を欠いている．胸には3対の脚がある．

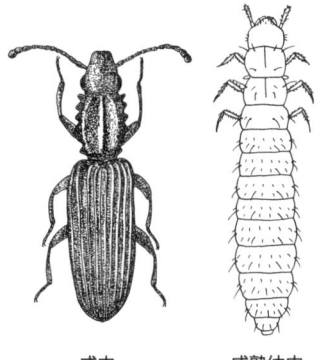

成虫	成熟幼虫	成虫	成熟成虫
ノコギリヒラタムシ		コクヌスト	
[左：湯浅・黒澤，右：林から参考作図]		[左：湯浅・河野，右：福田から参考作図]	

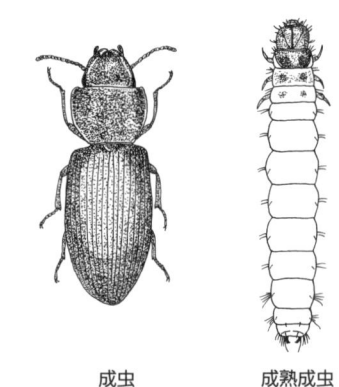

●分布・生態●　世界的に分布し，穀粉，菓子などの大害虫として有名である．しかし，完全な形の穀粒では生育しない．暖地では年に2～4回発生する．成虫の寿命は約1年．幼虫期は1～4齢がある．1世代は約40日．

●近縁種●

コクヌスト（***Tenebroides mauritanicus***）：英名は cadelle．成虫の体長は8mm内外．体は扁平で，全身光沢のある黒褐色を呈する．老熟幼虫は体長20mmに達し，扁平，灰白色で，頭部，前胸，尾部突起は赤褐色を呈する．世界各地に分布し，玄米やその他の貯蔵穀物を食害するとともに，他の飼料害虫を捕食するので，本種がいれば，他の害虫も存在している可能性がある．成虫の寿命は1年以上．

幼虫

コナナガシンクイ

学　名：*Rhizopertha dominica*
英　名：lesser grain borer

●形態●　成虫の体長は約 3 mm．体は円筒形で，全体暗褐色を呈する．頭部は下向きで，背方からは見えない．老熟幼虫は体長 3 mm で乳白色を呈し，やや湾曲した体形を示す．

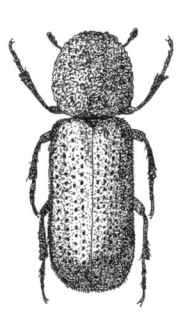

成虫	成熟成虫
コナナガシンクイ	
[左：中条，右：林から参考作図]	

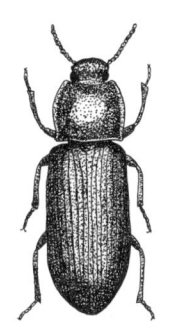

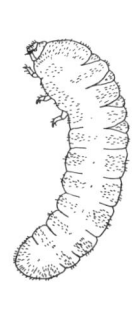

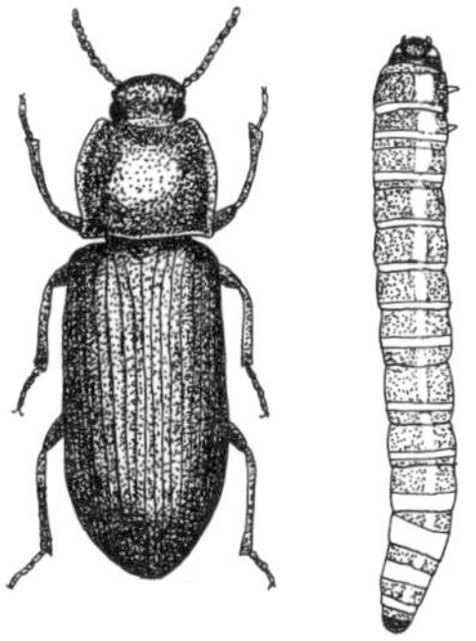

成虫	成熟成虫
チャイロコメノゴミムシダマシ	
[左：湯浅から参考作図]	

●分布・生態●　世界共通種で，日本では本州以南に分布する．成虫は 4 月頃から出現し，成虫，幼虫ともに穀類全般，穀粉を食害する．成虫は強力な大あごをもつため，穀粒を切り壊したように食害するのが特徴である．

●近縁種●

チャイロコメノゴミムシダマシ（*Tenebrio molitor*）：英名は yellow mealworm beetle．成虫の体長は 15 mm 内外．体は丸みを帯びた長楕円形で，背面は赤みを帯びた黒褐色を呈する．老熟幼虫は 30 mm 内外，円筒形で，光沢のある淡黄色を呈する．尾節は三角形に細まり，末端に 2 本の棘と長毛がある．ミールワームとして釣り餌や食虫性小動物の餌に利用される．世界各地に分布し，倉庫内の屑米などに発生する．きわめて近縁の種にコメノゴミムシダマシ（*T. obscurus*）がある．

ガイマイゴミムシダマシ（*Alphitobius diaperinus*）：英名は lesser mealworm beetle．上種に似るが，小形（体長 6 mm 内外）で，体はやや丸い．背面は光沢のある黒褐色で，鞘翅には多数の縦に走る点刻がある．前脚脛節は先端部で広がる．老熟幼虫は 10 mm 内外，背面は暗褐色で，側面には多数の毛を有する．後端部は細くなり尖る．腹部末端に 1 対の棘状突起をもつ．砕米，穀粉などを食害する．

ノシメマダラメイガ

学　名：*Plodia interpunctella*
英　名：Indian meal moth
別　名：ノシメコクガ

●**形態**●　成虫は開張 12 〜 16 mm，体長は 7 〜 8 mm．前翅の内側半分は黄色 〜 灰白色で，外半部は赤褐色を呈する．頭部は赤紫色で前額部が突出している．老熟幼虫は円筒形で，体長は 10 mm 内外．頭部は茶褐色で，そのほかの部位は全体が黄白色を呈する．

成虫

成熟幼虫
[鈴木・緒方から参考作図]

●**分布・生態**●　世界各地に普通に分布し，成虫は翅を屋根型にたたんで静止する．幼虫は穀類，穀粉，菓子，乾燥果実などを食害するが，その際に糸で餌をつづり合わせ，暗赤色の糞をする．老熟幼虫はこのなかで繭をつくり蛹化する．年 2 〜 5 回発生し，1 世代期間は 40 日内外であるが，気温が高いほど短くなる．

●**近縁種**●
ツヅリガ（別名：イッテンコクガ）（*Paralipsa gularis*）：英名は stored nut moth．成虫の開張は 30 mm 内外，体長は 7 〜 10 mm．雌は全体が灰色で，前翅の中央に 1 個の小黒点をもつ．老熟幼虫は 20 mm 内外，頭部は黒褐色で胴部は微黄白色．幼虫は穀粒をつづり合わせ，蛹化の際には 1 か所にかたまって繭をつくる．

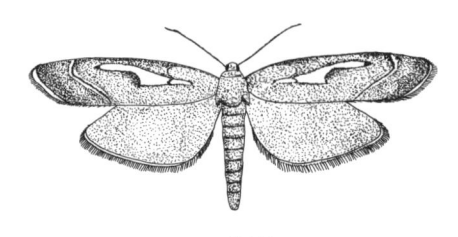

ツヅリガ

ヒラタチャタテ

学　名：*Liposcelis bostrychophila*
英　名：book louse

●**形態**●　成虫の体長は1 mm内外で，体はやわらかく，背腹に扁平で，体色は淡い黄褐色〜赤褐色を呈する．翅を欠く．不完全変態で，幼虫も成虫と似た形態を示す．ダニと間違えられやすいが，脚の数，複眼や触角をもつことで容易に区別できる．

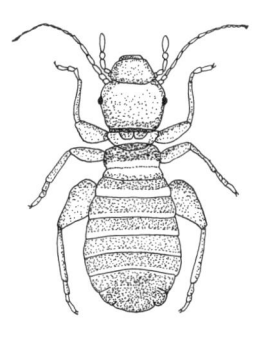

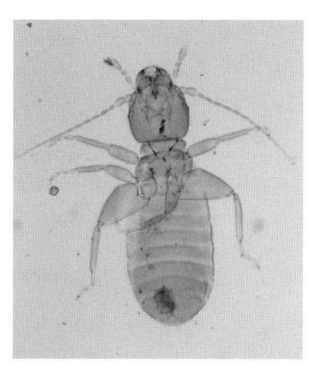

[多田から参考作図]

●**分布・生態**●　全世界の屋内に普通に見られる．成虫，幼虫ともカビを主食とするが，穀粉，鰹節，チーズなどの食品を食害するほか，書籍，動植物標本などにも見られる．多湿な環境を好み，台所，洗面所などに大発生することがある．卵は1〜数十個が粘液で貼りつけられて産卵され，3〜8齢の幼虫期を経て成虫となる．単為生殖を行い，雄は発見されていない．

●**近縁種**●

カツブシチャタテ(*Liposcelis entomophila*)：形態，生態ともにヒラタチャタテときわめて類似するが，腹部背面に赤褐色横帯が見られる点で異なる．また，動物性食品にやや多く見られる．

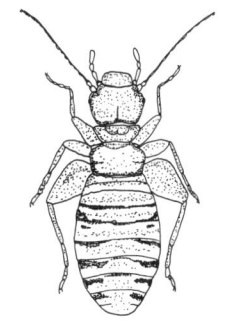

カツブシチャタテ

M. 有毒昆虫 venomous insects

　昆虫類のなかには寄生生活は営まないが毒針や毒液をもち，人獣に被害を与えるものがある．屋外ではハチがその代表であるが，家屋内や家屋，動物舎周辺で被害に遭う場合もある．これに該当するものに次のような昆虫がある．

チョウ目
　ドクガ　　　　　　*Euproctis subflava*
　チャドクガ　　　　*Euproctis pseudoconspersa*
　クヌギカレハ　　　*Kunugia undans*
　ツガカレハ　　　　*Dendrolimus superans*
　マツカレハ　　　　*Dendrolimus spectabilis*
　タケカレハ　　　　*Euthrix albomaculata japonica*

コウチュウ目
　アオバアリガタハネカクシ　*Paederus fuscipes*
　アオカミキリモドキ　　　　*Xanthochroa waterhousei*
　キイロカミキリモドキ　　　*Xanthochroa hilleri*
　ハイイロカミキリモドキ　　*Xanthochroa cinereipennis*
　キクビカミキリモドキ　　　*Xanthochroa atriceps*
　マメハンミョウ　　　　　　*Epicauta gorhami*
　マルクビツチハンミョウ　　*Meloe corvinus*

ハチ目
　スズメバチ　　　　　　　　*Vespa* spp.
　クロスズメバチ　　　　　　*Vespula flaviceps*
　アシナガバチ　　　　　　　*Polistes* spp.
　ミツバチ　　　　　　　　　*Apis* spp.
　シバンムシアリガタバチ　　*Cephalonomia gallicola*
　クロアリガタバチ　　　　　*Sclerodermus nipponicus*

アオバアリガタハネカクシ

学　名：*Paederus fuscipes*

●概説●　成虫の体長は7mm前後で，一見アリに似た形態を示すが，コウチュウ類の一種である．鞘翅は短く，青緑色，体は黄赤褐色で，頭と尾端は黒い．屋外に生息するが，夜間灯火に飛来することが多く，これに触れたり，誤ってつぶすと体内からペデリン（pederin）とよばれる有毒物質が出て，皮膚炎を起こす．日本全土に普通に見られる．

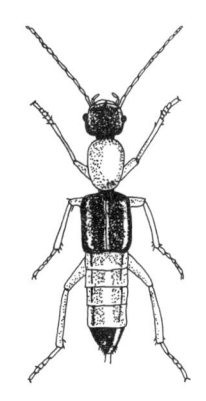

［安立から参考作図］

シバンムシアリガタバチ

学　名：*Cephalonomia gallicola*

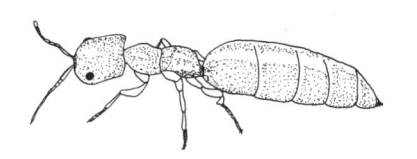

シバンムシアリガタバチ

タバコシバンムシ
［食品総合研究所提供］

●概説●　成虫の体長は1.5～2.0mmで，翅を欠くが，雄では有翅のものもある．体色は赤褐色で，一見ヒメアリ類に似る．幼虫はタバコシバンムシ（*Lasioderma serricorne*）やジンサンシバンムシ（*Stegobium paniceum*）などのコウチュウの幼虫に寄生して生活する．近年，屋内とくにマンションでシバンムシが大発生し，これに伴って発生するアリガタバチ成虫による刺咬被害が多く報告されている．世界各地に見られ，日本では本州以南に分布する．

3.5　衛生動物として重要な昆虫類

ドクガ

学　名：*Euproctis subflava*
英　名：oriental tussock moth

成虫（雌）

成熟幼虫

●概説●　成虫は開張30～45 mmで，体と翅は黄色．前翅中央に褐色の帯と先端部に2個の暗褐色の斑紋がある．成熟幼虫は30～40 mmで，頭と胴は黒く，胴の背線は橙色．毒針毛は2齢幼虫から終齢幼虫に生えており，成虫には生えないが，羽化する際に尾端に付着しているため，成虫に触れても被害を受ける．日本全土に分布する．

チャドクガ

学　名：*Euproctis pseudoconspersa*
英　名：tea tussock moth

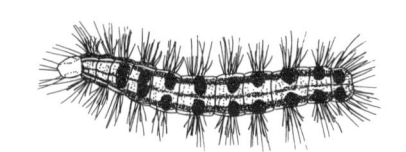

成虫
[築地琢郎氏提供]

成熟幼虫

●概説●　成虫は開張20～30 mm．体と翅は黄色で，褐色の小斑点が散在し，雄は雌より色が濃い．毒性はドクガに比べてやや弱いが，幼虫は庭木（ツバキ，サザンカ，ビワ，チャなど）に多いため，実害が大きい．若齢のうちはひとかたまりになっていることが多い．4～10月にかけて年2回発生する．本種以南に分布する．

3.6 その他の節足動物

3.6.1 クモ類 Araneae

●形態●

　節足動物門クモ綱に属し,同綱にダニ目があるが,昆虫綱とは系統的に大きく離れた位置にある.ダニ類,昆虫類との相違は図3.6 (p.52) にまとめられている.頭部と胸部が癒合して頭胸部を形成し,腹部とは細い腹柄で連絡する.触角をもたず,6節からなる触肢がある.雄の触肢は生殖器官としての役割を担うため複雑な構造をもち,外観上先端が膨化する一方,雌では単純に細長く終わるため,雌雄の鑑別点となる.一般に雌は大きく雄は小さい.上顎末節は腹側に向かう可動式の牙を形成し,触肢基部が変形した下顎と,両下顎に挟まれた下唇をあわせて口部を形

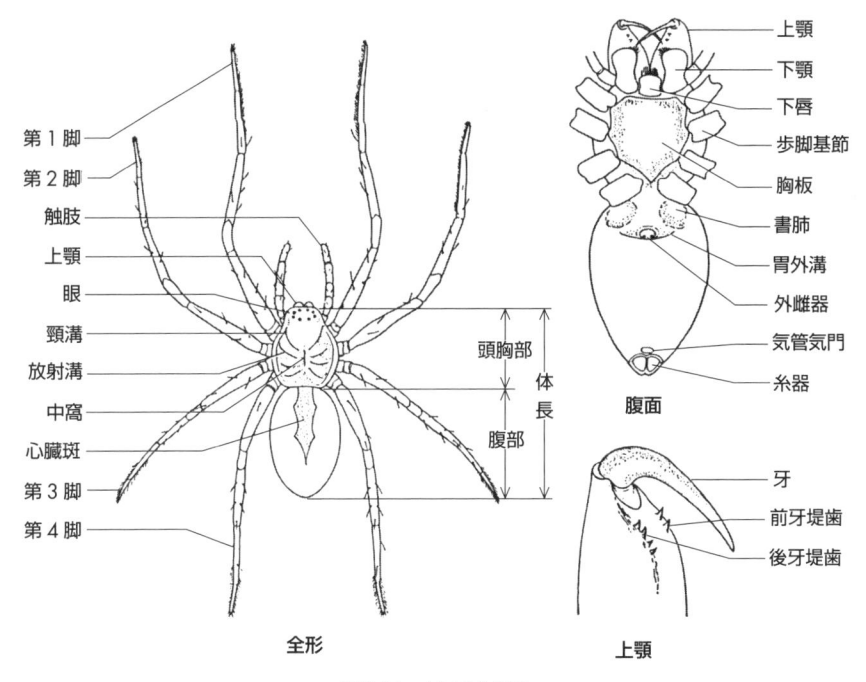

図 3.84　クモの体制図
[八木沼健夫,原色日本クモ類図鑑,p.ix「クモの体制図」,保育社 (1986)]

成する．眼はすべて単眼で，4対のものが多いが，0～3対のものもある．歩脚はすべての発育期で頭胸部より4対派生する．腹部は大きく膨らみ，後端背側に肛門が，同腹側に糸をくり出すための糸器が開口する（図3.84）．体長は，歩脚，触肢および糸器を含めず計測する．

●生態●

非常に多くの種を含み，世界的には4万種ほど存在すると考えられており，日本でも1,000種以上が記載されている．生態により，網形成の有無（造網性，非造網性），待ち伏せ型か狩猟に出るか（点座性，徘徊性），生息場所（地中性，地表性，空中性，水中性，洞穴性，樹幹性）などに分けられる．原則的に卵は卵囊内に収められるが，産後，これを放置するもの，親がこれに付き添うもの，およびこれを持ち歩くものなどがある．孵化した幼虫は，卵囊内で一度脱皮してから外界に出る．環境に分散するときには，糸器から糸をくり出して風にのせ，付着したところに移動するが，そのまま浮上して飛翔することもあり，これにより生息域が拡大する．クモはすべて肉食性であるが，独特の摂食方式をとる．すなわち，動物を捕獲すると同時に上顎の牙を打ち込み，毒液を注入して不動化するが，このとき種々の酵素を含む消化液も注入し，獲物内部を体外消化する．液状の消化物をポンプ能をもつ吸胃で摂取し，さらに消化吸収を行う．獲物に対する嗜好性はなく，制限は捕獲可能か否かであるが，現実にはそのサイズから昆虫類がおもな餌となる．毒は捕獲対象を不動化するためのもので，ほとんどは昆虫の神経系を対象としており，注入量も獲物に合わせて絶対量としては少量であり，人獣に害を与えうるクモはきわめて少ない．一部の種は，自己防衛のために哺乳動物にも効力のある毒成分を備えるが，これらとて積極的に刺咬するためのものではない．

●対策●

クモ類は殺虫剤に対する感受性が高く，環境に施用された場合，他種に先駆けて死滅する傾向にある．このため，殺虫剤散布によって，耐性をもつ害虫が生残し，天敵であるクモが失われた環境下で害虫被害が拡大することも多い．

セアカゴケグモ

学　名：*Latrodectus hasseltii*
英　名：redback spider, redback widow spider
別　名：背赤後家蜘蛛

●分類・形態●

雌
[新海栄一, ネイチャーガイド　日本のクモ, p.113「セアカゴケグモ(♀)」, 文一総合出版 (2006)]

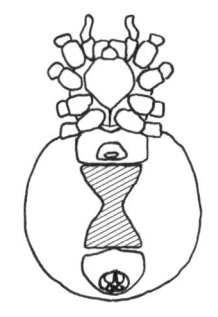

雌の腹面斑紋模式図
(斜線部：砂時計型の斑紋)

　ヒメグモ科（Theridiidae）ゴケグモ属（*Latrodectus*）に属する造網性のクモ．体長は雌7～10 mm，雄3～4 mm．よく発達した球状の腹部をもつ．腹部背面に縦走する赤色帯状の斑紋をもつが，多型を示す．腹部腹面にも砂時計型の赤色斑紋があるが，これは濃淡はあるものの，幼若虫から成虫まで認められるゴケグモ属共通の特徴である．本種はクロゴケグモ（*L. mactans*）の亜種（*L. mactans hasseltii*）とされたこともある．

●分布●　オセアニア，東南アジアの熱帯～亜熱帯に分布する．かねてから本種に類似のアカオビゴケグモ（*L. elegans*）が南西諸島に分布していたが，それ以外のゴケグモ類は日本には認められなかった．しかし1995年に大阪府堺市でセアカゴケグモが，横浜でハイイロゴケグモが定着していることが相次いで確認され，以後，関東以西で次々と新規の生息が認められている．また2000年以降，米軍岩国基地敷地内でクロゴケグモが発見されており，生息域の拡大が懸念されている．

●生態●　比較的地表に近く直射日光や雨風が当たらない乾燥傾向の場所に，立体的かつ不規則に糸を張り巡らせて網をつくり，地表近くを移動する節足動物を捕獲する．人工物を好む傾向にあり，墓地，建物や塀下方の隙間，側溝内，ベンチ下，ごみ箱内，庭園の石の隙間などを好む．船舶，貨物，自動車の下回りなどに造巣し，遠方へ運ばれる．

●**病害**● 本種は攻撃性が低く，素手でつかんだり払ったりしたときにのみ刺咬される．注入毒素量が少なく毒性も弱いため，日本では刺咬例はあるものの，重篤化した例はいまのところない．ハイイロゴケグモは毒性がさらに低い．一方，クロゴケグモは世界的には死亡例も多く知られる．ゴケグモ類は神経毒であるラトロトキシン（latrotoxin）をはじめとする数種の毒素を注入し，刺咬時の軽度の痛みが時間とともに重篤化し，局所の発赤も拡大するほか，呼吸困難，動悸，血圧上昇など，神経系への作用による全身性の症状を呈することがある．これらの全身症状に対して有効な抗血清が入手可能であるが，刺咬を受けた病歴とクモの種類が判明しなければ使用できないこと，ウマ血清製剤であることからアナフィラキシーショックの可能性があることに留意しなければならない．雄は小形で牙が小さいため，哺乳動物の皮膚を貫通しにくく，毒量も少ないことから，事故原因となる可能性は低い．

●**対策**● 生息の可能性がある場所に素手を差し入れない．屋外に放置した長靴やサンダル内にクモが造巣している可能性を考慮する．また，物陰にある不定形のクモの巣を棒などで払っておく．ピレスロイド系殺虫剤を散布する．

●**近縁種**●

アカオビゴケグモ（*Latrodectus elegans*）：アジア熱帯〜亜熱帯に分布する．セアカゴケグモに似るが，腹部背面の赤斑が両側に大きく広がっている．ハイイロゴケグモ（*L. geometoricus*）（全世界）は，広く日本に定着しつつあるが，刺咬事故は知られていない．クロゴケグモ（*L. mactans*）（全世界）は，世界的に問題視されている重要な毒グモである．

ジュウサンボシゴケグモ（*Latrodectus tredecimguttatus*）：ヨーロッパ南部に分布し，強い毒をもつ．古くから刺咬事故を多く起こしてきたが，タランチュラ（コモリグモ類，人体への影響は軽微）による刺咬と誤認され，タランテラ伝承になったとされている．

ハイイロゴケグモ（雌）
[新海栄一，ネイチャーガイド 日本のクモ，p.114「ハイイロゴケグモ（♀）」，文一総合出版（2006）]

カバキコマチグモ

学　名：*Chiracanthium japonicum*
別　名：樺黄小町蜘蛛

●**分類・形態**●　フクログモ科（Clubionidae）コマチグモ属（*Chiracanthium*）に属する夜行性狩猟性のクモで，網は張らない．体長は雌 10〜15 mm，雄 9〜13 mm．背面は橙色を帯びた黄色（樺黄色）を呈する．頭胸部前方に 2 列 8 個の単眼があり，その周辺は濃褐色．上顎，下顎，下唇は黒色で，背面の中央のくぼみ（中窩）から放射状に走る溝（放射溝）は赤褐色を呈する．

●**分布・生態**●　日本全国に分布する．雌雄ともに，ススキをはじめとするイネ科植物の葉をチマキ状に折りたたみ，糸で固定して巣をつくる．雌は産卵のために巣と同様の産室をつくり，そこに 100 個程度の卵を含む卵嚢を産みつけたあと，そのまま孵化まで産室内で卵嚢を守る．卵嚢内で一度脱皮した孵化幼体は，卵嚢から脱出後，産室を守っていた無抵抗の母グモを最初の餌として摂食したのち分散し，幼体で越冬する．

[上田泰久氏提供]

●**病害**●　日本固有のクモのなかでは唯一ヒトに害を与えうるクモで，刺咬の瞬間に激痛を感じ，のちに赤く腫れる．痛みをもたらす成分は，カテコールアミン，セロトニン，ヒスタミン等であるが，反復刺咬でアレルギーが成立しないかぎり全身症状はまれである．産室に刺激を与えて雌に攻撃されるほか，徘徊する交尾期の雄に不用意に触れても攻撃される．繁殖期である 6 月以降の夏期に攻撃性が増し，刺咬症例が増える．

●**対策**●　産室に素手で触れない．草刈り作業で肌を露出しない．

●**近縁種**●　カバキコマチグモと同様の生態をもつヤマトコマチグモ（*C. lascivum*），アシナガコマチグモ（*C. eutittha*），ヤサコマチグモ（*C. unicum*），アカスジコマチグモ（*C. erraticum*）なども毒力や攻撃性は劣るものの，刺咬事故を起こすことがある．

3.6.2 ムカデ類・ヤスデ類 Myriapoda

ムカデ類とヤスデ類はともに細長い体をもち，多くの脚を有する節足動物であるが，分類学的にも，また衛生動物学的意義においても異なった位置にある．

A. ムカデ類 centipede（図 3.85）

ムカデ（百足）は唇脚綱（Chilopoda）に属し，多くのものでは 15～30 対の脚をもつ．脚は 1 胴節から 1 対ずつが出る．ムカデ亜綱（Epimorpha）とゲジ亜綱（Anamorpha）に分かれる．頭には明瞭な触角をもち，眼はあるものとないものとがある．山林の落葉中，人家付近の草むら，石垣などに生息し，しばしば屋内にも侵入する．肉食性で歩脚が変形した顎肢が発達しており，毒腺から分泌される毒を用いて小昆虫などを捕食する．ときにヒトが咬まれる場合がある．また，不快動物（nuisance）としての意義も高い．ゲジ（*Thereuronema hilgendorfi*）は「ゲジゲジ」としてヒトに嫌われるが，ヒトを咬むことはない．幼体は成体とほぼ同じ体制をもつ．

図 3.85 ムカデ類
1 胴節から 1 対ずつの足が出る

B. ヤスデ類 millipede（図 3.86）

ヤスデは倍脚綱（Diplopoda）に属する節足動物で，体形はムカデ類と同様細長く，数十個の体節をもつが，小形のものが多い．脚は 1 胴節から 2 対ずつが出る．刺激を与えると体を巻曲するものが多い．頭部には 1 対の小さな触角をもち，眼はあるものとないものとがある．山林の落葉中，朽ち木の下，石の下などに生息して腐植物を食べているが，人家の庭の石，植木鉢の下などにも普通に見られる．梅雨時に大発生し，家屋内に入り込むことがある．刺咬性はないが，その外見と，潰すと異臭を発することから不快動物として問題になる．種類数は多い．

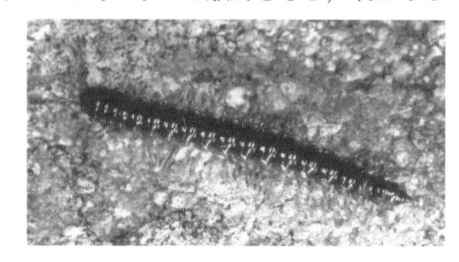

図 3.86 ヤスデ類
1 胴節から 2 対ずつの足が出る

トビズムカデ

学　名：*Scolopendra subspinipes mutilans*

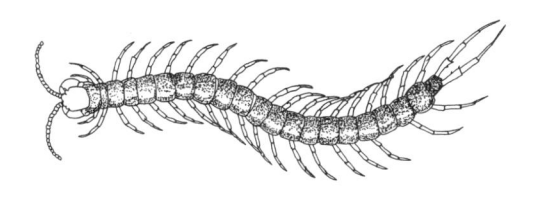

●概説●　大形のムカデで，体長 120～150 mm に達する．体背面は一様に暗緑色であるが，頭部は黄赤色，歩脚は黄色を呈する．本州以南に分布し，東部アジアに広く見られる．ヒトが咬まれると，その毒素によりひどい痛み，腫れが生じる．近縁のものにアオズムカデ（*S. s. japonica*），アカズムカデ（*S. s. multidens*）がある．誤って咬まれた場合は抗ヒスタミン剤含有ステロイド軟膏を塗布する．めまい，吐き気などが生じたら，医師の診察を受ける．

ゲジ

学　名：*Thereuronema hilgendorfi*
英　名：house centipede

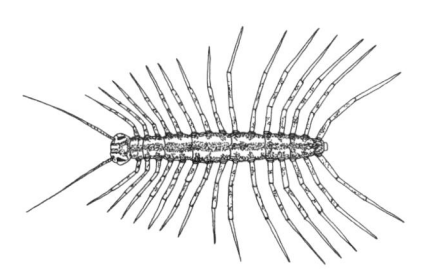

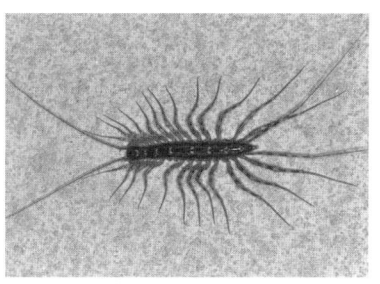

●概説●　成虫の体長は 25 mm 内外で，灰黄緑色を呈する．15 対の長い歩脚をもち，きわめて敏速に歩行する．1 対の長い触角と複眼をもつ．天敵に襲われると脚を自切して敵を撹乱する．幼体は成体に比べて体節，歩脚数が少ない．日本各地に分布し，夜行性で，落ち葉や石の下などに生息するが，夏から秋にかけてしばしば屋内で見られる．ヒトに対する攻撃性はほとんどない．

ヤケヤスデ	学　名：*Oxidus gracilis*

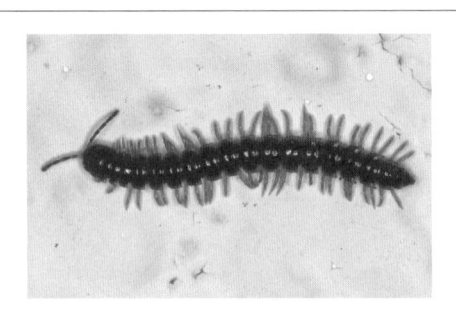

●概説●　成体の体長は 19～21 mm で，背面は紫褐色ないし黒褐色．歩脚は黄色を呈する．世界共通種で，日本においても平地，山地を問わず暗い湿った場所に普通に見られ，都市部でも多い．都市部では植木鉢の下や浄化槽の汚泥などで生活している．幼体は胴節数が少ないが，脱皮するごとに増加し，成体では 20 節となる．成体は夏から秋にかけて出現，産卵し，秋に孵化した幼体は土中で越冬する．

アカヤスデ	学　名：*Nedyopus tambanus*

●概説●　やや大形のヤスデで，体長は 23 mm 内外．体は暗褐色から黒色を呈し，ほぼ円筒形．本州以南に分布し，とくに山間部に多い．夏の間は幼体が多く，秋に成体となり，成体で越冬する．春には越冬した成体が見られる．

　日本では 200 種を超えるヤスデが報告されているが，種までの同定は困難な場合が多い．

3.6.3 甲殻類 Crustacea

　甲殻類は節足動物のなかでも比較的大きな群（甲殻亜門 (Crustacea)) を形成し，生息域も海産，淡水産，陸産と多岐にわたる．大きさも 1 mm 以下のものから数十 cm に至るものまでさまざまである．体は原則として頭部，胸部，腹部に分かれ，それぞれ複数の体節からなる．各体節は背板，腹板，側板よりなり，頭胸部背板はしばしば合一して甲羅状の構造を形成し，背甲とよばれる．各体節には付属肢がある．初期幼生はノープリウス（ナウプリウス）幼生で，脱皮，変態を行って成体になる（図 3.87）．

　分類には諸説があるが，一般に次の 5 綱に区分される．

顎脚綱　　Maxillopoda
　鰓尾亜綱　Branchiura　　　チョウなど
　橈脚亜綱　Copepoda　　　　ケンミジンコなど
　貝形亜綱　Ostracoda　　　　ウミホタルなど
　鞘甲亜綱　Thecostraca　　　フジツボなど
　舌形亜綱　Pentastomida　　シタムシ
鰓脚綱　　Branchiopoda　　　ミジンコなど
軟甲綱　　Malacostraca　　　エビ，カニ，ダンゴムシなど
ムカデエビ綱　Remipedia　　ムカデエビ
カシラエビ綱　Cephalocarida　カシラエビ（海産）

　これらのうち，衛生動物学的意義をもつものは，おもに各種寄生虫の中間宿主となるもの（ケンミジンコ，カニ，ザリガニなど），魚類寄生虫（チョウ，橈脚類など），および不快動物となるもの（ダンゴムシ，ワラジムシなど）に大別される．

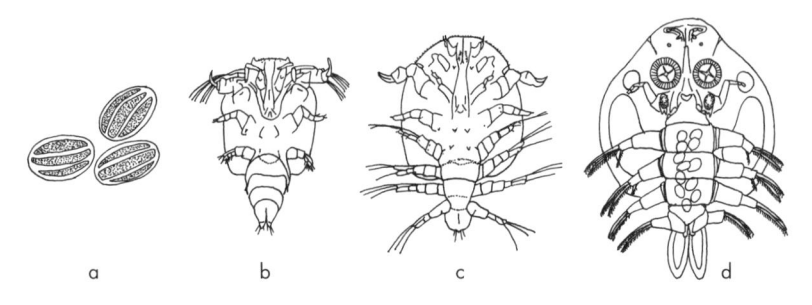

図 3.87　チョウ（*Argulus japonicus*）（甲殻類）の生活史
　a：卵　　b：第 1 期幼生　　c：第 3 期幼生　　d：成虫（雌）
[Tokioka および Stammer から参考作図]

オカダンゴムシ

学　名：*Armadilidium vulgare*
英　名：common pill bug

●概説●　等脚目（Isopoda）に属する．単にダンゴムシともいい，灰色で半円筒形の体をもち，体長は 15 mm 内外．頭部に 1 対の触角をもち，胸部には 7 対の歩脚がある．刺激を受けると体を曲げて球状になるので，俗に「タマムシ」ともよばれるが，この名はほかに該当種が存在するので適当ではない．人家の庭の石や植木鉢の下に普通に見られ，落ち葉やその他の有機物を食べて生活する．とくに人獣に対する害はないが不快動物である．

［築地琢郎氏提供］

ワラジムシ

学　名：*Porcellio scaber*
英　名：common rough woodlouse

●概説●　オカダンゴムシに似るが，体はより扁平で，光沢がない．前後は細くなる．体長は 12 mm 内外．頭部には発達した触角をもち，胸部には 7 対の歩脚がある．刺激を与えてもオカダンゴムシのように丸くならない．近縁のものに海岸でよく見られるフナムシ（*Ligia exotica*）がある．とくに人獣に対する害はないが不快動物である．

イカリムシ

学　名：*Lernaea cyprinacea*
英　名：anchor worm

●**形態**●　橈脚類の魚類寄生虫．魚体に固着寄生する雌虫は，若いものでは3〜7 mm，成長したものでは10〜12 mmで，体は細長く，頭部に船の錨状の角状突起をもつ．胴部には付属肢をもつが，退化していて小さい．成熟したものでは体後端近くに1対の卵嚢を形成する．

●**分布・生態**●　世界各地の温暖地域のウナギ，コイ，金魚などの淡水魚に寄生する．日本では関東以南の各地に分布する．卵嚢から孵化した幼生は，ノープリウス（nauplius），メタノープリウス（metanauplius），コペポディッド（copepodid）と脱皮，変態を重ねて発育する．これらのうち，前2者は自由遊泳生活を行うが，コペポディッド期になると魚の体表に寄生するようになる．成熟したコペポディッドは交尾を行い，雄虫はやがて死ぬが，雌虫はさらに発育して頭部を宿主の皮内に穿入する．水温が15℃を超えると繁殖が行われる．

●**病害**●　雌虫は口腔や鰓をはじめとして，全身に寄生する．魚体に寄生した雌は体前半部を魚体内に穿入し，口器によって破壊した細胞や組織液を摂取する．このため，宿主には寄生部位での粘液の多量分泌や充血が起こり，衰弱する．寄生を受けた魚は異常な動きをするようになる．

●**対策**●　雌成体の薬剤による完全駆除は困難で，ピンセットなどを用いて物理的に除去する．幼生に対しては，トリクロルホンを主成分とする水産用薬剤が市販されている．卵には効果がないので，3週間程度の間隔で反復投与を行う．

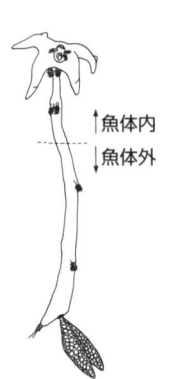

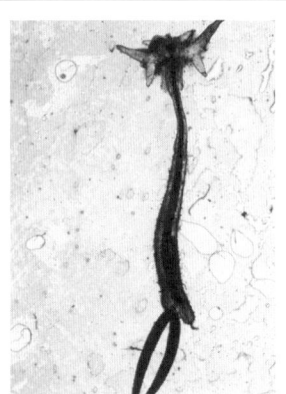

[畑井喜司雄博士提供]

魚に固着寄生する雌虫（矢頭）

カリグス

学　名：*Caligus spinosus*

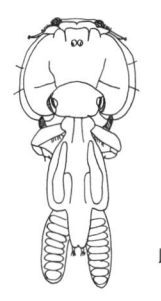

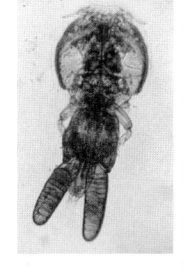

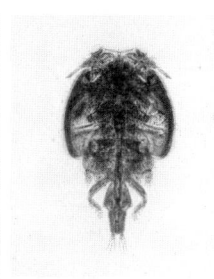

雌　[Izawa から参考作図]

雄　[畑井喜司雄博士提供]

●概説● イカリムシと同じ橈脚類に属する．雌成体は 3～5 mm，雄は 2～4 mm で，頭胸部に扁平な背甲をもち，その前縁に 2 個の眼を有する．胸節より後方は細い．養殖ブリの主として鰓弓に寄生し，吸着による刺激と口器による食害を宿主に与える．大量寄生魚では寄生部位に激しい炎症が見られる．駆除にはトリクロルホンが用いられる．近縁種に *C. seriolae* がある．

サルミンコラ

学　名：*Salmincola californiensis*

●概説● 橈脚類に属する．雌成体は 3.5～4.5 mm，雄は 0.7～0.9 mm で，頭胸部と躯幹部に分かれる．雌成虫はラッパ状の固着器を宿主の上皮内に穿入して固着生活を行い，雄は雌に比べて著しく小さく，雌の腹部に付着して生活している．卵からはコペポディッド幼生が孵化し，遊泳して宿主に付着したのち，カリムス期 (chalimus) を経て成虫となる．日本ではヒメマス，ヤマメなどへの寄生の報告があり，鰓腔壁に寄生して組織を食害することにより，鰓弁の癒着，鬱血，欠損などを生じさせる．過酸化水素による駆除法が報告されている．

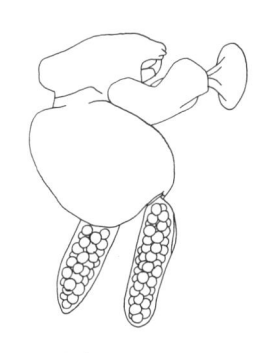

成虫(雌)
[Hoshina, Suenagaから参考作図]

チョウ

学　名：*Argulus japonicus*
英　名：fish louse

●形態● 成体の体長は3〜7 mmで，透明な淡緑色を呈し，円形ないし楕円形の背甲をもつ．腹面には1対の大きな吸盤をもち，その前方に1対の複眼と2対の触角が存在する．口器は針状になっており，毒腺が開口している．胸部は4節の胸節よりなり，それぞれ泳脚が生じている．胸節の後方に腹部が背甲より突出して存在する．腹部には節はなく，後方は左右両葉に分かれ，尾のように見える．

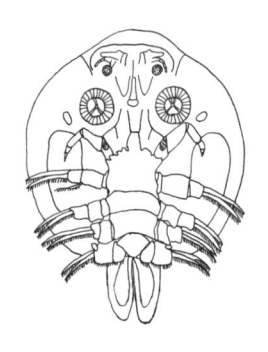

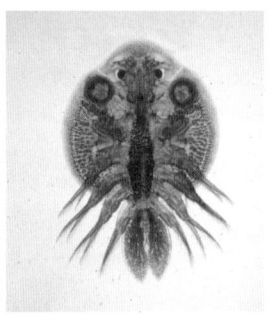

チョウ

チョウモドキ
[畑井喜司雄博士提供]

●分布・生態● 日本全土のコイ，フナ，キンギョなどの温水性淡水魚に寄生する．ヨーロッパ，アメリカでも見られる．成虫は池の縁や水草に産卵し，卵内でノープリウス，メタノープリウスを経てコペポディッド幼生が孵化する．幼生は遊泳して宿主にとりつき，宿主体上で数回の脱皮を経て体を大形化し，成虫となる．

●病害● 本種は魚体表のどの部分にも寄生し，皮膚内に口器の刺針を刺し込んで毒液を注入し吸血するため，宿主に強い刺激を与える．そのため，皮膚の糜爛，潰瘍をもたらし，ミズカビや細菌などの二次感染を起こして死に至らしめることもある．また，吸盤および背甲を用いて宿主表面に付着することから，付着が長時間に及ぶと付着部位がくぼみ，赤変する．

●対策● ピンセットなどによる物理的除去のほか，薬剤としては有機リン剤であるトリクロルホン（ディプテレックス）が用いられるが，薬事法で認可されていない．

●近縁種●

チョウモドキ（***Argulus coregoni***）：チョウに酷似するが大形（8〜12 mm）で，腹部先端が尖る．サケ・マス類など比較的冷水性の淡水魚に寄生し，チョウと混合寄生はしない．

モクズガニ

学　名：*Eriocheir japonicus*
英　名：Japanese mitten crab
別　名：ズガニ，カワガニ

●概説●　淡水に生息するカニのなかでは大形で，甲の長さ約56 mm，幅約61 mm．形はほぼ四角形で，後方に向かってやや幅広くなる．甲の中央部に明瞭なH状の溝がある．はさみは左右同大で，やわらかい毛の房がある．歩脚第2対，第3対はほぼ等長．雄には小型のはさみをもつ小型（3～6 cm）個体と大型のはさみをもつ大型（6 cm以上）個体の2型がみられる．日本全土，台湾，朝鮮半島の河川，河口，内湾に分布し，秋の生殖時には海に降りる．ウェステルマン肺吸虫の第2中間宿主となるので，生食を防ぐのはもちろんのこと，調理時に器具を熱湯消毒することや，カニの組織が飛散しないように注意が必要である．

[嶺井久勝氏提供]

サワガニ

学　名：*Geothelphusa dehaani*
英　名：Japanese freshwater crab

[嶺井久勝氏提供]

●概説●　甲の長さは約21 mm，幅約26 mm．前方に向かって幅広くなり，後縁と側縁が丸い．甲の表面は平滑で，色は茶褐色から淡黄色まで生息地域により変化に富む．はさみは右側のものが大きく，色は白色から朱赤色まで変化する．日本全土に分布する日本固有種で，日本唯一の純淡水産であり，各地の渓流に生息する．ウェステルマン肺吸虫，宮崎肺吸虫などの第2中間宿主である．

アメリカザリガニ

学　名：*Procambarus clarki*
英　名：red swamp crayfish

●**形態**●　成体の体長は100 mm内外であるが，200 mmに達するものもある．成熟個体は暗赤色，頭胸部は円筒状であるが，腹部は扁平である．頭胸甲はY字形のくぼみがある．5脚の歩脚をもつが，第1〜第3胸脚の先端部ははさみとなり，第1胸脚は強大で，とくに雄では大きい．

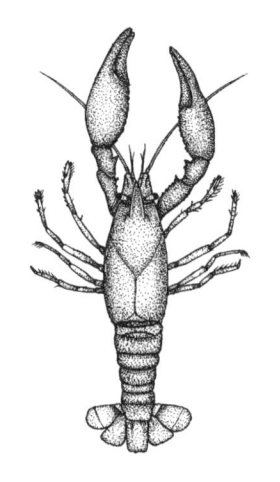

[築地琢郎氏提供]

●**分布**●　本種はアメリカ南部原産で，1930年に神奈川県にウシガエルの餌として導入され，本州以南の各地に広まった．本種とは別に，日本特産種のザリガニ（ニホンザリガニ，ヤマトザリガニ）（*Cambaroides japonicus*）が北海道と東北北部（岩手，秋田以北）に分布する．

●**生態**●　平野部の河川，池沼，水田など，水深の浅い水底の障害物の下や泥のなかにトンネルを掘って生息する．雑食性で，藻類，水草，オタマジャクシ，動物の死骸などを食べる．水質汚濁にも強く，雌は卵を腹部下面に抱えて孵化させる．孵化した幼生は体長4 mm内外で，すでに親と同じザリガニ形をしており，しばらくは雌の腹部で成長したのち親から離れ，2年ほどで繁殖を開始する．

●**病害**●　不快動物としての意義は低いが，水田ではイネの根を食い荒らし，畦に穴を開けることで嫌われている．また，ウェステルマン肺吸虫の実験的第2中間宿主であることが知られている．

●**対策**●　天敵（ウシガエル，サギ類，カメなど）の利用が考えられるが，実施は困難である．

第4章
その他の衛生動物

4.1 舌虫類 tongue worm

　舌虫類は18世紀後半にイヌの鼻腔から初めて検出され，その形が平扁で舌の形をしていたことから舌虫（tongue worm）と名付けられ，頭部に4本の鉤があり，胴体部が節様に分かれていたことから条虫の一種として記載された．しかし，胴体部の節様構造は条虫類の片節とは異なること，幼虫の形態がクマムシ（緩歩動物）や節足動物の幼生に似ることから節足動物に近縁と考えられた．また，頭部の4本の鉤が口様に見えることから，五口虫（pentastome）とよばれることもある．舌虫類は寄生性で，成虫は爬虫類，鳥類，哺乳類などの呼吸器官に寄生する．

●分類●
　舌虫類の分類学的な位置については，節足動物に含める説，環形動物と節足動物の間のグループとする説，有爪動物・緩歩動物などとともに側節足動物とする説，舌形動物門（Pentastomida（Linguatulida））として独立の門とする説など諸説があるが，近年の18SリボソームRNA遺伝子の塩基配列を用いた分子系統学的研究によって，節足動物門顎脚綱鰓尾亜綱のチョウ目（Arguloida）と近縁であることが明らかになり，現在は節足動物門顎脚綱（Maxillopoda）舌形亜綱（Pentastomida）に分類されている．ケファロバエナ目（Cephalobaenida）とポロケファルス目（Porocephalida）の2目に分けられ，約100種が知られている．分布は世界的で，日本でもイヌや輸入ヘビ，セグロカモメなどからの検出報告がある．

●一般形態●
　体長は1～15 cmで，形態は細長く，蠕虫形あるいは舌形である．雌雄異体で，雌が雄より数倍大きい種もある．体色は乳白色ないしは淡黄褐色で，頭胸部には前

端に口があり，口の後方の左右に2対（4本）の鉤がある．鉤が反転して体壁に収納されると口様の孔として観察されるので五口虫ともよばれる．ケファロバエナ目の種では，口も鉤も頭胸部から少し突き出した突起の上にある．胴部体表には横線あるいは環状の構造があり，体節様のものもある．成虫には付属肢はないが，幼生には2対の疣脚状の付属肢がある．

●生態●

　成虫は脊椎動物（おもにヘビなどの爬虫類，哺乳類）の呼吸器系（鼻腔，気管，肺）に寄生する．産出された虫卵は，喀痰や鼻汁，糞便とともに宿主体外に排出され，食物などとともに中間宿主（おもに小形の脊椎動物）に摂取される．中間宿主体内で幼虫は数回脱皮して被嚢し，感染性の第3期幼虫となる．終宿主は中間宿主を捕食して感染すると考えられる．

主要な舌虫類

イヌシタムシ

学　名：*Linguatula serrata*
英　名：tongue worm

●**分類・形態**●　ポロケファルス目シタムシ科（Linguatulidae）に属し，扁平で細長く，吸虫や条虫様である．腹面は扁平であるが，背面はやや凸面となり，体表には多数の横線が見られる．体前端の腹面に口と4本の鉤がある．虫体は雌が大きく，体長は雄1.8〜2.0 cm，雌8〜13 cmである．

●**分布**●　世界各地に分布するが，中欧，中近東，ブラジルでよく知られ，日本ではまれである．

●**生態**●　成虫は終宿主（イヌ，キツネなどのイヌ科動物）の上部気道（鼻腔など）に寄生する．雌成虫が産出した虫卵は，約 $90 \times 70\ \mu m$ で，鼻汁や糞便を介して外界に排出される．虫卵は幼虫を含み，中間宿主（ウマ，ウシ，ヒツジ，ウサギなど）に偶発的に経口摂取されると消化管内で孵化する．幼虫は4脚を備え，消化管壁から循環系を介して内臓器官や横隔膜などに移行し，脱皮後に発育して体長4〜6 mmに達する．終宿主は中間宿主の内臓を食べて感染する．

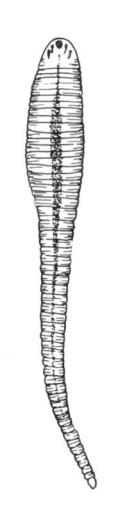

●**病害**●　終宿主では無症状のことも多いが，虫体が鼻腔粘膜を機械的に刺激することによるくしゃみや咳，鼻水の排出を起こすことがある．ヒトも中間宿主となり，肝，腸間膜リンパ節，肺などに幼虫が寄生して黄疸や気管支閉塞，脳の圧迫，緑内障を認めることがある．また小脳や前眼房から幼虫が検出されたこともある．さらにヒトが終宿主になることも知られており，中間宿主の内臓を生で食べて感染し，鼻腔や咽頭に違和感を覚える．

●**対策**●　中間宿主となる動物の内臓などを生で摂取しない．また，感染犬との接触を避ける．

ポロケファリッド舌虫類

学　名：Porocephalidae
英　名：porocephalids

●**分類・形態**●　ポロケファルス目に属するポロケファルス科の舌虫類で，*Armillifer* 属，*Porocephalus* 属，*Kiricephalus* 属などがある．虫体は細く，円筒状または環節状である．成虫はヘビなどの気道や肺，鼻腔などに寄生する．

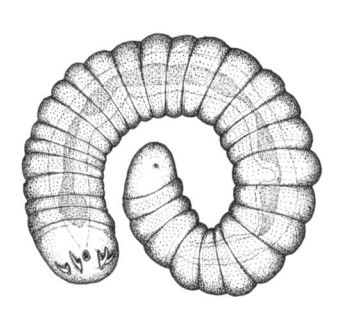

Armillifer moniliformis の幼虫

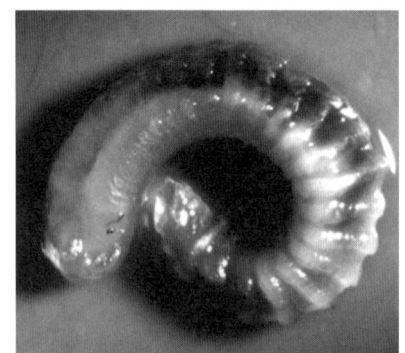

カニクイザルの腸間膜から得られたポロケファリッド舌虫の幼虫

●**分布**●　アフリカ，南アメリカ，アジアなどに分布する．
●**生態**●　成虫はおもにヘビ類の気道や肺，鼻腔などに寄生する．*Kiricephalus* 属の種では，終宿主から排泄された虫卵を第1中間宿主（両生類，トカゲ類，哺乳類）が経口摂取して感染し，その体内で幼虫に発育する．第1中間宿主を第2中間宿主（ヘビ類）が捕食して感染し，ヘビを常食とする終宿主（ヘビ類）が第2中間宿主を捕食して感染すると考えられている．*Armillifer* 属の種では，サル（カニクイザル，アカゲザル，チンパンジーなど）が中間宿主となる．
●**病害**●　ヒトや哺乳類は中間宿主であり，多数の幼虫が肝臓や脾臓，肺などに寄生すると障害を及ぼし，内臓舌虫症（visceral pentastomiasis）となる．
●**対策**●　哺乳動物では虫卵の摂取を防ぐため，感染終宿主と接触しないなどが考えられる．

4.2 コウガイビル land planaria

　吸虫や条虫と同じ扁形動物門（Platyhelminthes）に属する動物で，渦虫綱（Trubellaria）のなかのコウガイビル科（Bipaliidae）を形成する．ヒルの名称がついているが，環形動物門に属する吸血性のヒル類とは無縁である．

●形態●
　体は扁平なひも状で粘液に覆われている．頭部は扇形を呈し，昔の日本女性が髪飾りに用いていた笄（こうがい）に似ていることからこの名がある．体は著しく伸び縮みが可能で，伸長すると 10～30 cm，ときに 1 m を超えることがある．プラナリアと同様，体中央腹面に口があり，そこから消化管が分岐しながら伸び，盲端に終わる．

●分布・生態●
　日本で普通に見られるものは，クロイロコウガイビルとオオミスジコウガイビルの 2 種で，両者とも全国に分布している．後者は外来種で，都市部，とくに東京都内でもよく見かける．水中に入ることはなく，生涯陸上で生活する．通常，昼間は石や朽ち木，植木鉢の下などで体を縮めているが，夜間に徘徊してナメクジ，カタツムリ，ミミズなどを捕食する．

●病害●
　とくに人獣に害をなすことはないが，不快動物（nuisance）であり，知らないと不気味な謎の生物のごとき印象を受ける．また，ときにイヌがこれを捕食し，糞便とともに排泄されることがあり，大形の線虫または条虫様のため飼い主や獣医師を驚かせる．しかし，イヌが捕食しても特別の害はないようである．

●対策●
　とくにはない．むしろナメクジなどの駆除に役立っており，保護すべき動物かもしれない．

衛生動物としての意義をもつコウガイビル

クロイロコウガイビル

学　名：*Bipalium fuscatum*

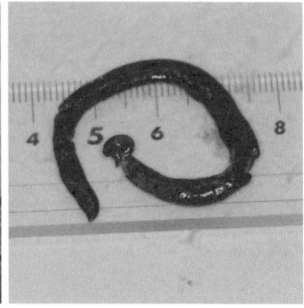

イヌに咬まれたクロイロコウガイビル

●概説●　体長は10〜20 cm程度のものが多い．体色は濃褐色ないし黒褐色で，体表は粘液に覆われているため強い光沢がある．頭部は扇形を呈し，体色よりもやや薄い．頭葉部の前縁には多数の鋸歯状の突出が見られる．湿った朽ち木や石の下にすみ，人家の周辺にも見られる．ナメクジ，ミミズなどを捕食する．

オオミスジコウガイビル

学　名：*Bipalium nobile*

●概説●　伸長したときの体長は30〜60 cmに達する大形のコウガイビルで，体色は黄色，背部に縦に走る茶褐色の3本の縞がある．外来種で畑地に多いが，都市部でも普通に見られる．生息場所はクロイロコウガイビルと同様．ナメクジ，カタツムリ，ミミズなどを積極的に捕食する．

4.3 ハリガネムシ horsehair worm

かつては線虫類の一群と考えられており，鉄線虫とよばれていたが，線虫類とは形態，発生などが異なることから，現在は類線形動物門（Nemetomorpha）として独立している．昆虫類に寄生して発育する．1目5科がある．

●形態●

成虫の体長は 15〜40 cm 程度のものが多く，断面の丸い針金状を呈する．雄に比べて雌のほうが大きい．体色は淡褐色ないしは黒褐色．表皮はかたいクチクラで覆われ，体節はない．口は退化しているか，痕跡程度で食物をとらない．後端は丸いものが多いが，2つの尾葉を形成するもの，3分岐するものがある．

●分布・生態●

世界各地にさまざまな種が生息するが，日本では *Gordius, Chordodes, Parachordodes, Paragordionus, Gordionus* の各属が報告されている．

成虫は水中で交尾後，水草の茎などにひも状の卵塊として産卵する．孵化した幼虫は 0.1 mm ほどで，吻部と胴体部をもち，水底を這う．これが，カ，ユスリカ，カゲロウなどの幼虫に摂食されると，その体内でシスト化して待機するが発育はしない．これらの昆虫が羽化後カマキリやカマドウマ，あるいは肉食性甲虫に食べられると，中腸外壁の脂肪組織に入り込み，脱皮を行うことなく成虫にまで発育する．発育は胴体部のみで起こる．発育環は水生の昆虫を経なくても完了しうる．宿主が水中に落ちたり，雨に打たれると脱出が行われ，池や川に入る（図 4.1）．初夏に宿主に感染した幼虫は 2〜3 か月で成熟するので，脱出は晩夏から秋にかけて行われる．越冬は成虫または卵で行う．

●病害●

とくに人獣に害をなすことはないが，ときにイヌやネコの糞便中に排泄され，大形の線虫様のため飼い主や獣医師を驚かせることがある．捕食による特別の害はないようである．まれにヒトから排出された例があり，日本でも症例がある．

図 4.1　カマキリの腹部から出るハリガネムシ
[北村雄一氏提供]

衛生動物としての意義をもつハリガネムシ

ニホンザラハリガネムシ　　学　名：*Chordodes japonensis*

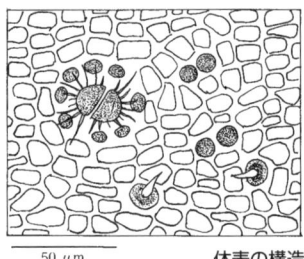

体表の構造　　雄の尾部

●概説●　成虫の体長は 10 ～ 40 cm，体径は 1.5 mm 内外．体色は褐色ないし黒褐色を呈する．雄の後端は丸く，浅い腹側縦溝をもち，溝の前端に排泄孔が開口する．雌の後端も丸いが末端がやや膨大する．体表には 5 種類の乳頭が存在する．関東以南に見られ，カマキリに寄生し，夏から秋にかけて宿主から脱出する．近縁種にフクイザラハリガネムシ（*C. fukuii*）がある．

オカダハリガネムシ　　学　名：*Parachordodes okadai*

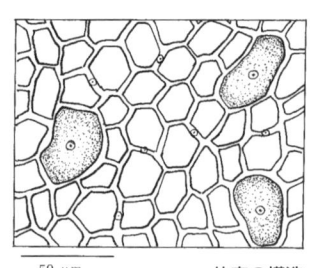

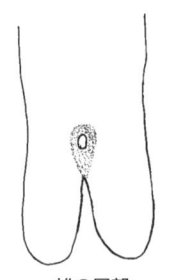

体表の構造　　雄の尾部

●概説●　成虫の体長は 20 ～ 30 cm，体幅は 0.8 mm 内外．雄はやや小さい．体色は淡褐色，淡黄褐色もしくは褐色を呈するが，前端部は白色である．雄は尾端が 2 つの尾葉に分岐している．体表は，多角形から空豆状で中央に 1 個の小孔をもつ大形アリオール（areola；膨隆した小域）と，角の丸い不規則多角形の小形アリオールで覆われている．それらの間には小孔が散在する．関東地方，中部地方から報告されているが，他の地域での分布は未確認である．宿主も現在のところ不明．

4.4 脊椎動物 Vertebrata

　脊椎動物は中枢神経の前端に発達した脳があり，頭蓋（頭骨）に覆われる．脊椎が発達し，脊索は体の前端まで達していない．骨と軟骨からなる内骨格がある．魚類，両生類，爬虫類，鳥類，哺乳類からなる動物の一群である．

●衛生動物としての意義●

　人獣の衛生上いくつかの重要な種を含んでいるが，それらは，なんらかの病原体を媒介するものとそれがもつ毒によって人獣を加害するものに大別される．前者はさらに，寄生虫の発育環完成のために必須なもの（中間宿主）と，必須ではないが病原体の伝播などの役割を担うもの（待機宿主）に分けられる．中間宿主としての例にマンソン裂頭条虫におけるカエル，多包条虫のネズミ，肝吸虫のコイ科魚類などがあげられる．毒をもち，人獣を加害するものには毒ヘビ，毒ガエル，刺毒魚などがある．

●衛生動物として重要な脊椎動物●

魚類 Pisces

　刺毒魚，食毒魚，発電魚，寄生虫の中間宿主として働く魚類が問題となる．寄生虫の中間宿主となる魚類のほとんどは淡水産もしくは汽水産の硬骨魚類である．

両生類 Amphibia

　ヒキガエルやヤドクガエルのような，皮膚に有毒物質を保持しているもの，および寄生虫の中間宿主となるカエル類やサンショウウオ類が該当する．

爬虫類 Reptilia

　カメ，ワニ，トカゲ，ヘビなどを含む．多くが陸生で，陸上で有殻の卵を産む．これらのなかで衛生動物学上もっとも重要なものはヘビ類で，毒ヘビのほか，寄生虫の待機宿主となるものもある．また，不快動物（nuisance）の代表でもある．

哺乳類 Mammalia

　人獣に害を及ぼす哺乳類をきわめて広い範囲で考えた場合，ヒト自身を含めてさまざまなものが衛生動物としての意義をもちうるが，一般的な衛生動物の概念で考えると，もっとも重要なものはネズミ類である．ネズミ類は齧歯目（Rodentia）ネズミ科（Muridae），キヌゲネズミ科（Cricetidae）など8科に属する動物の総称で，日本では11属22種が知られている．これらを便宜的に家ネズミ類と野ネズミ類に

分けることがある．ネズミによる害は，食物や飼料の食害，器物の破損，各種感染症（ペスト，ワイル病，鼠咬症，サルモネラ症，ツツガムシ病など）の媒介，イエダニの伝播などである．不快動物としても働く．

● **対策** ●

　寄生虫の中間宿主や待機宿主，あるいは食毒魚が食物として利用される場合には調理法が問題となる．寄生虫を殺滅するためには加熱処理などの方法がとられる．食毒魚では魚そのものの廃棄や有毒部分の廃棄など，魚の同定と調理への注意が必要になる．毒を用いて攻撃してくる動物に対しては，その鑑別と捕獲除去が必要である．ネズミに対しては，ネズミとり，粘着テープによるトラップなどの物理的防除と，殺鼠剤（p.13 参照）を用いた化学的防除がある．ネズミが生活しにくくなるような環境の整備も効果が高い．

衛生動物としての意義をもつ脊椎動物　A．魚類

モツゴ	学　名：*Pseudorasbora parva* 別　名：クチボソ
モロコ類	学　名：*Gnathopogon* spp.
バラタナゴ類	学　名：*Rhodeus ocellatus*
ヤリタナゴ	学　名：*Acheilognathus lanceolata* 　　　　（*Tanakia* 属とする説もある）

　いずれもコイ科の淡水魚で，人獣に対する直接的な害はないが，寄生虫の中間宿主としての意義を持つ．

●形態●　モツゴ，モロコ類，ヤリタナゴの体形は細長く，バラタナゴは菱形である．全長はモツゴでは雄 6 ～ 11 cm，雌 6 ～ 9 cm，タモロコは雌雄とも 5 ～ 8 cm，ホンモロコは 10 ～ 13 cm，ヤリタナゴは 10 ～ 13 cm，バラタナゴはやや小形で，雄 3.5 ～ 10 cm，雌 3.0 ～ 7.5 cm である．モロコ類とヤリタナゴには 1 対の口ひげがある．モツゴの口は下顎が上顎より突出しており，口が上を向いている．モツゴでは，側線に沿って明瞭な黒色条がある場合が多い．タモロコとホンモロコは類似した形態を示すが，ホンモロコのほうが体形が細長く，口ひげが短い．ヤリタナゴでは，背びれの後部に数個の紡錘形の黒斑がある．バラタナゴにはニッポンバラタナゴ（*R. ocellatus kurumeus*）とタイリクバラタナゴ（*R. ocellatus ocellatus*）の 2 亜種が存在するが，かなり交雑が進んでおり形態での区別は困難である．

●分布・生態●　モツゴは東北以南，タモロコの天然分布域は濃尾平野以西であるが，現在は東北以南に広く移殖する．ホンモロコは琵琶湖特産であるが，山口県・山梨県などに移殖例がある．ヤリタナゴは岩手県以南，ニッポンバラタナゴは近畿以西から九州北部・西部に分布したが，現在は絶滅に瀕し，保護・保存対策が行われ，逆に外来種のタイリクバラタナゴは全国に移殖され，ニッポンバラタナゴと広く交雑する．タナゴ類はイシガイやドブガイなどの二枚貝類の鰓に産卵し，ある程度成長してから稚魚が浮出してくる．

●病害●　いずれも肝吸虫の第 2 中間宿主として働く．とくにモツゴでの感染率が高い．メタセルカリアの寄生部位は皮下の筋肉にもっとも多い．

●対策●　これらの魚類の生食を避ける．

モツゴ

ホンモロコ

タモロコ

[君塚芳輝氏提供]

タイリクバラタナゴ

雌の腹びれから出ている細長い産卵管により、淡水の二枚貝（カラスガイなど）の鰓葉内に卵を産みつける

コイ（リイ）

[君塚芳輝氏提供]

4.4 脊椎動物　283

カムルチー

学　名：*Channa argus*
英　名：Chinese snakehead
別　名：ライギョ

[君塚芳輝氏提供]

●概説●　タイワンドジョウ科に属し，全長 30 〜 85 cm で細長い．体側に不規則な大形の斑紋が2列に並ぶ．背びれと尻びれが発達し，それぞれ全長の約 1/2, 1/3 に達する．尾びれは丸い．アジア大陸からの外来種で，北海道を除く日本全土に分布する．関西以西に見られるタイワンドジョウ（*C. maculata*）およびコウタイ（*C. asiatica*）をあわせてライギョとよぶこともある．ともに平野部の浅い池沼にすみ，小魚，エビ，カエルなどを捕食する．有棘顎口虫の第2中間宿主として知られる．

ドジョウ

学　名：*Misgurnus anguillicaudatus*
英　名：oriental weatherfish

[君塚芳輝氏提供]

●概説●　ドジョウ科の淡水魚で，全長は 10 〜 22 cm．体は円筒状で細長い．口の周囲に10本の口ひげがある．日本全土のほか，アジア東部，台湾などに分布し，平野部の浅い池沼，小川，水田などの泥底にすむ．泥中の小動物や有機物を食べる．水面に出て腸呼吸をする習性がある．浅田棘口吸虫，有棘顎口虫，剛棘顎口虫などの第2中間宿主となる．最近，近縁種のカラドジョウ（*M. mizolepis*）も日本国内に侵入した．

シラウオ

学　名：*Salangichthys microdon*
英　名：Japanese icefish

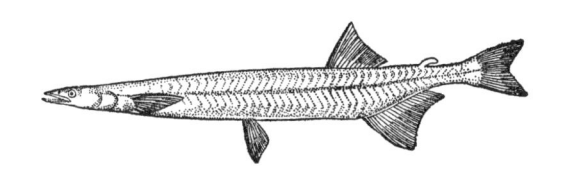

●概説● シラウオ科に属し，類縁的にはサケ・マスやシシャモに近い．体はほぼ透明で腹面に黒点が2列に並ぶ．全長は6.5～10 cm．体は細長く，尻びれの位置で腹縁が突出する．背びれは体の後方にあり，そのさらに後方に尻びれがある．日本全土の内湾に生息し，産卵期(3～5月)に川や湖を遡上する．横川吸虫の第2中間宿主で，生食の機会が多いことから重要性が大きい．

サクラマス

学　名：*Oncorhynchus masou masou*
英　名：masu salmon, cherry salmon
別　名：ヤマメ，ヤマベ

[野村哲一氏提供]

●概説● 体はサケに比べてやや太く，背は暗青色で小黒点が散在する．頭と尾びれには斑点がない．本州では2～4月，北海道では3～6月に川を遡上し，秋(9～10月)に産卵する．孵化した稚魚は1～2年間淡水生活をしたのち海に入り，1年間の海洋生活後，生まれた川に回帰してくる．成熟個体の全長は40～60 cm．なお，降海せずに河川で生活するものをヤマメ(*Oncorhynchus masou masou*)といい，体長は成熟したものでも10～30 cmである．渓流釣りの対象としてよく知られる．日本海裂頭条虫の代表的な第2中間宿主である．近縁のものにサケ(*O. keta*)があるが，日本海裂頭条虫に対してはサクラマスほど好適な中間宿主とはならないという．

B. 爬虫類

ハブ

学　名：*Protobothrops flavoviridis*
英　名：habu

●概説●　日本における代表的な毒ヘビで，体長は1～2mほど，最大で2.4mを超える．頭部は明瞭な三角形を呈し，頸は細い．色は生息する島や個体によって大きく変わり，背面は暗褐色の複雑な斑紋をもち，まれに黒化型が見られる．奄美大島，徳之島，沖縄本島およびその付近の島に分布．昼間は石垣，倒木下などに潜み，夜間は山麓，耕地，人家付近に出没してネズミなどを狙う．きわめて攻撃的で人的被害が大きい．ヒト咬傷に対しては抗ヘビ毒血清の投与が行われる．近縁種にサキシマハブ（*P. elegans*）（石垣島，竹富島，黒島，西表島），ヒメハブ（*Ovophis okinavensis*）（奄美諸島，沖縄諸島）がある．

[徳田龍弘氏提供]

ニホンマムシ

学　名：*Gloydius blomhoffii*
英　名：Japanese mamushi

●概説●　体長は45～65cmで，北海道では70cmを超えることもある．頭部はスプーン形を呈し，体背面は赤褐色ないし茶褐色で，黒いふちどりの斑紋があり，時折黒化型が見られる．南西諸島を除く日本全土に分布し，毒量は少ないが毒性はハブの2～3倍強い．咬傷例も多い．ハブと異なり，家内で咬まれることはなく，ほとんどが山野，田畑での被害である．ヒト咬傷では抗マムシ血清が用いられる．長崎県対馬に生息するものは固有種のツシママムシ（*G. tsushimaensis*）として扱われる．

[徳田龍弘氏提供]

ヤマカガシ

学　名：*Rhabdophis tigrinus*
英　名：tiger keeback

●概説●　体長は 70〜150 cm. 背面は地域によって大きく異なるが，一般的なものは褐色ないし暗褐色の地に不規則な黒斑が並び，その間に黄褐色の横帯があって，なかに赤い模様が混じる．本州，四国，九州に分布し，水田の周辺などに多い．毒ヘビであるが，ハブやコブラなどと違って毒牙は上顎外側の歯列のもっとも奥に存在するので，深く咬まれないかぎり毒による被害は起こらない．マンソン裂頭条虫，壺形吸虫などの中間宿主もしくは待機宿主として働く．また，頸部には圧迫すると飛び散る頸腺毒がある．

[徳田龍弘氏提供]

シマヘビ

学　名：*Elaphe quadrivirgata*
英　名：Japanese four-lined snake

[徳田龍弘氏提供]

●概説●　アオダイショウ（*E. climacophora*）と並んで日本各地に比較的普通に見られる無毒のヘビで，体長は 80〜200 cm. 一般的には胴背に 4 本，尾背に 2 本の黒褐色の縦縞をもつが，縦縞のないもの，不明瞭なもの，黒化型などもある．ヤマカガシと同様，マンソン裂頭条虫，壺形吸虫などの中間宿主もしくは待機宿主となる．

C. 哺乳類

クマネズミ	学　名：*Rattus rattus* 英　名：roof rat, black rat

●概説●　人家内でもっとも普通に見られるネズミで，頭胴長は180 mm内外，体重は150～200 g程度．耳介は薄くて大きく，前に倒すと眼を覆う．尾は頭胴長より長い．天井裏，壁の間などにすみ，紙くずやボロ布などを集めて巣をつくり，壁や戸に穴を開けて通路とする．木，壁を登るのが巧みで，水を好まない．

ドブネズミ	学　名：*Rattus norvegicus* 英　名：Norway rat

●概説●　クマネズミより大形で，頭胴長は200 mm内外，体重は300 gを超えるものもある．耳介は厚くて小さく，前に倒したときに眼に達しない．尾は頭胴長より短い．人家に普通に見られるが，家屋の奥深くには入らず，水辺を好み，台所，物置，風呂場付近に多い．家畜小屋や付近の耕作地，下水などにも多く見られる．穴居性で，床下，石垣の間，畑の土中などに巣をつくる．実験用ラットは本種である．

ハツカネズミ

学　名：*Mus musculus*
英　名：house mouse

[土屋公幸博士提供]

●概説●　外形はドブネズミに似るがはるかに小形で，頭胴長は 70 mm 内外，尾は 60 mm 内外，体重は 20 ～ 40 g である．体色は暗褐色ないし黄褐色で，腹面は白い．欧米では人家内に多いが，日本では農家，納屋，畑に多く見られる．日本全土に分布する．実験用マウスは本種である．

アカネズミ

学　名：*Apodemus speciosus*
英　名：large Japanese field mouse

[土屋公幸博士提供]

●概説●　頭胴長 120 mm 内外，尾長 100 mm 内外で，体背面は褐色，側面はきつね色，腹面は白色を呈する．冬季では色が薄くなる．眼，耳介は比較的大きい．典型的な野ネズミのひとつで，日本全土の山林，原野，田畑に普通に見られる．多くの亜種に分かれるが，いずれも夜間活動性で，昼間は土中に掘ったトンネル内に潜む．

| **ヒメネズミ** | 学　名：*Apodemus argenteus*
 英　名：small Japanese field mouse |

[土屋公幸博士提供]

●概説●　頭胴長 90 mm 内外，尾長 96 mm 内外で，体色は黄褐色で腹面は灰白色を呈する．原野や畑地には比較的少なく，山林に多い．木登りが巧みで，ときとして樹上に巣をつくる．日本全土に分布し，いくつかの亜種に分けられる．

| **ハタネズミ** | 学　名：*Microtus montebelli*
 英　名：Japanese field vole |

[菅原盛幸博士提供]

●概説●　頭胴長は 110 mm 内外，尾長 40 mm 内外で，尾はきわめて短く，体の約 1/3 にとどまる．体背面は黄黒褐色を呈し，耳介，眼は小さい．本州から九州に分布し，とくに本州中部以北に多い．畑，草原，河原に多く，山林にも生息する．夜行性で，ツツガムシ病の媒介者であるツツガムシの伝播者として知られている．

付録1

衛生動物分類表

Phylum　軟体動物門
Class Gastropoda　腹足綱
　　Subclass Prosobranchia　前鰓亜綱
　　　　Superorder Caenogastropoda　新生腹足上目
　　　　　　Order Neotaenioglossa　新紐舌目
　　　　　　　　Family Batillariidae　　ウミニナ科
　　　　　　　　Family Truncatellidae　イツマデガイ科
　　　　　　　　Family Bithyniidae　　エゾマメタニシ科
　　　　　　　　Family Assimineidae　　カワザンショウガイ科
　　　　　　　　Family Pleuroceridae　　カワニナ科
　　　　　　　　Family Amnicolidae　　ヌマツボ科
　　　　　　　　Family Viviparidae　　タニシ科
　　　　　　　　Family Ampullariidae　リンゴガイ科
　　　　　　Order Neogastropoda　新腹足目
　　　　　　　　Family Conidae　　イモガイ科
　　Subclass Heterobranchia　異鰓亜綱
　　　　Superorder Pulmonata　有肺上目
　　　　　　Order Basommatophora　基眼目
　　　　　　　　Family Planorbidae　　ヒラマキガイ科
　　　　　　　　Family Lymnaeidae　　モノアラガイ科
　　　　　　　　Family Physidae　　サカマキガイ科
　　　　　　Order Stylommatophora　柄眼目
　　　　　　　　Family Bradybaenidae　オナジマイマイ科
　　　　　　　　Family Cochlicopidae　ヤマホタルガイ科
　　　　　　　　Family Succineidae　　オカモノアラガイ科
　　　　　　　　Family Achatinidae　　アフリカマイマイ科
　　　　　　　　Family Philomycidae　ナメクジ科
　　　　　　　　Family Limacidae　　コウラナメクジ科

Phylum Arthropoda 節足動物門
Subphylum Chelicerata　鋏角亜門
　Class Arachnida　蛛形綱
　　Subclass Acari　ダニ亜綱
　　　　Superorder Parasitoformes　ヤドリダニ上目
　　　　　　Order Mesostigmata (Gamasida)　中気門目
　　　　　　　　Family Dermanyssidae　ワクモ科
　　　　　　　　Family Entonyssidae　ヘビハイダニ科
　　　　　　　　Family Halarachnidae　ハイダニ科
　　　　　　　　Family Laelaptidae　トゲダニ科
　　　　　　　　Family Rhinonyssidae　ハナダニ科
　　　　　　　　Family Macrochelidae　ハエダニ科
　　　　　　　　Family Varroidae　ヘギイタダニ科
　　　　　　Order Metastigmata　後気門目（マダニ目　Ixodida)
　　　　　　　　Family Argasidae　ヒメダニ科
　　　　　　　　Family Ixodidae　マダニ科
　　　　　　　　Family Nuttalliella　ニセヒメダニ科
　　　　Superorder Acariformes　ダニ上目
　　　　　　Order Astigmata　無気門目（Acaridida)
　　　　　　　　Family Analgidae　ウモウダニ科
　　　　　　　　Family Cytoditidae　フエダニ科
　　　　　　　　Family Dermoglyphidae　ヒシガタウモウダニ科
　　　　　　　　Family Epidermoptidae　ヒョウヒダニ科
　　　　　　　　Family Hypoderatidae　ヒカダニ科
　　　　　　　　Family Gastrynyssidae　コウモリハラダニ科
　　　　　　　　Family Knemidokoptidae　トリヒゼンダニ科
　　　　　　　　Family Listrophoridae　ズツキダニ科
　　　　　　　　Family Psoroptidae　キュウセンヒゼンダニ科
　　　　　　　　Family Sarcoptidae　ヒゼンダニ科
　　　　　　Order Prostigmata　前気門目
　　　　　　　　Family Cheyletidae　ツメダニ科
　　　　　　　　Family Demodicidae　ニキビダニ科
　　　　　　　　Family Ereynetidae　ヤワスジダニ科
　　　　　　　　Family Harphrhynchidae　ヒナイダニ科
　　　　　　　　Family Leeuwenhoekiidae　レーウェンフック科
　　　　　　　　Family Myobiidae　ケモチダニ科
　　　　　　　　Family Psorergatidae　ヒツジツメダニ科
　　　　　　　　Family Pyemotidae　シラミダニ科
　　　　　　　　Family Syringophilidae　ウジクダニ科
　　　　　　　　Family Tarsonemidae　ホコリダニ科
　　　　　　　　Family Trombiculidae　ツツガムシ科
　　　　　　Order Cryptostigmata　隠気門目（ササラダニ目 Oribatida)
　　Subclass Pulmonata　クモ亜綱
　　　　Superorder Scorpiomorphae　サソリ上目
　　　　　　Order Scorpiones　サソリ目
　　　　Superorder Tetrapulmonata　クモ上目
　　　　　　Order Araneae　クモ目
　　　　　　　　Family Theridiidae　ヒメグモ科

```
                        Family Clubionidae    コマチグモ科
Subphylum Myriapoda    多足亜門
  Class Chilopoda    唇脚綱
              Order Scolopendromorpha    オオムカデ目
                        Family Scolopendridae    オオムカデ科
              Order Scutigeromorpha    ゲジ目
                        Family Scutigeridae    ゲジ科
  Class Diplopoda    倍脚綱
              Order Polydesmida    オビヤスデ目
                        Family Paradoxosomatidae    ヤケヤスデ科
Subphylum Crustacea    甲殻亜門
  Class Maxillopoda    顎脚綱
    Subclass Branchiura    鰓尾亜綱
              Order Arguloida    チョウ目
                        Family Argulidae    チョウ科
    Subclass Copepoda    橈脚亜綱
              Order Siphonostomatoida    ウオジラミ目
                        Family Caligidae        カリグス科
                        Family Lernaeopodidae    ナガクビムシ科
              Order Monstrilloida    モンストリラ目
                        Family Lernaeidae    イカリムシ科
    Subclass Pentastomida    舌形亜綱
              Order Porocephalida    ポロケファルス目
                        Family Porochephalidae    ポロケファルス科
                        Family Linguatulidae        シタムシ科
  Class Malacostraca    軟甲綱
      Superorder Eucarida    ホンエビ上目
              Order Decapoda    エビ目
                Infraorder Brachyura    カニ下目
                        Family Grapsidae    イワガニ科
                        Family Potamidae    サワガニ科
                Infraorder Astacidea    ザリガニ下目
                        Family Cambaridae    アメリカザリガニ科
              Order Euphausiacea    オキアミ目
                        Family Euphausiidae    オキアミ科
      Superorder Peracarida    フクロエビ上目
              Order Isopoda    ワラジムシ目
                        Family Armadillidiidae    オカダンゴムシ科
Subphylum Hexapoda    六脚亜門
  Class Insecta    昆虫綱
    Subclass Pterygota    有翅昆虫亜綱
      Superorder Exopterygota    外翅上目 (Hemimetabola    半変態上目)
              Order Blattodea    ゴキブリ目
                        Family Blattidae        ゴキブリ科
                        Family Blattellidae    チャバネゴキブリ科
              Order Hemiptera    カメムシ目 (半翅目)
                        Family Cimicidae    トコジラミ科
                        Family Reduviidae    サシガメ科
              Order Psocoptera    チャタテムシ目
```

Family Liposcelididae　コナチャタテ科
Order Phthiraptera　シラミ目
　Suborder Anoplura　シラミ亜目
　　Family Echinophthiriidae　カイジュウジラミ科
　　Family Enderleinellidae　リスジラミ科
　　Family Haematopinidae　ケモノジラミ科
　　Family Hoplopleuridae　フトゲジラミ科
　　Family Linognathidae　ケモノホソジラミ科
　　Family Pedicinidae　サルジラミ科
　　Family Phthiriidae　ケジラミ科
　　Family Pediculidae　ヒトジラミ科
　　Family Polyplacidae　ホソゲジラミ科
　Suborder Amblycera　短角ハジラミ亜目
　　Family Gyropidae　ナガケモノハジラミ科
　　Family Laemobothriidae　オオハジラミ科
　　Family Menoponidae　タンカクハジラミ科
　　Family Ricinidae　タネハジラミ科
　Suborder Ischnocera　長角ハジラミ亜目
　　Family Philopteridae　チョウカクハジラミ科
　　Family Trichodectidae　ケモノハジラミ科
　Suborder Rhynchophthirina　長吻ハジラミ亜目
　　Family Haematomyzidae　ゾウハジラミ科
Superorder Endopterygota　内翅上目（Homometabola　完全変態上目）
Order Coleoptera　コウチュウ目（鞘翅目）
　　Family Tenebrionidae　ゴミムシダマシ科
　　Family Trogositidae　コクヌスト科
　　Family Silvanidae　ホソヒラタムシ科
　　Family Bostrychidae　ナガシンクイムシ科
　　Family Staphylinidae　ハネカクシ科
　　Family Meloidae　ツチハンミョウ科
Order Siphonaptera　ノミ目（隠翅目）
　Superfamily Pulicoidea　ヒトノミ上科
　　Family Tungidae　スナノミ科
　　Family Pulicidae　ヒトノミ科
　Superfamily Ceratophylloidea　トリノミ上科
　　Family Ceratophyllidae　ナガノミ科
　　Family Leptopsyllidae　ホソノミ科
Order Diptera　ハエ目（双翅目）
　Suborder Nematocera　長角亜目
　　Family Ceratopogonidae　ヌカカ科
　　Family Culicidae　カ科
　　　Subfamily Anophelinae　ハマダラ亜科
　　　Subfamily Culicinae　ナミカ亜科
　　　Subfamily Toxorhynchitinae　オオカ亜科
　　Family Chironomigae　ユスリカ科
　　Family Psychodidae　チョウバエ科
　　Family Simuliidae　ブユ科
　Suborder Brachycera　短角亜目
　　Group Orthorrhapha　直縫群

　　　　　　Family Stratiomyidae　　ミズアブ科
　　　　　　Family Tabanidae　　　　アブ科
　　　　Group Cyclorrhapha　　環縫群
　　　　Superfamily Syrphoiea　　ハナアブ上科
　　　　　　Family Syrphidae　　　　ハナアブ科
　　　　Superfamily Muscoidea　　イエバエ上科
　　　　　　Family Muscidae　　　　イエバエ科
　　　　　　Family Glossinidae　　ツェツェバエ科
　　　　Superfamily Hippoboscidea　　シラミバエ上科
　　　　　　Family Hippoboscidae　　シラミバエ科
　　　　Superfamily Oestridea　　ヒツジバエ上科
　　　　　　Family Calliphoridae　　クロバエ科
　　　　　　　　Subfamily Calliphorinae　　クロバエ亜科
　　　　　　　　Subfamily Chrysomynae　　オオキンバエ亜科
　　　　　　Family Oestridae　　　　ヒツジバエ科
　　　　　　　　Subfamily Cuterebrinae　　カワモグリバエ亜科
　　　　　　　　Subfamily Hypodermatinae　　ウシバエ亜科
　　　　　　　　Subfamily Gasterophilinae　　ウマバエ亜科
　　　　　　　　Subfamily Oestrinae　　　　ヒツジバエ亜科
　　　　　　Family Sarcophagidae　　ニクバエ科
　　　　　　　　Subfamily Sarcophaginae　　ニクバエ亜科
　　　　Superfamily Ephydroidea　　ミギワバエ上科
　　　　　　Family Drosophilidae　　ショウジョウバエ科
　　Order Lepidoptera　　チョウ目（鱗翅目）
　　　　　　Family Pyralidae　　　　メイガ科
　　　　　　Family Lymantriidae　　ドクガ科
　　　　　　Family Lasiocampidae　　カレハガ科
　　　　　　Family Limacodidae　　イラガ科
　　Order Hymenoptera　　ハチ目（膜翅目）
　　　　　　Family Bethylidae　　アリガタバチ科

Phylum Chordata　脊索動物門
Subphylum Vertebrata　脊椎動物亜門
　Class Actinopterygii　条鰭綱
　　　　　　　Order Cypriniformes　コイ目
　　　　　　　　　　Family Cyprinidae　コイ科
　　　　　　　　　　Family Cobitidae　ドジョウ科
　　　　　　　Order Perciformes　スズキ目
　　　　　　　　　　Family Channidae　タイワンドジョウ科
　　　　　　　Order Osmeriformes　キュウリウオ目
　　　　　　　　　　Family Salangidae　シラウオ科
　　　　　　　Order Salmoniformes　サケ目
　　　　　　　　　　Family Salmonidae　サケ科
　Class Reptilia　爬虫綱
　　　　　　　Order Squamata　有鱗目
　　　　　　　　　Suborder Serpentes　ヘビ亜目
　　　　　　　　　　Family Viperidae　クサリヘビ科
　　　　　　　　　　Family Colubridae　ナミヘビ科
　Class Mammalia　哺乳綱
　　　　　　　Order Rodentia　ネズミ目（齧歯目）
　　　　　　　　　　Family Muridae　ネズミ科
　　　　　　　　　　Family Cricetidae　キヌゲネズミ科

付録2

学名と普通名

　衛生動物の同定にあたって，文献や参考書を正しく読むためにも，また，同定や整理を行った成績を発表するためにも，動物種名に関する正しい知識をもつ必要がある．

　正式な種名は学名（scientific name）とよばれ，ラテン語またはラテン語化された2語よりなる．動物の学名は国際動物命名規約によって規定されており，正しい有効な学名は1つの種に対してただ1つしかない．

　これに対して，たとえば日本でのみ通用する種名を和名（Japanese name），英語圏での名称を英名（English name）といい，これらを併せて普通名（common name）という．

　学名の例：

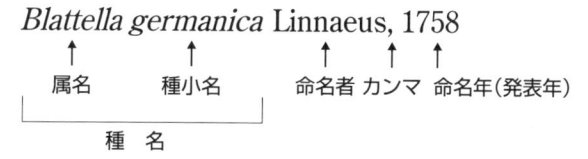

Blattella germanica Linnaeus, 1758
↑　　　　↑　　　　　　↑　　↑　　↑
属名　　種小名　　　命名者 カンマ 命名年(発表年)
└─────種　名─────┘

　これはチャバネゴキブリの正式な学名である．種名（species name）は，属名（generic name）と種小名（trivial name）よりなり，印刷では通常イタリック体で表されるが，イタリックが使えないときはアンダーラインを引く．なお，命名者，命名年はイタリックとはしない．

Blattella germanica Linnaeus, 1758

　表記にあたっては，属名のイニシャルは常に大文字で，その他は種小名を含めて原則として小文字を用いる．

　学名は状況に応じて次のように扱われる．

A. 学名は一定の条件のもとで省略できる

1) 命名年を省略する・・・・*Blattella germanica* Linnaeus

　図鑑や分類学以外の原著論文でよく見られる．

2) 命名者を一部省略する・・・・*Blattella germanica* Lin

著名な研究者のみに限られる．

3) 命名者，命名年を省略する・・・・*Blattella germanica*

通常の原著論文，とくに和名の後に続く場合などに使用される．

4) 属名をイニシャルのみとする・・・・・*B. germanica*

1つの論文にたびたび同じ学名が出てくる場合，初出する種名に関しては上記 1)～3) の名称を用いなければならないが，2度目からの使用の際には属名の省略ができる．

5) 原則として，種小名のみの使用はできない．また属名より上位の分類名（科名，目名，綱名など）は省略できない．

B. 命名者，命名年に括弧がついている名称の意味

たとえば，*Radfordia affinis* (Poppe, 1896) はハツカネズミケモチダニの学名である．この種は，初め Poppe (1896) によって *Myobia affinis* として命名されたが，その後 *Myobia* 属とは別のものとして *Radfordia* 属に移された．したがって，命名者に括弧がついているものといないものでは意味が異なるので，適当に括弧で命名者や命名年をくくることはできない．

C. 種名のわからないもの，もしくは必要ないものの記述

この場合には，種小名の代わりに sp. または spp. を用いる．

たとえば，*Musca* sp. または *Musca* spp. と表示された場合，sp. は単数でイエバエ属の一種，spp. は複数でイエバエ属の複数種の意味となる．また，双方ともイタリック体にはしない．

D. シノニムとホモニム

前述したように，ある動物の正しい学名は1つの種についてただ1つのみが有効である．しかし，原記載があることを知らずに新しい種を命名したり，Bで述べたように，最初に記載されてから学名が変更になる場合がある．このような場合，1つの種について複数の学名をもつことになるが，1つの有効名を除いては無効名となり，同物異名（シノニム：synonym）とよばれる．たとえば，*Myobia affinis* は *Radfordia affinis* のシノニムである．

一方，ある動物に対してすでにまったく同じ学名が命名されている場合，それらがまったく異なる動物群であってもその名称を使用することはできない．これを異物同名（ホモニム：homonym）という．

付録3

節足動物の処理と標本の作製

A. ダニ類

1) 70%エタノール中に投入し,固定して保存する[注1].
2) 小形のものはガムクロラール液または永久標本作製用の封入剤を用いて封入標本とする[注2].

注1

★ 70%メタノールでもよい.また,これらのアルコール97 mlにグリセリン3 mlを加えたグリセリンアルコールは虫体を透化させるため,より良好な固定液である.

★ 体を伸ばした状態で固定するためには,60〜70℃の温水に浸けて瞬間的に殺し,その後70%エタノールに移し替える.

★ 遺伝子を調査する目的があれば,100%エタノールに浸漬する.

★ 固定標本にはラベルを必ずつける.すなわち,厚手の白紙に採集場所(宿主),採集年月日,採集地,採集者,その他判明している事項を鉛筆で書き入れ,液のなかに入れる.

★ 容器はエタノールの蒸発を防ぐため,パッキングの入ったスクリュー蓋のガラスびんがよい(図1).

★ エタノール液浸標本を長期に保存するためには,標本を小さな管びんに入れ,エタノールで満たした綿栓をし,これをさらにエタノールを入れた大型広口びんに入れて密栓する(図2).

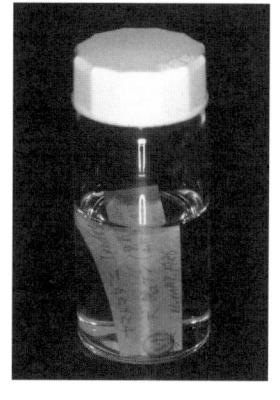

図1 エタノールによるダニの固定,保存
液中にラベルが入っているのに注意

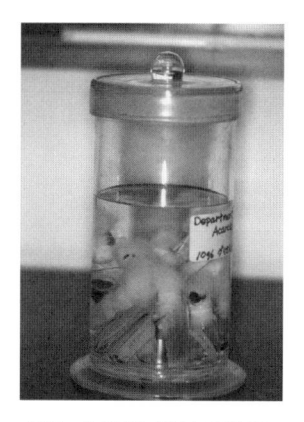

図2 大型びんによる多数のマダニ標本の保存

注2

★ガムクロラール液による封入標本の作製
(1) 封入と虫体の透化を併せて行う方法で，生きているもの，液浸標本のいずれからも作製できる．簡便であるが保存性は悪く，3～6か月程度しかもたない．ガムクロラール液には数種類の組成があるが，小形ダニの封入には一般にゲータ液（Gater solution）が用いられる．

　　アラビアゴム　　　8 g
　　蒸留水　　　　　　10 ml
　　抱水クロラール　　30 g
　　氷酢酸　　　　　　3 ml

これらを上記の順に乳鉢のなかに入れ，乳棒で磨砕しながら溶かしたのち，びんのなかに放置し，上澄みを別の容器に移して使用する．2,000回転，30分の遠心を行ってもよい．液は淡褐色で，粘度をもつ．長期保存が可能である．

(2) 標本をスライドグラスにのせ，液浸標本の場合は余分のエタノールを沪紙で吸いとったのち，ガムクロラール液を1滴落とし，気泡が入らぬよう注意しながら18×18 mmのカバーグラスをかけ，上から軽く圧迫する．

(3) プレパラートを水平に置いたまま2～3日放置（37℃の恒温器があればそれに入れて一昼夜放置）したのち観察する．

★封入剤による永久標本の作製
(1) 手順が複雑で時間がかかるが，ガムクロラール法と異なり，永久標本を作製することができる．外皮の薄い微小ダニでは透化されすぎて構造が不明瞭になることがある．
(2) 固定，保存標本を90％エタノールに移す．
(3) 100％エタノールに浸ける．
(4) 別の100％エタノールに浸ける．
(5) フェノールとキシレンを1対1の割合で混ぜたフェノール・キシレン中に浸ける．
(6) キシレンに浸ける．
(7) 別のキシレンに浸ける．
(8) スライドグラス上にのせ，中性の封入剤を1滴落としてカバーグラスをかける．

★それぞれの液に浸ける時間は材料により異なり，ごく小さなものでは20～30分，体長1 mm程度の吸血性のものでは24～48時間が目安となる．

★封入の際，やや大形のダニは，10%KOH水溶液に一晩浸漬して体の内容物を溶かしたのち，希塩酸に入れ，中和してから封入過程に入るとよい標本ができる．

B. 小形の昆虫類（シラミ，ハジラミ，ノミ，ヌカカなど）
1) 70%エタノールまたはグリセリンアルコール中に投入し，固定して保存する[注1]．
2) そのまま保存するか，封入標本とする[注2]．

注1, 注2 ★A. ダニ類の項参照．

C. 大形の昆虫類（ハエ，アブ，カ，コウチュウなど）
1) 酢酸エチル，クロロホルム，四塩化炭素などを入れた毒管中に入れて殺す[注1]．
2) 殺した材料は昆虫針を刺し，乾燥させる[注2]．
3) 標本を刺した昆虫針にはデータを書いたラベルをつけ，密閉できる標本箱に収納する．標本箱の隅にフェノールかクレオソートを入れた容器を置く[注3]．

注1
★毒管は専用のものが市販されているが，自作してもよい．ただし，殺虫剤が直接虫に触れないようにしなければならない（図3）．

★毒管のなかに多数の虫を一度に入れると，破損や汚染を生じるので注意が必要である．細く切った紙や草を入れておくと，虫どうしの接触による破損を防ぐことができる．

図3 市販の毒管
下部に脱脂綿にしみこませた殺虫剤が入れてある

注2
★ハエ，アブ類は胸背の中央やや右寄りに，コウチュウでは右鞘翅の上部に針を通す．小形のカなどは微針かダブルピンで胸部を刺す（図4，図5）．

★乾燥は光の当たらない場所で十分に行う．乾燥が不十分であると腐敗する．

注3
★標本箱は市販の専用のものが望ましい．種々の大きさのものが市販されているので適当な大きさのものを選ぶ．ガラス蓋は必ずしも必要ではない．

図4 大形昆虫の乾燥標本
下方にラベルがついているのに注意

図5 ダブルピンを用いた小形昆虫の乾燥標本

D. 昆虫の幼虫, 蛹

70%エタノールまたはグリセリンアルコール中に投入し, 固定して保存する. 具体的な注意事項は, A. ダニ類の項に同じ.

E. その他の節足動物

70%エタノールまたはグリセリンアルコール中に投入し, 固定して保存する. 具体的な注意事項は, A. ダニ類の項に同じ.

昆虫・ダニの採集法

A. ハエ, アブの成虫

捕虫網で採集する. ただし, 牛体に飛来してくるものでは, ウシを驚かすことがあるので, 市販のものより, 女性用ストッキングを利用して小捕虫網を自作したもののほうがよい. また, アブの採集には二酸化炭素を誘引源としたアブトラップを利用してもよい.

B. ブユ, カの成虫

上記の小捕虫網を用いるか, 静止しているものを吸虫管で吸い込んで採集する（図6）. また, カの季節的消長などの定期的調査のためには, 二酸化炭素, 光などを誘引源としたトラップを利用するとよい.

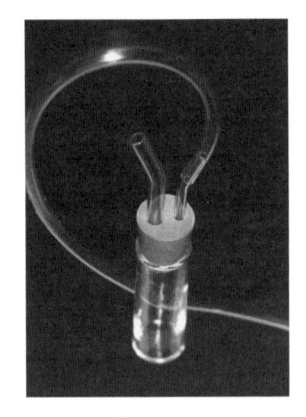

図6 吸虫管

C. ヌカカの成虫

通常の捕虫網では網目を通り抜けてしまうので，カと同様，二酸化炭素，光などによるトラップを利用する．

D. シラミ，ハジラミ，ノミ

寄生動物の体表を丹念に探し，手指で採集する．野生動物など中・小動物からの採集は，ピレスロイド系殺虫剤を全身に散布し，落下する個体を集める．

E. マダニ類

寄生部位からピンセットまたはとげ抜きを用いて静かに採集する．この際，口器が宿主体内に残りやすいので，できるだけ宿主の皮膚に接触している部分をつかむとよい．未寄生期のマダニの採集には，1×1 m の白地のフランネル布を宿主周辺の草地で引きながら歩くと，布に付着してくる．

F. マダニ以外のダニ類

皮膚内を穿孔するヒゼンダニ類では，患部皮膚をかなり深く削りとり，これをシャーレ内に入れて37℃の恒温器に30分ほど放置すると外に這い出してくるので，有柄針を用いて採集する．死んだ動物または屠殺した動物であれば，足をひもでしばって，5～6 cmの高さに吊り上げたのち，その下に水を張ったシャーレを置いておくと，ほぼ24時間以内に体表に付着していたダニ類がノミ，シラミ，ハジラミ類などともに水面に落下してくる．生きているマウスなどからイエダニなどを採集する場合は，手近なもので簡易ツルグレン装置をつくるとよい．図7はその一例であるが，金網の上に動物をのせておくとダニは水中に落下する．動物の大きさに応じて適当なものをつくる．

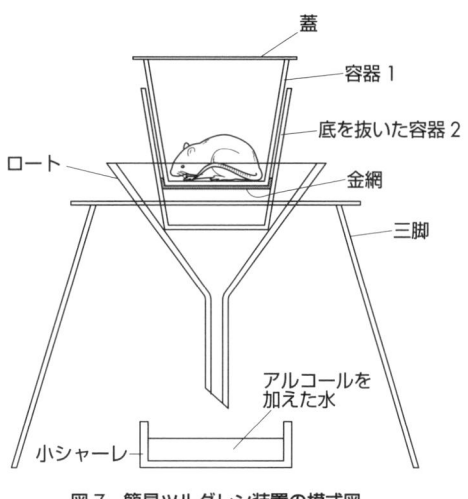

図7　簡易ツルグレン装置の模式図

付録4
衛生動物標本の送付方法

　現場で同定が困難なものは，専門家に標本を送付して同定を依頼することになるが，標本を送付するにあたっては，しかるべきエチケットを守ることが必要なことはいうまでもない．

1) 標本はできる限り完全なものを多数送付することが望ましい．
2) データ（採集年月日，採集場所，宿主，寄生部位など）を必ず添付しなければならない．液浸標本の場合には，鉛筆または墨汁でデータを書いて標本ビンのなかに入れる．ビンの外に貼るとはがれ落ちやすい．
3) 同定依頼標本は原則として返却を求めないのがエチケットである．したがって，必要であれば同種の個体を手元に残しておく．
4) あらかじめ電話やメールで同定の承諾をとり，状況を説明することが望ましい．
5) 標本を送付する場合には，次のような工夫が必要である．

A. 軟体動物（貝類）

　カタツムリなど陸産の貝は，風通しのよい場所に置き，殻のなかに完全に体を入れ，殻口に膜を張ったら紙袋に入れ，これをさらに紙箱に入れて送付する．水生の貝のうち，へたのあるものは水を切った水苔に包んで通気をよくして送付する．へたのないものは，近距離であればビニール袋に入れ，水を捨てて空気で袋を膨らませたまま輸送する．いずれも水の入った袋やガラスびんに入れてはいけない．貝殻のみの場合は，壊れないように綿でくるんで小箱に入れて送付する．

B. 節足動物

(1) 乾燥標本：昆虫針に刺した標本は，小型の標本箱（市販されている）に入れ，これをさらに大型の段ボール箱などに入れて周囲に綿かパッキングを詰めて送付する．
(2) 液浸標本：ねじ蓋のついたガラスびんに液をいっぱいに入れ，十分にパッキングをして送付する．スチロール製のびんではひびが入る恐れがある．比較的大

きいハエなどの液浸標本では液を捨て，湿らせた状態で送ったほうがよい．
(3) プレパラート標本：やわらかい紙に1枚ずつ包んで箱に収めるか，発泡スチロールで台木をつくってプレパラートの間に挟み，これを梱包して箱に収めて送付する．いずれもガラスが割れないよう十分な保護物が必要である．

付録 5

参考書

(1) 板垣四郎・板垣 博 著, 家畜寄生虫学, 金原出版, 1965 年
原虫, 蠕虫を含む家畜寄生虫全般の記述. 記述はやや古いが, 掲載種類数は豊富である.
(2) 獣医臨床寄生虫学編集委員会 編, 獣医臨床寄生虫学, 文永堂出版, 1979 年
原虫, 蠕虫を含む家畜別の記述. 掲載種はそれほど多くないが, 各種についての記述は詳しい.
(3) 今井壯一・板垣 匡・藤﨑幸藏 編, 最新家畜寄生虫病学, 朝倉書店, 2008 年
原虫, 蠕虫を含む. 宿主の症状およびそれに対する治療に詳しい.
(4) 板垣 博 監修, 臨床寄生虫病, 学窓社, 1997 年
伴侶動物の寄生虫全般に関する概説と同定指標. 動物別に記述されており, 外部寄生虫も詳しい.
(5) 鈴木 猛・緒方一喜 著, 日本の衛生害虫 (改訂増補), 新思潮社, 1982 年
ヒトにかかわりのある害虫に関する概説, 各論, 殺虫剤についての記述.
(6) 加納六郎・篠永 哲 著, 新版日本の有害節足動物, 東海大学出版会, 2003 年
衛生害虫のカラー図版とそれらの疫学についての記述.
(7) 安富和男・梅谷献二 著, 衛生害虫と衣食住の害虫, 全国農村教育協会, 1983 年
主としてヒトにかかわりのある寄生害虫, 公衆衛生害虫に関する原色図鑑.
(8) 梅谷献二 編, 野外の毒虫と不快な虫, 全国農村教育協会, 1994 年
前書の姉妹版. 野外で見られる衛生動物の原色図鑑.
(9) 神田錬藏・加納六郎・堀 栄太郎 著, 臨床病害動物学, 講談社, 1984 年
ヒトに害を及ぼす原虫, 蠕虫, 節足動物の記述とそれらに関する臨床症状, 治療法についての解説.
(10) 岸本高男・比嘉ヨシ子 著, 沖縄の衛生害虫, 新星図書出版, 1983 年
沖縄県に見られる衛生害虫のカラー図説.

(11) 厚生省水道環境部 監修，ねずみ衛生害虫駆除ハンドブック，日本環境衛生センター，1985 年
　　ヒトに害を及ぼすネズミと害虫の紹介と薬剤およびその応用法についての記述．
(12) 林　晃史 著，新しい害虫防除のテクニック，南山堂，1995 年
　　近年問題となっている害虫の紹介と薬剤および薬剤使用に対する問題点などについて紹介．
(13) 佐々　学 編著，ダニとその駆除，日本環境衛生センター，1984 年
　　ダニの種類とその防除に関するハンドブック．
(14) 和田義人・篠永　哲・田中生男 著，ハエ・蚊とその駆除，日本環境衛生センター，1990 年
　　ハエ，蚊の分類と生態およびそれらの駆除に関するハンドブック．
(15) 佐々　学・栗原　毅・上村　清 著，蚊の科学，北隆館，1976 年
　　蚊に関する分類，形態，分布，生態，駆除に関する記述．
(16) 篠永　哲・嵩　洪 著，ハエ学，東海大学出版会，2001 年
(17) 佐々　学 編，ダニ類，東京大学出版会，1965 年
　　寄生性，自由生活性のダニ類全般の分類，生態，防除に関する記述．絶版．
(18) 青木淳一 編，ダニ学の進歩，北隆館，1977 年
　　ダニ全般の記述ではなく，いくつかの特定のテーマについて詳細な記述がある．
(19) 江原昭三 編，日本ダニ類図鑑，全国農村教育協会，1980 年
　　ダニ類全般に関する主に線画を用いた図鑑．
(20) 素木得一 著，衛生昆虫，北隆館，1958 年
　　衛生昆虫の分類，形態，生態に関して詳述した大著．絶版．
(21) 平嶋義宏・森本　桂 監修，新訂原色昆虫大図鑑 III，北隆館，2008 年
(22) 伊藤修四郎・奥谷禎一・日浦　勇 編，原色日本昆虫図鑑（下），保育社，1977 年
　　(21),(22)とも一般の昆虫図鑑で，鱗翅目と甲虫類を除いたグループが掲載されている．

そのほか，人体寄生虫学に関する書籍にはほとんど衛生動物に関する記述があり，また，一般昆虫学に関しては多くの参考書が出版されている．カやダニについての読みものも多い．諸外国においても多数の参考書が出版されているが，それらについては，ここに挙げた参考書に記載されている文献リストを参照されたい．

付録6
病害・宿主別主要節足動物

A. ダニ類
◎：とくに重要なもの　　○：重要なもの

1. 伝染病，寄生虫病媒介者として

宿 主	ダ ニ	意 義	備 考
ウ シ	◎フタトゲチマダニ	*Babesia ovata*	
	マゲシマチマダニ	*Theileria orientalis*	
		Theileria orientalis	
	◎オウシマダニ	*Babesia bigemina*	法定伝染病
		Babesia bovis	法定伝染病
		Anaplasma marginale	法定伝染病
	ササラダニ類	ベネデン条虫	
	マダニ（種名？）	*Mycoplasma wenyonii*	
ウ マ	オウシマダニ	*Babesia caballi*	法定伝染病
		Babesia equi	法定伝染病
	ササラダニ類	葉状条虫	
ヒツジ・ヤギ	ササラダニ類	拡張条虫	
イ ヌ	◎フタトゲチマダニ	*Babesia gibsoni*	
		Richettsia japonica	
	ツリガネチマダニ	*Babesia gibsoni*	
	ヤマトマダニ	*Babesia gibsoni*	
		Anaplasma platys	
	キチマダニ	野兎病	
		Anaplasma platys	
	○クリイロコイタマダニ	*Babesia canis*	
		Babesia gibsoni	
		Anaplasma platys	
		Hepatozoon canis	
		Haemobartonella canis	
ネ コ	ヤマトマダニ	猫伝染性貧血	
ウサギ	キチマダニ	野兎病	
ニワトリ	ナガヒメダニ	*Aegyptianella pullorum*	
		Borrelia anserina	

宿　主	ダ　ニ	意　義	備　考
ニワトリ	ワクモ	豚丹毒	
		？（鶏痘，ヒナ白痢，鶏チフス，ニューカッスル病）	
	トリサシダニ	？（ニューカッスル病）	
ヒ　ト	◯フタトゲチマダニ	ロシア春夏脳炎	
		Q熱	
		Rickettsia japonica	
		Anaplasma phagocytophilum	
		野兎病	
	キチマダニ	*Rickettsia japonica*	
	オオトゲチマダニ	*Rickettsia japonica*	
	オウシマダニ	？（ライム病）	
		Q熱	
	ヤマトマダニ	*Borrelia japonica*	
		Borrelia tanukii	
	◯シュルツェマダニ	ロシア春夏脳炎	
		野兎病	
		Borrelia garinii	
		Borrelia afzelii	
		Anaplasma phagocytophilum	
	タネガタマダニ	？（*Rickettsia akari*）	
	◯タカサゴキララマダニ	？（*Rickettsia akari*）	
		ロシア春夏脳炎	
		？（*Ehrlichia chafeensis*）	
	クリイロコイタマダニ	ボタン熱	
		ロッキー山紅斑熱	
		回帰熱	
	ネズミトゲダニ	南米出血熱	
	ホクマントゲダニ	韓国流行性出血熱	
	アカツツガムシ	*Orientia tsutsugamushi* Kato型	
	◯タテツツガムシ	*Orientia tsutsugamushi* Kuroki	
		Orientia tsutsugamushi Kawasaki型	
	◯フトゲツツガムシ	*Orientia tsutsugamushi* Karp型	
		Orientia tsutsugamushi Gilliam型	

2. 吸血，刺咬などによる皮膚炎，貧血の原因者として

宿　主	ダ　ニ	意　義	備　考
ウ　シ	◎フタトゲチマダニ	吸血	
	◎オウシマダニ		
	キチマダニ		
	◯ヤマトマダニ		
	◯タネガタマダニ		

宿主	ダニ	意義	備考
ウシ	○シュルツェマダニ タカサゴキララマダニ	} 吸血	
	ウシニキビダニ ○ショクヒヒゼンダニ ○キュウセンヒゼンダニ	皮膚炎 } 皮膚炎(疥癬)	
ウマ	ヒゼンダニ ○キュウセンヒゼンダニ ○ショクヒヒゼンダニ ウマニキビダニ マダニ類	} 皮膚炎(疥癬) 皮膚炎 吸血	痒覚は強い
ブタ	◎ヒゼンダニ ブタニキビダニ	皮膚炎(疥癬) 皮膚炎	痒覚は強い
ヒツジ	◎キュウセンヒゼンダニ	皮膚炎(疥癬)	届出伝染病
イヌ	◎イヌニキビダニ ◎ヒゼンダニ ◎ミミヒゼンダニ	毛包虫症(アカルス) 皮膚炎(疥癬) 外耳炎(耳疥癬)	痒覚はほとんどない } 痒覚は強い
	○キチマダニ ◎フタトゲチマダニ ツリガネチマダニ ヤマトマダニ ○タネガタマダニ ○シュルツェマダニ ◎クリイロコイタマダニ	} 吸血	ツリガネチマダニが趾間に寄生した場合の痛覚は強い
ネコ	○ネコショウセンコウヒゼンダニ ○ミミヒゼンダニ	皮膚炎(疥癬) 外耳炎(耳疥癬)	痒覚は強い.とくに頭部
ウサギ	ウサギキュウセンヒゼンダニ ショウセンコウヒゼンダニ ヒゼンダニ ウサギツメダニ	外耳炎(耳疥癬) } 皮膚炎	外耳道に大量の痂皮 イヌにも寄生
マウス・ラット	○イエダニ ○ネズミケモチダニ ネズミトゲダニ	} 吸血,貧血	
ニワトリ	◎ワクモ ◎トリサシダニ ナガヒメダニ	} 吸血,貧血	失血死することがある
	○トリアシヒゼンダニ ニワトリヒゼンダニ ウモウダニ	} 皮膚炎(疥癬)	脚に寄生し予後不良 翼を除く皮膚に寄生 大羽や綿毛に寄生

宿　主	ダ　ニ	意　義	備　考
ミツバチ	◎ミツバチヘギイタダニ アカリンダニ	宿主の幼虫・蛹は羽化前に死亡 気管に寄生しヘモリンフを摂取	届出伝染病 届出伝染病
ヒ　ト	イエダニ ◎トリサシダニ ◎ワクモ フタトゲチマダニ ヤマトマダニ シュルツェマダニ タネガタマダニ タカサゴキララマダニ カモシカマダニ	吸血	ネズミと関連 養鶏との関連 さまざまな疾病を媒介
	ツメダニ シラミダニ	皮膚炎	穀物のある場所 →コナダニの捕食

3. 内部寄生者として

宿　主	ダ　ニ	意　義	備　考
イ　ヌ	イヌハイダニ	鼻腔・鼻洞寄生虫	
サ　ル	サルハイダニ	肺結核様結節	実験用サル
ニワトリ	フエダニ	腹膜炎・腸炎	
ヒ　ト	ホコリダニ コナダニ ニクダニ シラミダニ ヒョウヒダニ	人体内ダニ症	病原性は定かではない．自由生活性のものが混入

4. 食品衛生学的害虫として

宿　主	ダ　ニ	意　義	備　考
食品・薬品・屋内塵に発生	◎ケナガコナダニ コウノホシカダニ サヤアシニクダニ ◎サトウダニ ホコリダニ	商品としての価値低下	きわめて普通
	ツメダニ シラミダニ	ヒトの皮膚炎	穀類のある場所で発生
	コナダニ類 シラミダニ ホコリダニ	アレルギー性疾患のアレルゲン	

B. 昆虫類
1. 伝染病, 寄生虫病媒介者として

宿 主	昆 虫	意 義	備 考
ウ シ	キンイロヤブカ	アカバネウイルス	
	トウゴウヤブカ	セタリア症	
	シナハマダラカ	セタリア症	
	オオクロヤブカ	セタリア症	
	◎ウシヌカカ	アカバネウイルス	
		アイノウイルス	
		イバラキウイルス	
		チュウザンウイルス	
		D'Aguliar ウイルス	
		Shamunda ウイルス	
		Peaton ウイルス	
		Sathuperi ウイルス	
		ギブソン糸状虫	
	ニワトリヌカカ	ギブソン糸状虫	
	ニッポンヌカカ	アイノウイルス	
		イバラキウイルス	
	ツメトゲブユ	咽頭糸状虫	
	イエバエ	*Cryptosporidium parvum*	機械的伝播
	ウスイロイエバエ	沖縄糸状虫	
	ノイエバエ	ロデシア眼虫	
		スクリアビン眼虫	
	クロイエバエ	ロデシア眼虫	
		Thelazia gulosa	
	シラミ, ノミ	*Mycoplasma wenyonii*	
ウ マ	アブ類	馬伝染性貧血	
	サシバエ	馬伝染性貧血, 小口馬胃虫	
	アカイエカ	馬伝染性貧血	
	セマダラヌカカ	頸部糸状虫	
	イエバエ	ハエ馬胃虫, 大口馬胃虫	
	ウスイロイエバエ	大口馬胃虫	
ブ タ	ネッタイシマカ	豚コレラ	
	◎コガタアカイエカ	日本脳炎ウイルス	
	○アカイエカ	日本脳炎ウイルス	
	アブ類	豚コレラ	
	ブタジラミ	アフリカ豚コレラ	
		Mycoplasma suis	
イ ヌ	イヌノミ	瓜実条虫	
	○ネコノミ	瓜実条虫	

宿主	昆虫	意義	備考
イヌ	ヒトノミ イヌハジラミ	瓜実条虫 瓜実条虫	
	◎トウゴウヤブカ ○ヒトスジシマカ ◎アカイエカ ○コガタアカイエカ	犬糸状虫 犬糸状虫 犬糸状虫 犬糸状虫	
	マダラメマトイ	東洋眼虫	
ニワトリ	ネッタイイエカ ◎ニワトリヌカカ ヒメイエバエ ガイマイゴミムシダマシ	鶏痘 ロイコチトゾーン症 ニューカッスル病ウイルス マレック病ウイルス	
	オオクロバエ ケブカクロバエ	高病原性鳥インフルエンザウイルス 高病原性鳥インフルエンザウイルス	機械的伝播
ヒト	ヒトジラミ ケオプスネズミノミ ノミ類 ◎コガタアカイエカ ○アカイエカ シナハマダラカ ヒトスジシマカ トウゴウヤブカ イエバエ	発疹チフス ペスト 縮小条虫，小形条虫 日本脳炎ウイルス，バンクロフト糸状虫 日本脳炎ウイルス，バンクロフト糸状虫 日本脳炎ウイルス 日本脳炎ウイルス マレー糸状虫 サルモネラ，赤痢，ポリオ， 腸管出血性大腸菌 O-157 ジアルジア，トキソプラズマ などのコクシジウム類	経皮感染，経気道感染 機械的伝播
非特定宿主	アブ	炭疽，ブルセラ，ウマ伝染性貧血ウイルス， *Trypanosoma evansi*	機械的伝播
	サシバエ	炭疽，ブルセラ，ウマ伝染性貧血ウイルス， *Trypanosoma evansi*	機械的伝播
	ノサシバエ	炭疽，ブルセラ，ウマ伝染性貧血ウイルス， *Trypanosoma evansi*	機械的伝播

2．吸血，刺咬などによる痒覚，貧血の原因者として

宿主	昆虫	意義	備考
ウシ	シラミ ハジラミ カ類 ウシヌカカ	痒覚，貧血 痒覚 痒覚，貧血 痒覚	細菌の二次感染 吸血しない ストレス ストレス

宿主	昆虫	意義	備考
ウシ	ニッポンヌカカ ○ブユ ○アブ ◎サシバエ ◎ノサシバエ	痒覚 出血，丘疹，水疱，浮腫 貧血 強い痒覚，貧血 強い痒覚，貧血	ストレス ハエなどにより皮膚炎，二次感染
ウマ	ウマジラミ ウマハジラミ カ類 ○アブ ○ブユ ○サシバエ ノサシバエ	痒覚，貧血 痒覚 痒覚，貧血 貧血 出血，丘疹，水疱，浮腫 強い痒覚，貧血	吸血しない
ブタ	○ブタジラミ カ類 アブ サシバエ	強い痒覚 痒覚，貧血 貧血 痒覚，貧血	不安，不眠，食欲減退
イヌ・ネコ	イヌジラミ（イヌ） イヌハジラミ（イヌ） ネコハジラミ（ネコ） ◎イヌノミ（イヌ，ネコ） ◎ネコノミ（イヌ，ネコ） カ類 サシバエ	痒覚 痒覚 痒覚 痒覚 痒覚 痒覚 痒覚	 アレルギー性皮膚炎 アレルギー性皮膚炎
ニワトリ	◎ニワトリハジラミ ニワトリオオハジラミ カ類 ○ニワトリヌカカ ウスシロフヌカカ	強い痒覚 強い痒覚 痒覚，貧血 痒覚，貧血 痒覚，貧血	不眠，食欲不振
ヒト	ヒトジラミ ○ケジラミ イヌノミ ネコノミ ヒトノミ ○カ類 イソヌカカ アブ ブユ	痒覚 痒覚 痒覚 痒覚 痒覚 痒覚 痒覚 痒覚 痒覚，出血，丘疹，水疱	 痒覚強い 喧騒感 痛覚

3. 内部寄生虫として

宿主	昆虫	意義	備考
ウシ	◎ウシバエ ○キスジウシバエ	ウシバエ幼虫症 ウシバエ幼虫症	背部,体内移行 背部,体内移行
ウマ	◎ウマバエ ○ムネアカウマバエ ○アトアカウマバエ	ウマバエ幼虫症 ウマバエ幼虫症 ウマバエ幼虫症	噴門部 幽門部,十二指腸 排出前一時直腸
ヒツジ	ヒツジバエ	ヒツジバエ幼虫症	鼻洞,前頭胴

4. 食品害虫として

宿主	昆虫	意義	備考
食品で発生	○コクヌスト コナナガシンクイ ○コクヌストモドキ チャイロコメノゴミムシダマシ ガイマイゴミムシダマシ コクゾウムシ ○ツヅリガ ノシメマダラメイガ ヒラタチャタテ	 商品としての価値低下,消失 商品としての価値低下,消失	穀類に対して直接の害はない 穀粒をつづり合わせる 穀粒をつづり合わせる コナダニと類似の形
食害	ゴキブリ類	商品としての価値低下,消失	外から食害にくる

和文索引

あ
アオカミキリモドキ 252
アオキツメトギブユ 192
アオコアブ 204
アオズムカデ 261
アオダイショウ 287
アオバアリガタハネカクシ 252, 253
アカアブ 202
アカイエカ 178
アカウシアブ 202
アカウマバエ 235
アカオビゴケグモ 258
アカスジコマチグモ 259
アカズムカデ 261
アカツツガムシ 112
アカネズミ 289
アカヤスデ 262
アカリンダニ 100
アカルス 106
アゴウマバエ 235
アシナガコマチグモ 259
アシナガツメダニ 105
アシナガバチ 252
アシマダラブユ 192
アタマジラミ 149
アトアカウマバエ 235
アブ 197
アフリカマイマイ 24, 29
アベルメクチン 10
アミジン化合物 11
アメリカザリガニ 270
アメリカミズアブ 205
アラタ体 57

い
イエカ類 172
イエダニ 95
イエネズミジラミ 148
イエネズミラドフォードケモチダニ 110
イエバエ 51, 207, 217
イエンチマダニ 78
イカリムシ 266
イスカチマダニ 82
一時寄生 61, 141
一時寄生者 171
一時寄生虫 61
1宿主性 73
イッテンコクガ 250
イヌタムシ 273

イヌジラミ 147
イヌセンコウヒゼンダニ 120
イヌツメダニ 102
イヌニキビダニ 106
イヌノミ 165
イヌハイダニ 97
イヌハジラミ 159
犬毛嚢虫 106
犬毛包虫 106
疣脚 139
囲蛹 210
イヨシロオビアブ 204
隠気門目 64
隠気門類 132
隠翅類 163
咽頭骨格 210

う
羽化 58
ウサギキュウセンヒゼンダニ 124
ウサギズツキダニ 130
ウサギツメダニ 103
ウシアブ 202
ウシジラミ 145
ウシヌカカ 188
ウシバエ 232, 238
ウシハジラミ 156
ウシホソジラミ 146
ウスイロイエバエ 219
ウスイロニワトリハジラミ 154
ウスカワマイマイ 24, 27
ウスシロフヌカカ 186
ウマジラミ 147
ウマシラミバエ 241
ウマセンコウヒゼンダニ 120
ウマバエ 232, 235
ウマハジラミ 156
ウマブユ 193
運搬共生 98

え
永久寄生 61, 140
エクダイソン 57

お
オウシマダニ 86
大あご 137
オオイエバエ 219
オオクロバエ 221, 232

オオクロヤブカ 181
オオチョウバエ 195
オオツルハマダラカ 177
オオトゲチマダニ 81, 81
オオマダラメマトイ 231
オオミスジコウガイビル 276
オカダハリガネムシ 278
オカダンゴムシ 265
オカチョウジガイ 24
オカモノアラガイ 32
オナガウジ 206
オナジマイマイ 24, 27
オニボウフラ 174
オビキンバエ 233

か
外骨格 49
疥癬 114, 118
疥癬虫 120
疥癬トンネル 120
外套膜 14
ガイマイゴミムシダマシ 249
介卵伝播 74
カクアゴハジラミ 154
顎体部 50, 66
学名 297
額瘤 197
花彩 71
下唇 137
下層ひげ 137
カタヤマガイ 36
カッパメマトイ 231
カツブシチャタテ 251
カバキコマチグモ 259
ガムクロラール液 299
カムルチー 284
カメムシ類 160
カリグス 267
カ類 172
カルバメート剤 9
カワガニ 269
カワニナ 25, 38
感覚毛 67
環節筋 55
完全変態 51, 58, 139, 160, 171

き
キアシオオブユ 193
キイロカミキリモドキ 252
機械的伝播者 4
気管 55, 138

基眼目　19
偽気管　209
擬脚　190
キクビカミキリモドキ　252
ギシロフアブ　203
キスジアブ　203
キスジウシバエ　238
基節　50
擬足　198
キチマダニ　80
忌避剤　12
キブネヌカカ　187
気門　50, 55, 63, 138
気門板　70
旧世界ラセンウジバエ　234
鋏角　50, 65
鋏指　66
胸板　67
胸部　51
棘櫛　163
魚類　281
キンイロヤブカ　182
キンバエ　222, 232
キンメアブ　201

け
脛節　50
経発育期伝播　74
ゲータ液　300
ケオプスネズミノミ　168
ゲジ　261
ケジラミ　150
血体腔　16, 54
血リンパ　54, 138
ケナガコナダニ　116

ケブカウシジラミ　145
ケブカクロバエ　222

こ
小あご　137
小あごひげ　137
コウカアブ　205
コウガイビル　275
甲殻類　263
口下片　50
合眼的　183
後気門目　64
後胸　51, 136
口腔　53
肛溝　71
口刷毛　174, 190
コウタイ　284
後腸　53, 138
肛板　67
後方気門　210, 225
剛毛　50
剛毛式　67
コウラナメクジ　30
コガタアカイエカ　179
コガタハマダラカ　177
ゴキブリ　242
呼吸管　174
呼吸糸　190
コクヌスト　248
コクヌストモドキ　247
五口虫　271
コシダカモノアラガイ　26, 33
コトリヒゼンダニ　123
コナダニ類　115
コナナガシンクイ　249
コブアシヒメイエバエ　220
コブバエ　232
コメノゴミムシダマシ　249
コロモジラミ　149
コワモンゴキブリ　245
昆虫成長撹乱剤　12
昆虫類　134

さ
サカマキガイ　33
サカモリコイタダニ　132, 133
サキシトシン　14
サキシマハブ　286
サクラマス　285
ササラダニ類　132
サシガメ　162
サシチョウバエ　196
サシバエ　224, 226
叉状突起　89
殺鼠剤　13

殺虫剤　6
殺貝剤　13
サトウダニ　117
蛹　49
サヤアシニクダニ　117
サルハイダニ　97
サルミンコラ　267
サワガニ　269
3宿主性　73

し
シカシラミバエ　241
歯式　67
指状部　66
歯舌　15, 16
舌虫　271
シナハマダラカ　177
シノニム　298
シバンムシアリガタバチ　252, 253
シマヘビ　287
若虫　49
ジャンボタニシ　40
周気管　55
ジュウサンボシゴケグモ　258
終生寄生　61, 140
終生寄生虫　61
シュルツェマダニ　80, 84
ショウジョウバエ　230
上唇　137
小穿孔疥癬虫　122
ショウセンコウヒゼンダニ　122
小変態　58, 142
触肢　50, 65
褥盤　71, 209
ショクヒヒゼンダニ　126
食品・飼料害虫　246
触覚毛　67
シラウオ　285
シラミバエ　241
シラミ類　142
シロフアブ　203
神経球　56
ジンサンシバンムシ　253
新世界ラセンウジバエ　234
唇弁　209

す
ズガニ　269
スクミリンゴガイ　40
スズメバチ　252
スナノミ　170

和文索引　317

せ

セアカウマバエ 235
セアカゴケグモ 257
セイウチジラミ 148
生殖板 67
生殖門 68
生物学的伝播者 4
精包 57
脊椎動物 279
セジロハナバエ 221
舌状体 137
節足動物 43
ゼブラウマバエ 235
セマダラヌカカ 187
セメント物質 72
前気門目 64
前気門類 101
前胸 51, 136
前胸腺 57
前胸腺刺激ホルモン 57
前胸腺ホルモン 57
穿孔疥癬虫 120
センコウヒゼンダニ 120
前鰓類 18
センチニクバエ 223
前腸 53, 138
漸変態 58, 139, 142
前方気門 210

そ

爪間体 50, 118
爪間板 209
双翅類 171
ゾウハジラミ 158
嗉囊 53, 138

た

腿節 50
タイリクバラタナゴ 281
タイワンカクマダニ 81
タイワントコジラミ 161
タイワンドジョウ 284
唾液腺 53, 138
タカサゴキララマダニ 82
タカサゴチマダニ 81
多脚類 48
ダグラスチマダニ 81
タケカレハ 252
タケノコムシ 236
タケヒダニナ 36
多宿主性 74
脱皮 49, 67, 139
脱皮縫合線 58
タテツツガムシ 112
ダニ類 63

タネガタマダニ 85
タバコシバンムシ 253
タモロコ 281
ダンゴムシ 265
端体 50

ち

チカイエカ 178
チャイロコメノゴミムシダマシ 249
チャドクガ 252, 254
チャバネゴキブリ 243
中間宿主 4
中気門目 64
中気門類 89
中胸 51, 136
膝節 50
中腸 53, 138
チョウ 268
チョウバエ 194
チョウモドキ 268
直腸囊 54
貯精囊 57

つ，て

ツェツェバエ 229
ツガカレハ 252
ツツガムシ類 101, 111
ツヅリガ 250
爪 50
ツメトゲブユ 192
ツリガネチマダニ 79
ツルグレン装置 303
転節 50

と

トウゴウヤブカ 181
胴体部 50, 66
頭部 51
ドクガ 252, 254
トコジラミ 161
トサツツガムシ 112
ドジョウ 284
トビズムカデ 261
ドブネズミ 288
トリアシヒゼンダニ 123
トリカオヒゼンダニ 123
トリサシダニ 92, 94
N-トリチルモルフォリン 22

な

内臓筋 55
ナガウモウダニ 128
ナガタメマトイ 231

ナガヒメダニ 88
ナミニクバエ 223
ナメクジ 30
ナンキンムシ 161
軟体動物 14

に，ぬ

ニキビダニ 108
ニキビダニ症 106
ニクバエ 207, 233
肉盤 50, 71
ニクロスアミド 22
ニコチンアニリド 22
2宿主性 73
ニッポンヌカカ 188
ニッポンバラタナゴ 281
ニホンザラハリガネムシ 278
ニホンマムシ 286
ニューサンス 5
ニワトリアシカイセンダニ 123
鶏脚疥癬虫 123
ニワトリウモウダニ 128
ニワトリオオハジラミ 153
鶏疥癬虫 123
ニワトリツノハジラミ 154
ニワトリナガハジラミ 154
ニワトリヌカダニ 186
ニワトリハジラミ 153
ニワトリフトノミ 167

ヌカカ 183

ね

ネオニコチノイド 10
猫小疥癬虫 122
猫小穿孔疥癬虫 122
ネコショウセンコウヒゼンダニ 122
ネコショウヒゼンダニ 122
ネコツメダニ 102
ネコニキビダニ 108
ネコノミ 165
ネコハジラミ 159
ネズミケイダニ 131
ネズミスイダニ 131
ネズミトゲダニ 96
ネッタイイエカ 179
ネッタイシマカ 182
ネッタイトリサシダニ 93, 94
ネッタイナンキンムシ 161

の

ノイエバエ 218
脳ホルモン 57

ノコギリヒラタムシ 248
ノサシバエ 228
ノシメコクガ 250
ノシメマダラメイガ 250
ノドウマバエ 235
ノミ類 163

は
ハーラー器官 67, 70
ハイイロカミキリモドキ 252
ハイイロゴケグモ 258
媒介者 4
背甲 69
背板 67, 69
ハエウジ症 215, 222, 232
ハエダニ 98
ハエ類 171
爬行性ハエウジ症 237
ハジラミ類 142, 151
ハタネズミ 290
爬虫類 286
ハツカネズミ 289
ハツカネズミケモチダニ 109
ハツカネズミジラミ 147
ハツカネズミダニ 91
ハツカネズミラドフォードケモチダニ 110
パツラマイマイ 24
ハトウモウダニ 128
ハトナガハジラミ 154
ハナアブ 206
翅 53
ハバビロオトヒメダニ 132, 133
ハバビロナガハジラミ 154
ハブ 286
ハマダラカ類 173
バラタナゴ類 281
ハリガネムシ 277
半翅類 160
半変態 58, 139

ひ
PCPナトリウム 22
ヒシガタウモウダニ 128
飛翔筋 55
ヒゼンダニ 120
ヒゼンダニ類 114, 118
ヒダリマキマイマイ 24, 28
ヒツジキュウセンヒゼンダニ 125
ヒツジキンバエ 233
ヒツジシラミバエ 241
ヒツジバエ 232, 238
ヒツジハジラミ 156
ヒトクイバエ 234

ヒトジラミ 149
ヒトスジシマカ 180
ヒトツトゲマダニ 80
ヒトノミ 167
ヒポプス 115
ヒメアシマダラブユ 192
ヒメイエバエ 220
ヒメダニ 69
ヒメニワトリハジラミ 154
ヒメネズミ 290
ヒメハブ 286
ヒメヒラマキミズマイマイ 26
ヒメモノアラガイ 26, 31
尾葉 174
標本の作成 299
ヒラタコクヌストモドキ 247
ヒラタチャタテ 251
ヒラマキガイモドキ 26, 35
ヒラマキミズマイマイ 26, 35
ピレスリン 7
ピレスロイド剤 7
ヒロズキンバエ 222, 233

ふ
フエダニ 129
フェニルピラゾール系薬剤 10
フェロモン 57
不快動物 5
不完全変態 5, 51, 58, 139, 142, 152, 160
フクイザラハリガネムシ 278
腹脚 139
腹足綱 15
腹板 67
腹部 51
フジツツガムシ 112
跗節 50
付属肢筋 55
ブタジラミ 144
ブタセンコウヒゼンダニ 120
フトゲチマダニ 71, 77, 80
フトゲツツガムシ 112
フトツツハラダニ 132
フトツメダニ 104
フナムシ 265
ブユ 190

へ
柄眼目 20
平均棍 171, 209
へた 16
ベッコウマイマイ 24
ヘナタリ 25, 42
ヘモサイト 54
変態 49, 58, 67, 139

ほ
ボウフラ 173
歩脚 50
ホクマントゲダニ 96
ホクリクササラダニ 132
ホシチョウバエ 195
ホシヌカカ 189
ホソツメダニ 104
哺乳類 288
ホホアカクロバエ 233
ホモニム 298
ホラアナミジンニナ 25, 41
ホルバートアブ 204
ポロケファリッド舌虫類 274
ホンモロコ 281

ま
マゲシマチマダニ 78
マダニ目 64
マダニ類 69
マダラショウジョウバエ 231
マダラメマトイ 231
マツカレハ 252
マツザワヌカカ 189
マムシ 286
マメタニシ 25, 39
マメハンミョウ 252
繭 139, 164
マルクビツチハンミョウ 252
マルタニシ 25, 40
マルハジラミ 154
マルピーギ管 55, 138

み
ミスジマイマイ 24, 28
ミツバチ 252
ミツバチヘギイタダニ 99
ミドリキンバエ 222
耳疥癬 124
耳疥癬虫 127
ミミダニ 124, 127
ミミヒゼンダニ 127
ミヤイリガイ 25, 36
ミヤガワタマツツガムシ 112
脈相 53
ミヤマクロバエ 233
ミヤマヌカカ 189
ミルベマイシン 11

む
ムカデ 260
無気門目 64
無気門類 114
ムシヤドリカワザンショウガイ 25, 42

無翅類　53
ムネアカウマバエ　235
無変態　58, 139

め
メクラネズミノミ　169
メマトイ　231

も
毛包虫症　106
モクズガニ　269
モツゴ　281
モノアラガイ　26, 33
モルモットズツキダニ　130
モロコ類　281

や
ヤギセンコウヒゼンダニ　120
ヤギハジラミ　157
ヤギホソジラミ　147
ヤケヤスデ　262
ヤサコマチグモ　259
ヤスデ　260
ヤブカ類　172
ヤマアラシチマダダニ　81

ヤマカガシ　287
ヤマトゴキブリ　244
ヤマトコマチグモ　259
ヤマトチマダニ　81
ヤマトネズミノミ　169
ヤマトハマダラカ　177
ヤマトマダニ　51, 80, 83
ヤマベ　285
ヤマトホタルガイ　24, 30
ヤマメ　285
ヤリタナゴ　281

ゆ
誘引剤　13
有機スズ　22
有機リン剤　8
有翅類　53
有毒昆虫　252
有肺類　19
有吻目　160

よ
幼若ホルモン　57
幼生　49
蛹生　59, 241

幼生生殖　213
幼体　49
幼虫　49
ヨーロッパネズミノミ　168
ヨシダガワザンショウ　25
ヨスジキンメアブ　201

ら
ライギョ　284
ラセンウジバエ　221
螺塔　16
卵歯　164

り, れ
離眼的　183
離巣性　75
留巣性　75

齢　58

わ
ワクモ　90, 94
ワモンゴキブリ　245
ワラジムシ　265

欧文索引

A
abdomen 51
Acarapis woodi 100
Acaridina 115
Achatina fulica 29
Acheilognathus lanceolat 281
Acusta despecta sieboldiana 27
Aedes aegypti 182
—— *albopictus* 180
—— *togoi* 181
—— *vexans nipponii* 182
air sac mite 129
Aldrichina grahami 222
Allodermanyssus sanguineus 91
Alphitobius diaperinus 249
Amblyomma testudinarium 82
American cockroach 245
ametabolous development 58, 139
amidines 11
Amiota kappa 231
—— *magna* 231
—— *nagatai* 231
—— *okadai* 231
—— *variegata* 231
anal groove 71
—— plate 67
anchor worm 266
Angustassiminea parasitologica 42
Anopheles lesteri 177
—— *lindesayi japonicus* 177
—— *minimus* 177
Antarctophthirus Trichechi 148
anterior spiracle 210
Apis 252
Apodemus argenteus 290
—— *speciosus* 289
apotele 50
appendicular 55
Apterygota 53
Araneae 255
Argas persicus 88
Augulus coregoni 268
—— *japonicus* 268
Armadilidium vulgare 265
armed horse botfly 235
Armigeres subalbatus 181
Armillifer 274
arthropods 43
Asian face fly 218
assassin bug 162

Astigmata 64, 114
attractant 13
Atylotus horvathi 204
Australian cockroach 245
—— sheep blowfly 233
avermectins 10

B
Basommatophora 19
bedbug 161
bee mite 99
beetle mites 132
Beltranmyia 186
biological vector 4
Bipalium fuscatum 276
—— *nobile* 276
biting fly 224
—— louse 151
black fly 190
—— rat 288
Blattella germanica 243
Blattodea 242
blowfly 207
body louse 149, 149, 154
book louse 251
Boophilus microplus 86
bot 208
—— fly 235
botfly 235
Bovicola bovis 156
—— *capre* 157
—— *equi* 156
—— *ovis* 156
Bradybaena similaris 27
brain hormone 57
brown chicken louse 154
—— dog tick 87
—— rat flea 168
buccal cavity 53
buffalo gnat 190
bush tick 77
Bythinella nipponica 41

C
cadelle 248
Caligus spinosus 267
Calliphora 232
—— *lata* 221
—— *vicina* 233
—— *vomitoria* 233
Calliphoridae 207

carbamate 9
Carpoglyphus lactis 117
cat biting louse 159
—— flea 165
—— louse 159
cattle biting louse 156
—— botfly 235
—— tick 86
cement substance 72
centipede 260
Cephalonomia gallicola 252, 253
cephalopharyngeal sclerite 210
Ceratophyllus anisus 169
Ceratopogonidae 183
Cerithideopsilla cingulata 42
chaetotaxy 67
Channa argus 284
—— *asiatica* 284
—— *maculata* 284
chelicera 50, 65
cheliceral digit 66
cherry salmon 285
chewing-lapping type 138
—— type 138
Cheyletiella blakei 102
—— *parasitovorax* 103
—— *yasuguri* 102
Cheyletus eruditus 104
—— *fortis* 104
—— *malaccensis* 105
chicken body louse 153
—— feather mite 128
—— head louse 154
—— mite 90
—— shaft louse 153
chigoe 170
chin botfly 235
Chinese snakehead 284
Chiracanthium erraticum 259
—— *eutittha* 259
—— *japonicum* 259
—— *lascivum* 259
—— *unicum* 259
Chirodiscoides caviae 130
Chlatomorpha lepidopterorum 105
chloronicotinyl 10
Chordodes fukuii 278
—— *japonensis* 278
Chorioptes bovis 126
—— *texanus* 126

chorioptic mange mite   126
Chrysomya   233
—— bezziana   234
Chrysops japonicus   201
—— suavis   201
—— vanderwulpi yamatoensis   201
Cimex hemipterus   161
—— lectularius   161
Cipangopaludina chinensis malleata   40
claw   50
Cochlicopa lubrica   30
Cochliomyia hominivorax   234
cockroach   242
cocoon   139
Columbicola columbae   154
common botfly   235
—— cattle grub   238
—— cattle tick   86
—— green bottle fly   233
—— housefly   217
—— pill bug   265
—— rough woodlouse   265
complete metamorphosis   51, 139
confused flour beetle   247
Cordylobia   232
—— anthropophaga   234
corpora allata   57
coxa   50
crab louse   150
creeping myiasis   237
crop   53, 138
Crustacea   263
Cryptostigmata   64, 132
ctenidia   165
Ctenocephalides canis   165
—— felis   165
Cuclotogaster heterographus   154
Culex pipiens fatigans   179
—— pipiens molestus   178
—— pipiens pallens   178
—— tritaeniorhynchus summorosus   179
Culicidae   172
Culicoides arakawae   186
—— homotomus   187
—— kibunensis   187
—— maculatus   189
—— matsuzawai   189
—— nipponensis   188
—— oxystoma   188
—— pictimargo   186
—— punctatus   189
—— variipennis   187

Culioides   183
cutting-sponging type   138
Cytodites nudus   129

D
Damalinia   156
dark-winged horse botfly   235
deer fly   197
—— ked   241
—— louse fly   241
demodectic mange mite   106
Demodex brevis   108
—— canis   106
—— cati   108
—— folliculorum   108
—— gatoi   108
—— injai   108
Dendrolimus spectabilis   252
—— superans   252
dental formula   67
Dermacentor taiwanensis   81
Dermanyssus gallinae   90
dichoptic   183
Diptera   171
dog biting louse   159
—— face mite   106
—— flea   165
—— furmite   102
—— hair follicle mite   106
—— nasal mite   97
—— sucking louse   147
dorsal plate   67, 69
drain fly   195
drone fly   206
Drosophilidae   230

E
ear mite   127
ecdysial sutures   58
ecdysone   57
Echidnophaga gallinacea   167
egg tooth   164
Elaphe climacophora   287
—— quadrivirgata   287
elephant biting louse   158
emergence   58
empodium   50, 209
Epicauta gorhami   252
Eporibatula sakamorii   132
Eriocheir japonicus   269
Eristalomyia tenax   206
Euhadra peliomphala   28
—— quaesita   28
Euproctis pseudoconspersa   252, 254

—— subflava   252, 254
European mouse flea   169
—— rat flea   168
Euthrix albomaculata japonica   252
exoskeleton   49
eye fly   231

F
Falculifer rostratus   128
false stable fly   219
Fannia canicularis   220
—— scalaris   220
Felicola subrostrata   159
femur   50
festoon   71
fish louse   268
fleshfly   207
flight muscle   55
fluff louse   154
food pests   246
foregut   53, 138
forest fly   241
fowl tick   88

G
ganglion   56
Gasterophilus   232
—— haemorrhoidalis   235
—— intestinalis   235
—— nasalis   235
—— pecorum   235
Gater solution   300
genital plate   67
—— pore   68
genu   50
Geothelphusa dehaani   269
German cockroach   243
Glossina   229
Gloydius blomhoffii   286
Glycyphagus destructor   117
Gnathopogon   281
gnathosoma   50, 66
goat biting louse   157
Goniodes dissimilis   154
—— gallinae   154
—— gigas   154
greater housefly   219
green bottle   207
—— bottle fly   222
grub   208
guanine   55
guinea pig fur mite   130
Gyraulus chinensis   35

H

habu 286
Haemaphysalis campanulata 79
　—— concinna 82
　—— douglasi 81
　—— flava 80
　—— formosensis 81
　—— hystricis 81
　—— japonica 81
　—— longicornis 77
　—— mageshimaensis 78
　—— megaspinosa 81
　—— pentalagi 79
　—— yeni 78
Haematobia irritans 228
Haematomyzus elephantis 158
Haematopinus asini 147
　—— eurysternus 145
　—— suis 144
haemocoele 54
haemolymph 54, 138
Haemophysalis megaspinosa 81
Haller's organy 67
halter 171, 209
hard tick 69
head 51
　—— louse 149, 149
heel fly 238
Helenicula miyagawai 112
hemimetabolous development 58, 139
Hemiptera 160
hemocyte 54
Hermetia illucens 205
hindgut 53, 138
Hippoboscidae 241
hog louse 144
holoptic 183
homonym 298
horn fly 228
horse biting louse 156
　—— botfly 235
　—— centipede 261
　—— fly 197, 217
　—— fly mite 98
　—— mouse 289
housefly 207
horsehair worm 277
human flea 167
Hypobosca equina 241
Hypoderma 232
　—— bovis 238
　—— lineatum 238
hypopus 115
hypostome 50

I

idiosoma 50, 66
IGRs 12
in-incomplete metamorphosis 139
Incilaria bilineata 30
incomplete metamorphosis 51
Indian meal moth 250
　—— rat flea 168
insect growth regulators 12
insecticides 6
instar 58
intermediate host 4
itch mite 120
Ixodes monospinosus 81
　—— nipponensis 85
　—— ovatus 83
　—— persulcatus 84
Ixodida 64

J

Japanese field vole 290
　—— four-lined snake 287
　—— freshwater crab 269
　—— icefish 285
　—— mamushi 286
　—— mitten crab 269
JH 57
jigger 170
juvenile hormone 57

K

Kiricephalus 274
kissing bug 162
Knemidokoptes mutans 123
　—— pilae 123
Kunugia undans 252

L

labella 209
Laelaps echidninus 96
　—— jettmari 96
land planaria 275
large chicken louse 154
　—— Japanese field mouse 289
larva 49
larviparity 213
Lasioderma serricorne 253
Latrodectus elegans 258
　—— geometoricus 258
　—— hasseltii 257
　—— mactans 257, 258
　—— tredecimguttalus 258
leg 50
Leporacarus gibbus 130
Leptopsylla segnis 169

Leptotrombidium akamushi 112
　—— fuji 112
　—— pallida 112
　—— scutellaris 112
　—— tosa 112
Lernaea cyprinacea 266
lesser grain borer 249
　—— housefly 220
　—— mealworm beetle 249
lice 142
Ligia exotica 265
Limax flavus 30
Linguatula serrata 273
Linnaeus' horse 235
Linognathus setosus 147
　—— stenopsis 147
　—— vituli 146
lip botfly 235
Lipeurus caponis 154
Lipoptena fortisetosa 241
Liposcelis bostrychophila 251
　—— entomophila 251
little blue cattle louse 145
　—— housefly 220
long-nosed cattle louse 146
louse 142
Lucilia 232
　—— caesar 222
　—— cuprina 233
　—— illustris 222
　—— sericata 222, 233
Lutzomyia 196
Lymnaea japonica 33
　—— ollula 31
　—— truncatula 33

M

Macrocheles muscaedomesticae 98
maggot 208
　—— therapy 222
Malpighian tube 55, 138
mantle 14
masu salmon 285
mechanical vector 4
Megninia cabitalis 128
Meloe corvinus 252
Melophagus ovinus 241
Menacanthus cornutus 154
　—— pallidulus 154
　—— stramineus 153
Menopon gallinae 153
Mesostigmata 64, 89
mesothorax 51
meta-metamorphosis 58
metamorphosis 49, 139

Metastigmata 64
metathorax 51
Microtus montebelli 290
midgut 53, 138
milbemycin 11
millipede 260
Misgurnus anguillicaudatus 284
mite 63, 89
Mixacarus exilis 132
mold mite 116
Mollusca 14
molluscicide 13
monkey lung mite 97
Monoculicoides 187
Morellia saishunensis 221
mosquitoes 172
moth fly 195
moulting 49, 139
mouse myobiid mite 109
multihost tick 74
Mus musculus 289
Musca bezzii 218
—— *conducens* 219
—— *domestica* 217
—— *hervei* 218
Muscidae 207
Muscina stabulans 219
myiasis 215, 222
Myobia musculi 109
Myocoptes musculinus 131
myocoptic mange mite 131
Myriapoda 260

N
Nedyopus tambanus 262
neonicotinoid 10
New World screw worm fly 234
New Zealand cattle tick 77
nidicolous 75
non-nidicolous 75
northern cattle grub 238
—— fowl mite 92
—— rat flea 168
Norway rat 288
nose botfly 235
Nosopsyllus fasciatus 168
Notoedres cati 122
—— *muris* 122
notoedric mange mite 122
nuisance 5
nymph 49

O
Oecacta 188
Oestridae 232

Oestrus 232
—— *ovis* 238
Old World screw worm fly 234
Oncomelania hupensis 36
—— *hupensis nosophora* 36
Oncorhynchus masou masou 285
one-host tick 73
organophosphorus 8
Oribatida 132
Oribatula venusta 132
oriental tussock moth 254
—— rat flea 168
—— weatherfish 284
Ornithonyssus bacoti 95
—— *bursa* 93
—— *sylviarum* 92
Oryzaephilus surinamensis 248
Otodectes cynotis 127
Ovophis okinavensis 286
Oxidus gracilis 262

P
Paederus fuscipes 252, 253
palp 50, 65
palpus 65
Panstrongylus 162
Parachordodes okadai 278
Parafossarulus manchouricus 39
Paralipsa gularis 250
Parasarcophaga similis 223
paurometabolous development 58, 139
Pediculus humanus 149
—— *humanus corporis* 149
—— *humanus humanus* 149
pentastome 271
Periplaneta americana 245
—— *australasiae* 245
—— *fuliginosa* 244
—— *japonica* 244
peritreme 55
permanent parasite 61
—— parasitism 61, 140
pharyngeal skelton 210
phenyl-pyrazole 10
Phlebotomus 196
phoresis 98
Phthiraptera 142
Phthirus pubis 150
Physa acuta 33
piercing-sucking type 138
Plodia interpunctella 250
Pneumonyssus caninum 97
—— *simicola* 97
Polistes 252

Polyplax serrata 147
—— *spinulosa* 148
polypod 48
Polypylis hemisphaerula 35
Pomacea canaliculata 40
Porcellio scaber 265
porocephalids 274
Porocephalus 274
posterior spiracle 210
poultry red mite 90
Procambarus clarki 270
Prosimulium yezoense 193
Prosobranchia 18
Prostigmata 64, 101
prothoracic gland 57
prothorax 51
Protobothrops elegans 286
—— *flavoviridis* 286
Pseudorasbora parva 281
pseudotrachea 209
Psoroptes cuniculi 124
—— *ovis* 125
Psoroptidina 114, 119
Psychoda alternata 195
Psychodidae 194
Ptecticus tenebrifer 205
Pterolichus obtusus 128
Pterygota 53
pubic louse 150
Pulex irritans 167
Pulmonata 19
pulvilli 209
pulvillus 50, 71
pupa 49
puparium 210
pupiparity 59
pupiparous 241
pyrethrin 7
pyrethroids 7

R
rabbit ear mite 124
—— fur mite 103
Radfordia affinis 110
—— *ensifera* 110
rat mite 96
—— poison 13
Rattus norvegicus 288
—— *rattus* 288
rectal horse botfly 235
—— sac 54
red flour beetle 247
—— mite 90
—— swamp crayfish 270
redback spider 257

―― widow spider 257
repellent 12
Rhabdophis tigrinus 287
Rhipicephalus microplus 86
―― *sanguineus* 87
Rhizopertha dominica 249
Rhodeus ocellatus 281
Rhodnius 162
Rhynchota 160
roof rat 288
roost mite 90

S
Salangichthys microdon 285
salivary gland 53, 138
Salmincola californiensis 267
sand flea 170
―― fly 196
Sarcophaga 233
―― *peregrina* 223
Sarcophagidae 207
Sarcoptes scabiei 120
sarcoptic mange mite 120
sawtoothed grain beetle 248
scabies mite 120
scaly face mite 123
―― leg mite 123
Scheloribates laevigatus 132
scientific name 297
Sclerodermus nipponicus 252
Scolopendra subspinipes japonica 261
―― *subspinipes multidens* 261
―― *subspinipes mutilans* 261
screw worm 221
scutate tick 69
scutum 69
segmental muscle 55
Semisulcospira libertina 38
sensory seta 67
seta 50
shaft louse 153
sheep biting louse 156
―― botfly 238
―― ked 241
―― nasal botfly 238
―― nostril fly 238
―― scab mite 125
short-nosed cattle louse 145
Simuliidae 190
Simulium aokki 192
―― *japonicum* 192
―― *ornatum* 192

―― *salopiense* 193
―― *venustum* 192
Siphonaptera 163
siphoning type 138
slender pigeon louse 154
small body louse 154
―― Japanese field mouse 290
smokybrown cockroach 244
soft tick 69
Solenopotes capillatus 145
sothern cattle tick 86
spermatheca 57
spermatophore 57
spiny rat mite 96
spiracular plate 70
sponging type 138
stable fly 226
Stegobium paniceum 253
sternal plate 67
sticktight flea 167
stigma 50, 55, 63, 138
stomach bots 236
Stomoxyini 224
Stomoxys calcitrans 226
stored nut moth 250
Stylommatophora 20
Succinea lauta 32
synonym 298
Syringophilus bipectinatus 128

T
Tabanidae 197
Tabanus chrysurus 202
―― *fulvimedioides* 203
―― *humilis* 204
―― *iyoensis* 204
―― *sapporoensus* 202
―― *takasagoensis* 203
―― *trigeminus* 203
―― *trigonus* 202
tactile seta 67
tarsus 50
tea tussock moth 254
Telmatoscopus albipunctatus 195
temporary parasite(s) 61, 171
―― parasitism 61, 141
Tenebrio molitor 249
―― *obscurus* 249
Tenebroides mauritanicus 248
Thereuronema hilgendorfi 261
thorax 51
three-host tick 73
throat bot fly 235

tibia 50
tick 63, 69
tiger keeback 287
tongue worm 271, 273
trachea 55, 138
transovarial transmission 74
transstadial transmission 74
Triatoma 162
Tribolium castaneum 247
―― *confusum* 247
Trichodectes canis 159
tritosternum 89
Trixacarus caviae 122
trochanter 50
Trombidiformes 101
tronbiculid mite 111
tropical cattle tick 86
―― fowl mite 93
―― rat flea 168
―― rat mite 95
tsetse fly 229
tsutsugamushi mite 111
Tumbu fly 234
Tunga penetrans 170
turkey gnat 190
two-host tick 73
Tyrophagus putrescentiae 116

V
Varroa destructor 99
―― *jacobsoni* 99
vector 4
venation 53
venomous insects 252
ventral plate 67
Vertebrata 279
Vespa 252
Vespula flaviceps 252
visceral muscle 55

W
warble 208
wing 53
―― louse 154

X, Y
Xanthochroa atriceps 252
―― *cinereipennis* 252
―― *hilleri* 252
―― *waterhousei* 252
Xenopsylla cheopis 168

yellow mealworm beetle 249

著者紹介

今井　壯一（故人）
1976年　東北大学大学院農学研究科修了
　　　　日本獣医生命科学大学名誉教授

藤﨑　幸藏
1969年　鹿児島大学農学部獣医学科卒業
現　在　国立モンゴル生命科学大学名誉教授，農業・食品産業
　　　　技術総合研究機構フェロー

板垣　匡
1986年　麻布大学大学院獣医学研究科修了
現　在　岩手大学農学部教授

森田　達志
1995年　日本獣医畜産大学大学院獣医学研究科修了
現　在　日本獣医生命科学大学獣医学部講師

NDC 649　335 p　21 cm

図説　獣医衛生動物学

2009年10月20日　第1刷発行
2021年6月22日　第4刷発行

著　者　今井壯一・藤﨑幸藏・板垣　匡・森田達志
発行者　髙橋明男
発行所　株式会社　講談社
　　　　〒112-8001　東京都文京区音羽2-12-21
　　　　　販売　（03）5395-4415
　　　　　業務　（03）5395-3615
編　集　株式会社　講談社サイエンティフィク
　　　　代表　堀越俊一
　　　　〒162-0825　東京都新宿区神楽坂2-14　ノービィビル
　　　　　編集　（03）3235-3701
印刷所　株式会社廣済堂
製本所　株式会社国宝社

落丁本・乱丁本は購入書店名を明記のうえ，講談社業務宛にお送り下さい．送料小社負担にてお取替えします．なお，この本の内容についてのお問い合わせは講談社サイエンティフィク宛にお願いいたします．定価はカバーに表示してあります．

© S. Imai, K. Fujisaki, T. Itagaki and T. Morita, 2009

本書のコピー，スキャン，デジタル化等の無断複製は著作権法上での例外を除き禁じられています．本書を代行業者等の第三者に依頼してスキャンやデジタル化することはたとえ個人や家庭内の利用でも著作権法違反です．

JCOPY　〈(社)出版者著作権管理機構　委託出版物〉
複写される場合は，その都度事前に(社)出版者著作権管理機構（電話03-5244-5088，FAX 03-5244-5089，e-mail: info@jcopy.or.jp）の許諾を得てください．

Printed in Japan
ISBN 978-4-06-153731-6